科学出版社“十四五”普通高等教育本科规划教材

高性能计算机体系结构

吴　迪　卢宇彤　杜云飞　陈志广　胡　淼　编著

科学出版社

北　京

内 容 简 介

本书主要介绍了高性能计算机体系结构的基础知识和核心原理。其中第 1、2 章介绍了高性能计算机的基本概念、性能评价、应用领域及基准评测集；第 3 章介绍了高性能计算机体系结构的分类和代表性体系结构；第 4～6 章从并行计算技术、存储层次以及互连网络等方面介绍了高性能计算机的关键技术；第 7 章介绍了典型的异构计算体系结构；第 8 章讲述了应用于特定领域的专用体系结构。本书以计算机系统思维能力培养为主线，使得读者能够初步掌握高性能计算机的设计与分析方法，熟悉高性能计算机的体系架构，了解性能评测基本手段和方法。

本书可作为普通高等学校计算机相关专业高年级本科生、研究生的教材，也可供相关领域专业人员，如研究科学家、研发工程师或系统架构师等参考使用。

图书在版编目(CIP)数据

高性能计算机体系结构/吴迪等编著. —北京：科学出版社，2023.3
科学出版社“十四五”普通高等教育本科规划教材
ISBN 978-7-03-073357-3

Ⅰ.①高… Ⅱ.①吴… Ⅲ.①计算机体系结构-高等学校-教材
Ⅳ.①TP303

中国版本图书馆 CIP 数据核字(2022)第 186613 号

责任编辑：于海云／责任校对：胡小洁
责任印制：吴兆东／封面设计：迷底书装

科学出版社出版
北京东黄城根北街 16 号
邮政编码：100717
http://www.sciencep.com
天津市新科印刷有限公司印刷
科学出版社发行　各地新华书店经销
*
2023 年 3 月第 一 版　开本：787×1092 1/16
2025 年 1 月第三次印刷　印张：11 3/4
字数：276 000
定价：59.00 元
(如有印装质量问题，我社负责调换)

前　言

高性能计算机是某个时代中功能最强、运算速度最快、存储容量最大的一类计算机，自1964年世界上第一台高性能计算机CDC6600面世以来，高性能计算机已广泛用于国防、工业、科研和学术等领域。由于高性能计算能够显著缩短求解大型复杂问题所需的计算时间，高性能计算系统已成为计算机系统的重要发展方向，同时高性能计算机也是国家科技发展水平和综合国力的重要标志。而随着高性能计算机的快速发展，高性能计算机体系结构成为计算机专业学生与相关从业人员亟须掌握的内容。

本书是一本面向中文读者的高性能计算机体系结构教科书，为了使尽可能多的读者通过本书对高性能计算机有所了解，作者尽可能使用通俗的语言进行表述，并搭配丰富的图例讲解。本书在每个章节后面都给出了适量的习题。有的习题可以帮助读者巩固本章学习，有的习题可以引导读者扩展相关知识。

全书共八章，对当代高性能计算机体系结构作了全面、综合的介绍。第1章是高性能计算机概述，从高性能计算机基本概念、典型高性能计算机的结构剖析、高性能计算机的性能评价、高性能计算机应用领域及演进和发展趋势进行详细的介绍，让读者首先对高性能计算机有一个初步的了解。第2章是基准评测集，包括计算性能评测集、I/O性能评测集、网络性能评测集、能耗评测集。第3章是高性能计算机的体系结构分类，介绍当前高性能计算机通用体系结构系统。第4章是高性能处理器的并行计算技术，介绍高性能处理器所使用的并行计算技术。第5章是高性能计算机的存储层次，从存储角度讲述高性能计算机体系结构。第6章是高性能计算机的互连网络，介绍高性能计算机的拓扑结构、流控机制和路由算法。第7章是异构计算体系结构，介绍CPU、GPU、FPGA构成的异构计算。第8章是领域专用体系结构，讲述应用于特定领域的专用体系结构。

本书由吴迪、卢宇彤、杜云飞、陈志广、胡淼等共同编写。其中第1章由吴迪、卢宇彤编写，第2章由胡淼编写，第3章由卢宇彤、陈志广编写，第4章由陈志广、黄聃、张献伟编写，第5、6章由杜云飞编写，第7章由吴迪编写，第8章由胡淼编写，全书由吴迪、胡淼统稿。此外，刘学正、张弦智、黎清曦、王兴隆、刘可、杨文卓、檀磊、陈金宇、车鑫恺、汤国频、周刚强等绘制了书中的图片，协助收集资料，在此表示感谢。

诚挚欢迎广大读者和各界人士批评指正本书中的疏漏之处并提出宝贵的建议，欢迎就相关技术问题进行切磋交流。

作　者

2022年9月

前言

目　　录

第 1 章　高性能计算机概述

随着时代进步，计算科学已成为与理论科学和实验科学并驾齐驱的现代科学方法，大规模科学计算的能力已经成为当前解决大量科学与工程问题的必备能力，是一种推动现代科学发展的重要手段。对于理论模型过于复杂甚至模型难以建立、开展真实实验困难，或者实验费用过于昂贵的问题，计算已成为求解的唯一手段。其中，高性能计算（High-Performance Computing，HPC）是一种利用高性能计算机或计算机集群的能力来求解需要大量计算的复杂科学和工程问题的技术。

1.1　基本概念

在本节中，首先介绍一些和高性能计算机相关的基本概念，如计算机性能、高性能计算机、并行计算等。

1.1.1　计算机性能

对于一个计算机系统，其性能最本质的定义是“完成一个任务所需要的时间”。一般来说，在一个计算机系统上完成一个任务所需要的时间，通常可以由任务完成需要执行的指令数、每条指令执行所需要的时钟周期以及每个时钟周期的时间长度等三个量的乘积来计算得到。

为了简化对于不同计算机的横向比较，一个常用的计算机性能评价指标是每秒百万条指令（Million Instructions Per Second，MIPS）。通过提高处理器主频（即时钟频率）和每个时钟周期执行的指令数，可以快速提高某台计算机的 MIPS 指标。但是 MIPS 指标忽略了不同指令系统之间的差异，有的指令系统比较复杂，有的指令系统比较简单，执行每条指令所需要的时钟周期也不尽相同，因此 MIPS 指标不能恰当反映具有不同指令系统的计算机之间的性能差异。

由于 MIPS 指标的缺陷，来自美国劳伦斯利弗莫尔国家实验室的弗兰克 • H • 麦克马洪（Frank H. McMahon）提出了更通用的计算机性能评价指标，即每秒浮点运算次数（Floating-Point Operations Per Second，FLOPS）。这里，浮点（Floating-Point）指带有小数的数值类型，浮点运算指小数的四则运算（加减乘除）。由于 FLOPS 评价的是计算机每秒产生的浮点运算结果数，而不是执行的具体指令数，因此可以更加公平地对不同体系结构、不同指令系统的计算机进行比较。

浮点数的表示一般遵循 ANSI/IEEE Std 754-1985 定义的标准格式，使用可浮动的小数点定义不同长度的二进制数字。与定点数不同，基于同样长度的二进制数字，浮点数能够表达更大的数值范围。然而，虽然表达的数值范围扩大了，但浮点数的表达精度有限，难以精确表达所有实数，只能近似表达不同精度。

按照精度的不同，浮点数可以划分为双精度浮点数、单精度浮点数、半精度浮点数，如图1-1所示，其中，双精度浮点数（FP64）使用 64 位（即 8 字节）表示，包括 1 位符号位、11 位指数位、52 位尾数位；单精度浮点数（FP32）使用 32 位（即 4 字节）表示，包括 1 位符号位、8 位指数位和 23 位尾数位。英伟达（NVIDIA）公司在 2002 年又提出了半精度浮点数（FP16），其共使用 16 位（即 2 字节）表示，包括 1 位符号位、5 位指数位和 10 位尾数位。

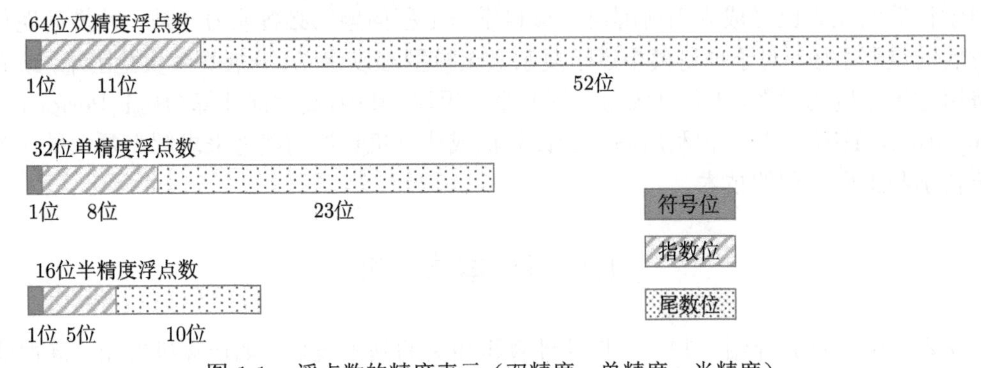

图 1-1 浮点数的精度表示（双精度、单精度、半精度）

浮点数的位数越多，精度就越高，从而可以在更大范围内表示数值的变化，实现更精确的计算。高性能计算领域应用的计算精度要求非常高，通常采用双精度浮点数进行数值表示。而对于多媒体或图像处理等应用，一般采用单精度浮点数进行数值表示与计算。对于精度要求更低的深度学习等人工智能应用，采用半精度浮点数也可以满足要求。

LINPACK 是目前测试高性能计算机系统浮点运算性能最常用的基准评测程序之一。LINPACK 通过采用高斯消元法求解稠密线性代数方程组，以此来评测高性能计算机系统的浮点运算性能，主要评测计算机系统的双精度浮点运算性能，评测结果以 FLOPS 为单位来表示。

为了方便表示，基于 FLOPS，延伸出来一系列扩展指标，包括：

（1）每秒百万次浮点运算（Mega Floating-Point Operations Per Second，MFLOPS，megaFLOPS，MFlop/s）；

（2）每秒十亿次浮点运算（Giga Floating-Point Operations Per Second，GFLOPS，gigaFLOPS，GFlop/s）；

（3）每秒万亿次浮点运算（Tera Floating-Point Operations Per Second，TFLOPS，teraFLOPS，TFlop/s）；

（4）每秒千万亿次浮点运算（Peta Floating-Point Operations Per Second，PFLOPS，petaFLOPS，PFlop/s）；

（5）每秒百亿亿次浮点运算（Exa Floating-Point Operations Per Second，EFLOPS，exaFLOPS，EFlop/s）；

除了计算性能，可靠性、利用率、能耗、I/O 性能、易用性、可编程性等也是重要的系统评价指标。在第 2 章中，将详细介绍评测高性能计算机的各种类型的基准评测程序。

1.1.2　高性能计算机的定义

高性能计算机（又称为超级计算机或超算）可以帮助人类解决本体的智力、体力和意志等难以解决的难题。在过去的 40 年中，高性能计算机帮助人类在科学计算方面向更微观的世界不断深入，向更宏观的世界拓展，向更极端的条件探索发展。高性能计算机帮助人类更好地了解大自然的奥妙，极大地解放了人类的生活，有效地助力了人类的发展。

高性能计算机有一个非常明显的特点，就是时代性。每一时代有每一时代的高性能计算机，它是那个时代性能最高的系统，例如，对于 40 年以前的高性能计算机，它的性能甚至都比不上现在的智能手机，而 20 年以前的高性能计算机的性能可能只与现今的笔记本电脑性能类似，其时代特性非常鲜明。高性能计算机不仅仅服务用户，作为一种战略前沿性技术，它还为国家的战略目标服务，是国家创新体系中不可或缺的重要部分。

高性能计算机运算具备以下优势与特征：运算速度超级快，存储容量超级大，计算系统超级可靠，在处理大量数据以及执行复杂计算任务时超级高效。例如，在科学计算领域，问题的求解涉及大量浮点运算，因此高性能计算机的运算速度常用每秒浮点运算次数（FLOPS）来评价，即该计算机每秒所执行的浮点运算次数。目前世界上最先进的高性能计算机是“富岳”（Fugaku），它是由日本理化学研究所和制造商富士通株式会社共同推进开发的。该计算机共有 7630848 核，峰值性能可达到 537212 TFLOPS。如果地球上每个人 1 s 做一次运算，那么“富岳”高性能计算机 1 s 的计算量相当于全世界所有人不眠不休两年的运算量。另外，高性能计算机通常都具有非常大的存储能力，例如，我国自主研发的“天河二号”高性能计算机总内存（又称主存）容量约为 3.4 PB，相当于超过 30000 台最先进的个人计算机的内存容量（128 GB）相加的结果。此外，它的全局存储容量约 19 PB，接近 20000 个 1 TB 硬盘的存储容量之和。

在高性能计算机的发展过程中，高性能计算机的应用范围已扩展至更广泛的领域，为国民经济建设、科学技术进步和人类的社会发展贡献力量，作为创新型国家的一种重大基础设施，高性能计算机能为解决挑战性问题提供重大支撑平台，助力并支撑着产业创新发展，为信息化建设提供了有力的资源保障。

自从 1964 年第一台真正意义上的高性能计算机 CDC6600 诞生以来，高性能计算机的性能飞速提升。1997 年，英特尔（Intel）公司的 ASCI Red 超级计算机成为世界上第一台运算速度超过 1 TFLOPS （每秒万亿次浮点运算）的超级计算机，是 12 年前发布的 Cray-2 超级计算机性能的 800 倍。2008 年，IBM 公司的 Roadrunner 超级计算机成为世界上第一台运算速度超过 1 PFLOPS（每秒千万亿次浮点运算）的超级计算机，其速度是 ASCI Red 的约 1000 倍。现今最快的超级计算机已经超越 E 级（EFLOPS，每秒百亿亿次浮点运算）。美国花费 6 亿美元研发的 Frontier 超级计算机的设计计算性能为 1.5 EFLOPS，成为美国首台 E 级超级计算机。2022 年 5 月，Frontier 获得超级计算机运算速度全球排名第一。据 LINPACK 基准评测，Frontier 计算集群达到了 1.1 EFLOPS 的实测峰值性能。

整体而言，近 30 年高性能计算机的性能提升基本符合千倍定律，即每十年性能大约提升 1000 倍。从 TOP500 排行榜（图1-2）中高性能计算机的性能提升曲线可以清楚地观察到这一发展趋势。

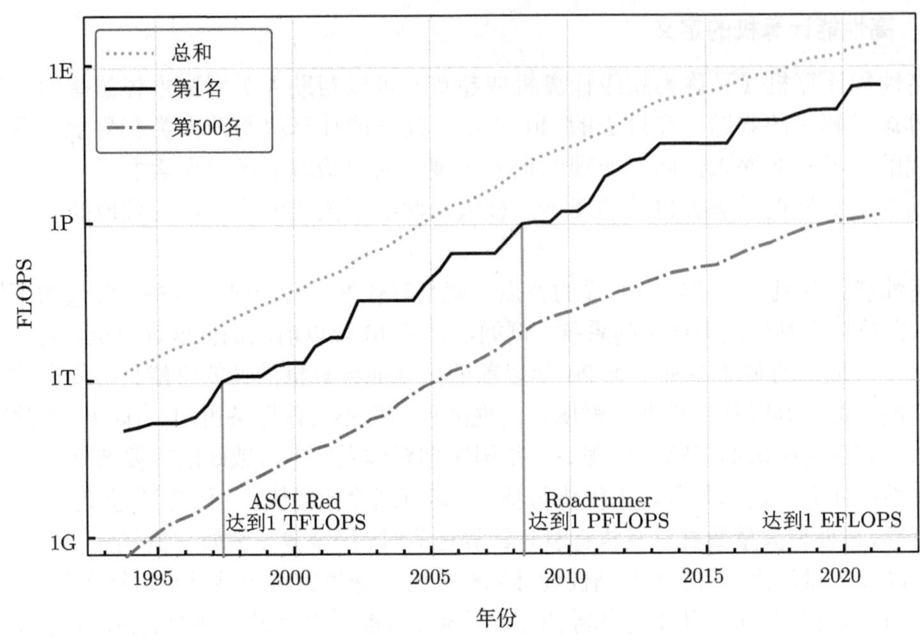

图 1-2 TOP500 性能提升的趋势

1.1.3 并行计算

1965 年 4 月，英特尔公司的创始人之一戈登 • 摩尔（Gordon Moore）提出了著名的摩尔定律（Moore's Law），预言半导体芯片上集成的晶体管和电阻数目将每年增加一倍。1975 年，戈登 • 摩尔依据实际情况，对摩尔定律进行了修正，将定律中“每年增加一倍”的描述更改为“每两年增加一倍”。随着时间的推移，目前主流的版本是集成电路上可容纳的晶体管数目，约每隔 18 个月便增加一倍。从 20 世纪 70 年代开始，到 20 世纪末，整个半导体行业的发展基本符合摩尔定律的预言，随着制程技术的进步，集成电路技术每隔 18 个月推进一代。

在 2004 年以前，通过提高晶体管集成度、提升时钟频率、应用指令级并行等方法来提升单核处理器性能是微处理器发展的主流。例如，早期计算机的中央处理器（CPU）的时钟频率只有 1 MHz，而后期的普通个人计算机处理器的时钟频率都能达到 2 GHz 甚至更高，这比早期计算机的处理器时钟频率快了超过 2000 倍。但是进入 21 世纪，半导体工艺升级的速度明显放缓，从之前的 1~2 年升级一代放慢到 3~5 年升级一代，而且工艺优化对于提升芯片性能的可能性也在大幅降低。同时，芯片设计面临“功耗墙”问题，提高芯片的电压和主频，将会导致功耗随着主频的提高超线性增长。应用指令级并行也会导致芯片的功率密度（即每单位管芯面积消耗的功率）快速上升，继续提升功率密度会使得芯片的温度达到火箭喷口甚至太阳表面的温度。

在 2004 年，由于无法解决散热和功耗问题，英特尔公司宣布取消 4 GHz 版本的 Pentium Ⅳ 处理器的开发，这也标志着单核处理器时代的结束，2005 年之后，多核处理器的研发成为主流。通过使用多核处理器，计算机的性能不再受限于单个处理器核的性能，因此即使单处理器核的时钟频率无法再提高，也能通过添加处理器的核数来继续提高计算机性能。正因如此，多核并行的解决方案成为主流，现在无论个人计算机还是智能手机，都普遍采用了多核处理器。

并行计算通常是指把一个大规模的计算问题划分为若干规模较小的部分，然后可以在多个互连的处理器上同时进行求解的计算模式。并行计算存在多种不同的表现形态，主要包括位级并行、指令级并行、数据级并行、任务级并行等。早期的高性能计算机很多是采用向量处理器来提高性能的，属于数据级并行的一种；20 世纪 80 年代初期，业界转向构建大规模并行计算系统，将大量普通处理器进行互连来提供并行计算能力，提供任务级并行。

图1-3给出了一个示例来表达任务级并行和数据级并行的区别。假设一个数据集有 15 个元素，需要进行 3 个步骤的处理，分别对应于任务 1、任务 2 和任务 3。对于任务级并行，可以把所有 15 个元素分发给 3 个执行节点，各个节点分别并行执行任务 1、任务 2 和任务 3，之后把执行结果进行汇总。对于数据级并行，可以把数据集切分为三份，每份数据包含 5 个元素，然后把每份数据分发给一个节点执行处理任务，这样可以并行处理不同数据，每个节点顺序执行完任务 1、任务 2 和任务 3 后，再对结果进行汇总。

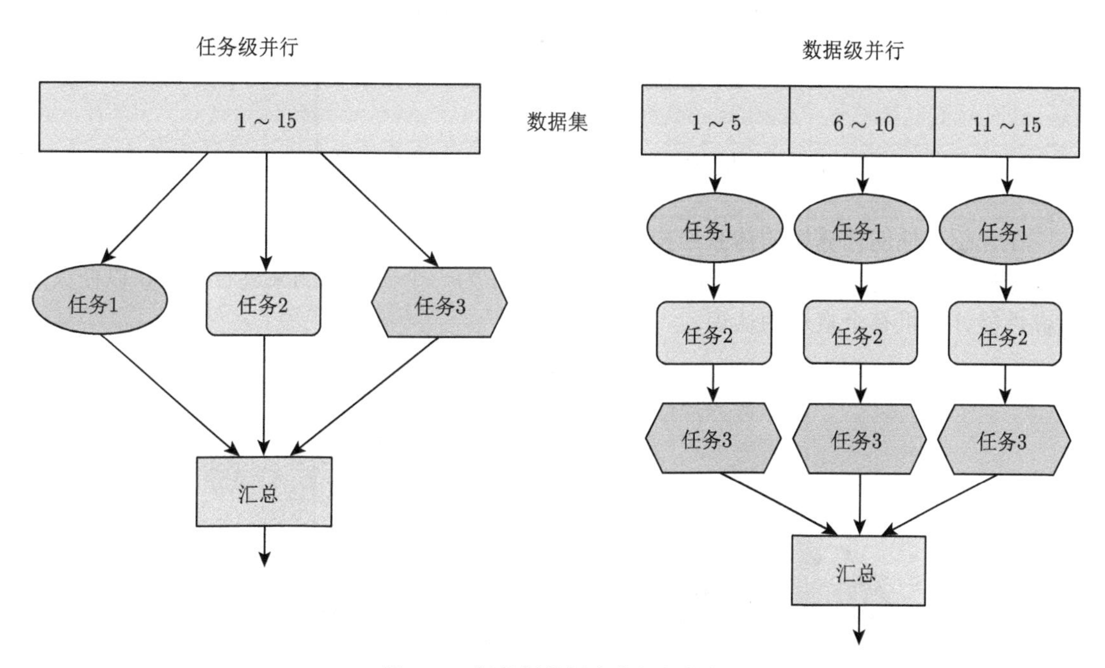

图 1-3　任务级并行和数据级并行

并行计算虽然很早就在高性能计算领域得到应用，但是在“功耗墙”问题导致 CPU 时钟频率无法进一步提升后，获得了更为广泛的关注和重视。并行计算（尤其多核并行计算）已经成为目前的主流计算机体系结构，也是通往超级计算的唯一途径。在图1-4中可以看出，虽然 2005 年后，CPU 时钟频率的增长和单个 CPU 性能的提升缓慢，但是通过提升并行性，超级计算机的系统整体性能仍然保持指数级提升的趋势。

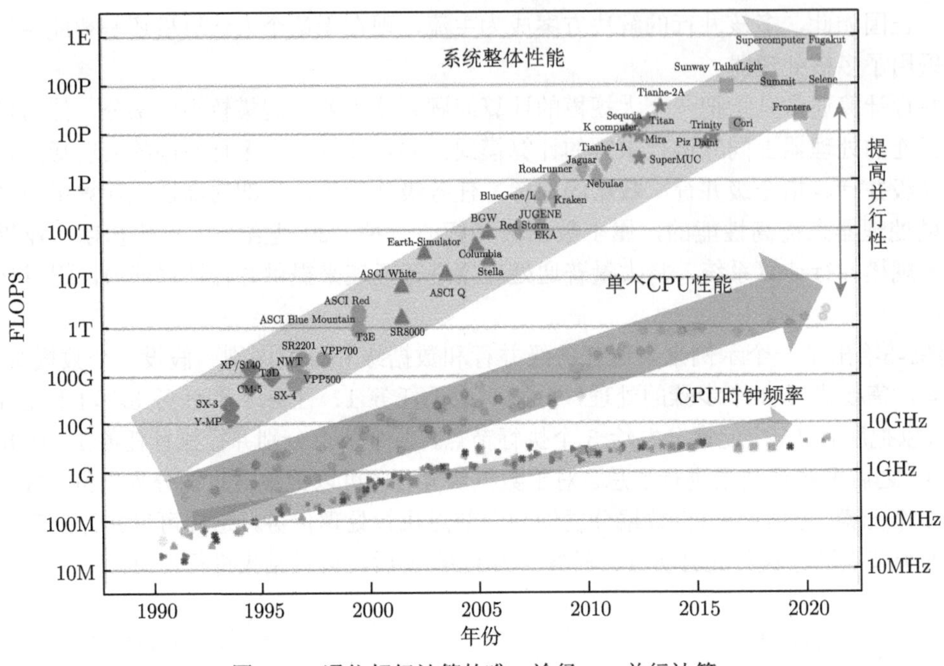

图 1-4　通往超级计算的唯一途径——并行计算

1.2　典型高性能计算机的结构剖析

在介绍高性能计算机的体系结构和各项关键技术之前，先通过将一台世界领先的高性能计算机——“天河二号”超级计算机（图1-5）作为一个典型范例来进行剖析，以便大家对高性能计算机有个直观的认识。

图 1-5　“天河二号”超级计算机

“天河二号”超级计算机由国防科技大学在 2013 年 5 月研制成功，并于 2013 年底在国家超级计算广州中心投入运行，是国家 863 计划和核高基重大专项的标志性成果。作为蝉联全球超级计算机 TOP500 榜单排名第一的纪录保持者，“天河二号”连续六次在全球超级计算机 TOP500 榜单排名第一。在 2022 年 11 月全球超级计算机 TOP500 榜单中，“天河二号”排名第十，升级后的峰值性能为 100678.7 TFLOPS，持续计算性能为 61444.5 TFLOPS。

“天河二号”超级计算机由 170 个机柜组成，包括 125 个计算机柜、24 个存储机柜、13 个通信机柜和 8 个服务机柜，占地面积超过 720 m^2，存储总容量为 12400 万亿字节，内存总容量为 1400 万亿字节，最大运行功耗为 17.8 MW。

从硬件组成（图1-6）上看，“天河二号”超级计算机由计算阵列、存储阵列、服务阵列、互连通信子系统、监控诊断子系统五大部分组成。其中，计算阵列包含 17920 个计算节点，每个计算节点包含 2 个多核中央处理器和 3 个众核加速器；存储阵列采用了层次式混合共享存储结构，实现了大容量、高带宽、低延迟的共享存储功能；服务阵列采用了商用服务器，属于大容量胖节点；互连通信子系统使用了自主定制的高速互连网络（借助光电混合技术，点到点带宽可达 224 Gbit/s），拓扑结构使用了胖树拓扑结构，可高效地进行均衡扩展；监控诊断子系统实现了整体系统实时安全监测和诊断调试功能，可以实时监控硬件与操作系统的健康状态、功耗与温度等信息。

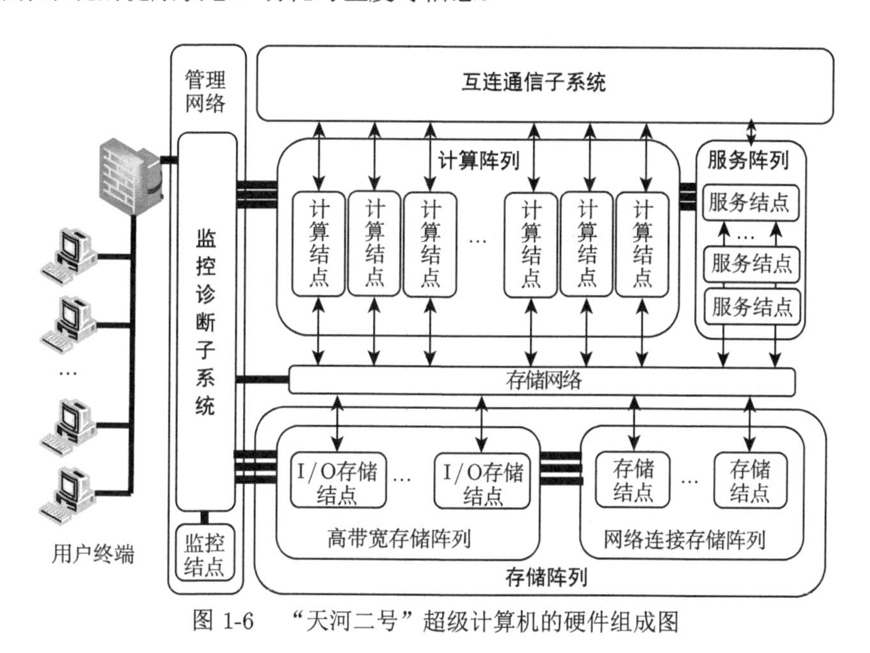

图 1-6　“天河二号”超级计算机的硬件组成图

“天河二号”超级计算机的软件系统采用了高性能计算软件栈架构（图1-7），主要由操作系统、并行文件系统、资源管理系统、编译系统（如串行编译器）、并行开发工具（如并行调试工具）、应用支撑框架（如高性能计算应用服务与云计算平台）和自治故障管理系统等构成，形成了系统操作环境、应用开发环境、运行支撑环境和综合管理环境等四大环境。

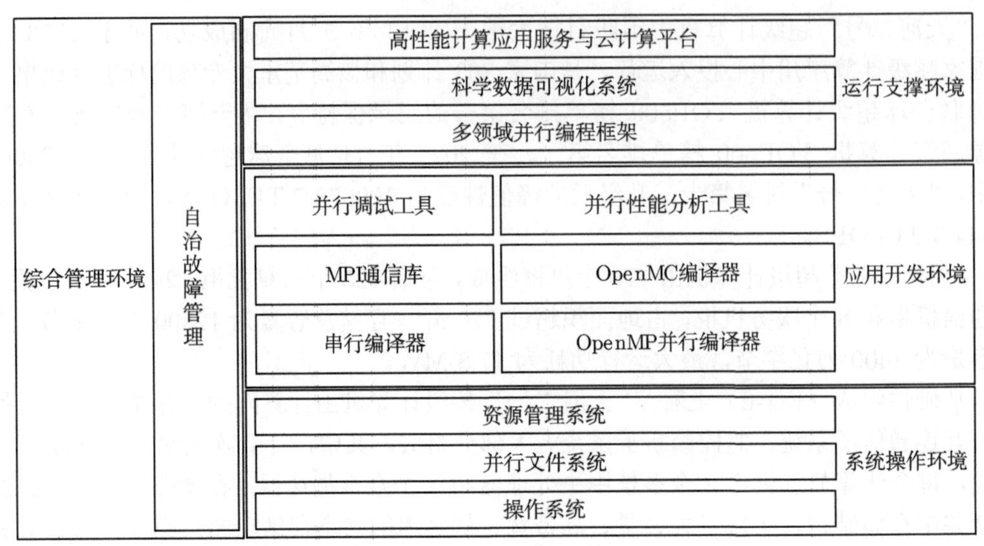

图 1-7　“天河二号”超级计算机的软件栈架构图

1.3　高性能计算机的性能评价

通过性能评价，可以定量地分析评价一个高性能计算机的性能状况与瓶颈，并可以判断高性能计算机是否实现设计目标。

1.3.1　峰值性能

峰值性能是衡量计算机性能的一个重要指标，一般定义为每秒能完成的浮点运算最大次数。峰值性能可以进一步划分为理论峰值性能 (R_{peak}) 和实测峰值性能 ($R_{\max}$)。

理论峰值性能是计算机系统理论角度能够达到的性能指标，即每秒完成浮点运算最大次数，主要由计算机体系结构和 CPU 时钟频率共同决定，简化的计算公式如下：

$$\text{理论峰值性能} = \text{CPU 时钟频率} \times \text{CPU 每个时钟周期执行的浮点运算次数} \times \text{CPU 数量} \tag{1-1}$$

实测峰值性能（也称为实测性能或持续计算性能）是指该计算机系统在运行具体应用程序或基准评测程序时所达到的实际性能。实测峰值性能不会超过理论峰值性能，很多时候会低很多。相对于理论峰值性能，实测峰值性能可以更好地反映高性能计算机的真实性能，但是该指标对于工作负载的类型非常敏感，不同类型的工作负载所测试出的性能会有较大差异。以目前世界排名第一的“富岳”超级计算机为例，其理论峰值性能为 537212 TFLOPS，但是其基于 LINPACK 的实测峰值性能为 442010 TFLOPS。

需要注意的是，高精度的浮点运算（如 FP64）所消耗的计算资源比低精度的浮点运算（如 FP16）要多很多，简单地对比两台不同计算机的 FLOPS 指标，并不能正确地评价哪台计算机的性能更高，这里需要明确所指的浮点数是否是同一精度。另外，程序里除了浮点运算，还有整数运算、输入和输出等其他操作，一个程序在 FLOPS 指标高的计算机上的执行时间有可能还高于 FLOPS 指标低的计算机，FLOPS 指标也不能全面地反映一台高性能计算机的性能。

1.3.2 加速比和效率

在并行计算领域，加速比是衡量系统或程序并行化的性能和效果的重要评价指标。对于一个程序，假设其串行执行所需时间为 $T_{串行}$，并行执行所需的时间为 $T_{并行}$。

那么，可以定义该并行程序的加速比S(Speedup) 为其串行执行时间和并行执行时间的比值，具体如下：

$$S = \frac{T_{串行}}{T_{并行}} \tag{1-2}$$

理想情况下，一个程序的所有部分（包括从开始到结束）都能通过并行执行加速，即可以同时执行多项计算。假设并行系统的处理单元数目为 p，并满足加速比 $S = p$，则称该并行系统具有线性加速比 (Linear Speedup)。

但是实际情况中，并非程序里的每个部分都可以并行化，例如，对程序中的临界区加锁，会使得对于临界区的访问只能顺序化，同一时间只有一个进程或线程能够执行。另外，当处理单元空闲，或正在执行通信、同步等操作时，通常会浪费一些时间。在这种情况下，加速比 S 小于处理单元的数目，也就是线性加速比 p。

对于一个并行程序，其并行的效率 (Efficiency) 是指实际加速比 S 与最理想的线性加速比 p 之间的比值，定义如下：

$$E = \frac{S}{p} \tag{1-3}$$

将 S 展开，有

$$E = \frac{\dfrac{T_{串行}}{T_{并行}}}{p} = \frac{T_{串行}}{p \cdot T_{并行}} \tag{1-4}$$

假设存在一个程序，其串行执行的时间为 120 s，并行化后在 8 核处理器（即 $p = 8$）上并行执行的时间为 20 s，那么该程序通过并行化获得的加速比为 $S = \dfrac{120}{20} = 6$，并行效率为 $E = \dfrac{6}{8} = 0.75$。

需要注意的是，并行效率的值一般为 $0 \sim 1$，可以反映在通信与同步开销存在的情况下，处理器参与计算的实际利用效率。对于具有线性加速比的并行程序，其效率为 1。

1.3.3 Amdahl 定律

1967 年，作为 IBM360 系列机的主要设计者，美国计算机科学家吉恩•阿姆达尔（Gene Amdahl）提出了 Amdahl 定律。Amdahl 定律给出了固定负载条件下程序并行化效率提升的理论上界。在并行计算领域，Amdahl 定律常用于预测使用多个处理器后的理论加速比上界。

在计算机的实际运行中，假设一个串行程序运行的总时间为 $T_{串行}$，该程序有并行部分和串行部分，其运行时间线如图1-8所示。

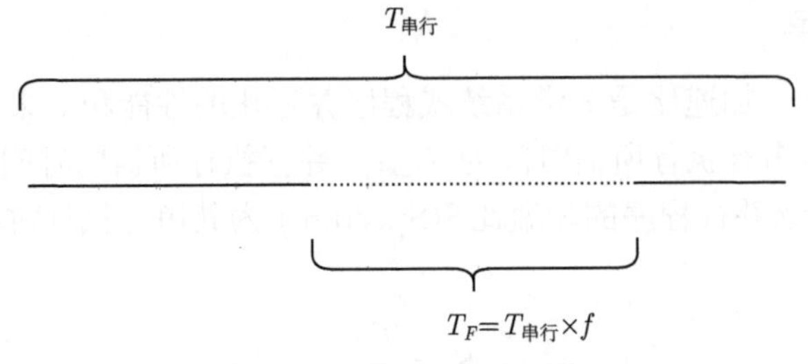

图 1-8 程序运行时间线

图 1-8 中，$T_F = T_{串行} \times f$ 部分能够并行加速运行，f 表示可以并行化的串行代码执行时间的比例 (简称：可并行部分的比例)。在 p 核处理器上并行执行后，该并行部分用时为 T_F/p，加速后整个程序运行用时为 $T_{并行}$，如图1-9所示。

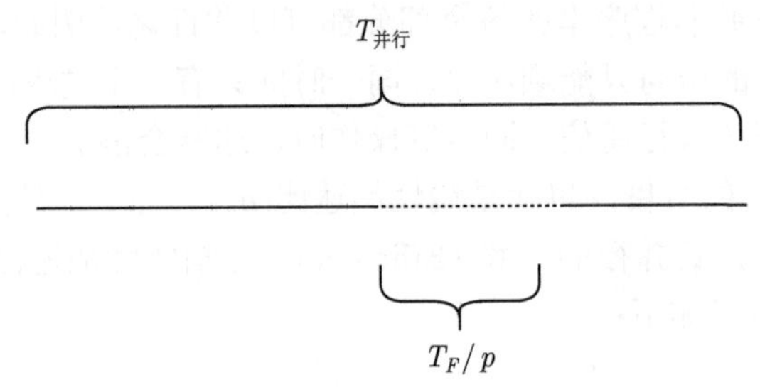

图 1-9 并行加速后的程序运行时间线

$T_{并行}$ 可以表示为

$$T_{并行} = (1-f) \times T_{串行} + f \times \frac{T_{串行}}{p} \tag{1-5}$$

此时程序的加速比为

$$S = \frac{T_{串行}}{T_{并行}} = \frac{T_{串行}}{(1-f) \times T_{串行} + f \times \dfrac{T_{串行}}{p}} \tag{1-6}$$

假设一个程序有 90% 可并行化的部分，即 $f = 0.9$，并行计算机的核数为 p，串行运行需要用时 $T_{串行} = 20$ s，则并行部分加速后的运行时间为

$$0.9 \times \frac{T_{串行}}{p} = \frac{18}{p}$$

不可并行部分的运行时间为

$$0.1 \times T_{串行} = 2\text{s}$$

所以整个程序加速后的运行时间是

$$T_{并行} = 0.9 \times \frac{T_{串行}}{p} + 0.1 \times T_{串行} = \frac{18}{p} + 2$$

因此，加速比为

$$S=\frac{T_{\text{串行}}}{0.9\times\dfrac{T_{\text{串行}}}{p}+0.1\times T_{\text{串行}}}=\frac{20}{\dfrac{18}{p}+2}$$

从这个例子来看，即使并行计算机有无限多个核（或者处理单元），即 $p\to\infty$，依然有

$$S\leqslant\frac{T_{\text{串行}}}{0.1\times T_{\text{串行}}}=\frac{20}{2}=10$$

也就是说，加速比是有上限的，无论增加多少核，运行这个程序都无法得到比 10 更好的加速比。

通过化简式(1-6)，可以得到 Amdahl 定律的一个形式化表示，即

$$S=\frac{1}{(1-f)+\dfrac{f}{p}}\tag{1-7}$$

式中，S 为并行程序的加速比；f 为可并行部分的比例；p 为处理单元的数目（也称并行系数）。

在图1-10中，可以观察到一个并行程序的理论加速比与串行执行所需要的时间无关，只与可并行部分的比例 f 和并行系数 p 有关。例如，如果程序中 95% 的部分可以并行化，那么理论加速比最高可达 20。

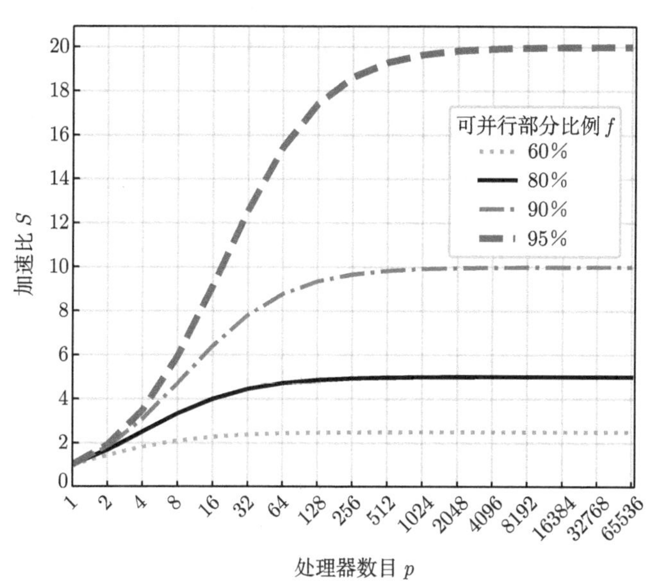

图 1-10　Amdahl 定律

1.3.4 Gustafson 定律

Amdahl 定律有一个重要缺陷，即其假设处理的问题规模是固定的，这在实际应用中(尤其是问题规模不断扩大的情况下)是很难满足的。从 Amdahl 定律，还可以推出当处理器核数增加到无穷大时，加速比会趋近于一个上限，但是美国计算机科学家 John L. Gustafson 在 1988 年的实际测试中发现，在真实情况下，随着处理器核数增加，线性加速比是有可能得到的，这并不符合 Amdahl 定律的预测。1988 年，John L. Gustafson 和 Edwin H. Barsis 提出了 Gustafson 定律，该定律是并行计算领域继 Amdahl 定律之后的又一个重要定律。

考虑到实际中很多程序开发者通常会倾向于扩大问题规模来更好地利用计算资源，John L. Gustafson 对 Amdahl 定律进行了扩展和修正。John L. Gustafson 等观测到，在大量实际工作负载中，串行执行部分的时间通常不会随着问题规模扩大或者处理器核数增加而增加。因此，John L. Gustafson 假设扩大问题规模后，不能够并行执行部分的规模是固定的，即在多处理器上串行执行的时间是固定的。下面对 Gustafson 定律进行具体介绍。

一个程序在一个并行系统上执行的时间包括两部分。

（1）串行部分：无法通过增加处理器核数来减少执行时间的部分。

（2）并行部分：可以通过增加处理器核数来加速的部分。

假设一个并行系统拥有 p 个处理器核，程序代码总的执行时间为 $T_{并行}$，其中，并行部分代码的执行时间为 T_p，串行部分代码的执行时间为 T_s。为简化计算，不失一般性，假设 $T_{并行} = T_s + T_p = 1$。

如果在串行系统（即只有单核处理器）上运行该程序，则并行部分代码的执行时间会增加 p 倍（变为 pT_p），而串行部分代码的执行时间保持不变（仍然为 T_s），这样该程序在该串行系统上运行的时间 $T_{串行}$ 为

$$T_{串行} = T_s + pT_p \tag{1-8}$$

采用串行系统上的执行时间 $T_{串行}$ 作为基准，则该并行程序的加速比可以表示为

$$\begin{aligned} S &= \frac{T_{串行}}{T_{并行}} \\ &= \frac{T_s + pT_p}{T_s + T_p} \\ &= \frac{p \cdot (T_s + T_p) - (p-1) \cdot T_s}{T_s + T_p} \\ &= \frac{p \cdot 1 - (p-1) \cdot T_s}{1} \\ &= p - (p-1) \cdot T_s \end{aligned} \tag{1-9}$$

由于对总执行时间 $T_{并行}$ 进行了归一化处理，T_s 同时也是串行部分代码执行时间占整个程序在并行系统上执行时间的比例。为更清楚地表示，用 s 表示串行部分代码的执行时间占比，则式 (1-9) 可以写为

$$S = p - (p-1) \cdot s \tag{1-10}$$

式 (1-10) 即为 Gustafson 定律, 它描述了并行加速比与处理单元数目、串行部分代码的执行时间占比之间的关系。

图1-11中，给出了在 Gustafson 定律下，当串行部分代码的执行时间占比 s 不同时，加速比 S 随着处理单元数目 p 增加的变化趋势。当串行部分代码的执行时间占比固定时，加速比随着处理单元数目 p 的增加而线性增加。串行部分代码执行时间占比越小，加速比的增加越快。因此，在编写程序时，应该尽量减少串行部分的代码，使得加速比可以随着处理单元数目的增加而快速增加。

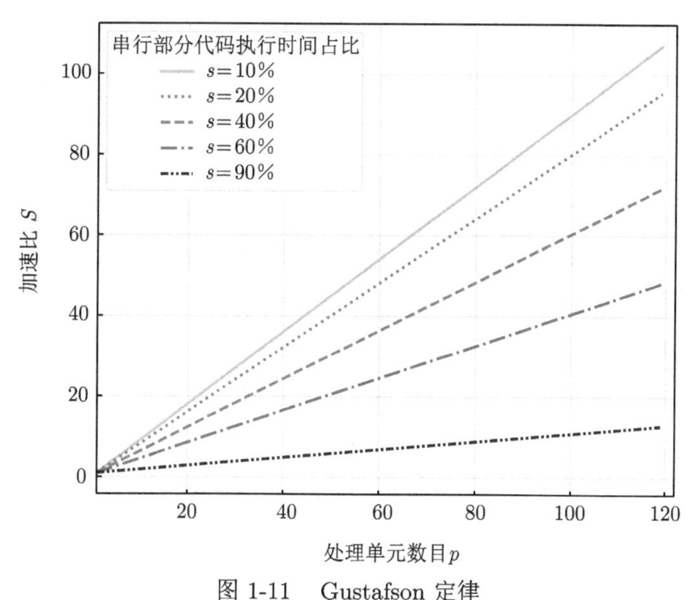

图 1-11　Gustafson 定律

1.3.5　可扩展性

高性能计算机的一个重要评价指标是可扩展性。如果一台高性能计算机随着计算机系统规模的扩大（如使用更多的处理器）能实现性能相应的增长，可以处理规模更大的问题，则认为该高性能计算机的可扩展性好。与之相对，对于可扩展性不好的计算机，当计算机系统规模扩大时，它不仅无法显著提升机器性能，甚至会引起性能下降。因此，进行高性能计算机系统结构设计时，需要充分考虑可扩展性，同时，可扩展性也是设计追求的重要目标之一。

如果一个并行程序可以处理规模不断扩大的问题，就代表该程序是可扩展的。具体而言，假设处理单元数目（或者进程数、线程数）和问题规模均固定不变的情况下，其效率为 E。若增加处理单元数目，可以维持程序处理效率不变，问题规模却不扩大，则该程序称为是强可扩展的（Strongly Scalable）。处理单元数目在增加时，若要保持效率不变，只能在以相同倍率扩大问题规模的条件下才能够实现，则该程序称为是弱可扩展的（Weakly Scalable）。

通过一个例子来说明上述概念。假设一个程序，其串行运行时需要的时间是 $T_{串行} = n$，并行化后程序运行需要的时间是 $T_{并行} = n/p + 1$，其中 p 为并行执行时的线程数。由效率

的定义式(1-4)得

$$E = \frac{n}{p(n/p+1)} = \frac{n}{n+p} \tag{1-11}$$

对于可扩展的程序，以 k 的速率增加线程数时，线程数变成 kp，如果 E 不变，则 n 必须增大，不妨设 n 增大至 xn，此时效率为

$$E = \frac{xn}{xn+kp}$$

如果 $x=k$，则有

$$E = \frac{xn}{xn+kp} = \frac{xn}{xn+xp} = \frac{n}{n+p}$$

可以发现上式得到的 E 与式 (1-11) 中的效率 E 相同，即该程序是可扩展的。上面这个例子中，在线程数增加的同时，按相同的倍率扩大了问题规模，效率保持不变，这种情况称为弱可扩展。如果线程数增加了，但问题规模保持不变，程序的效率也不变，则程序称为是强可扩展的。

可扩展的程序能够处理更大规模的问题，对于强可扩展的程序，增加线程数后，仍能以相同的效率执行程序；而对于弱可扩展的程序，则需要等倍同时扩大问题规模，才能达到相同的效率。

1.4　高性能计算机的应用领域

高性能计算机能够解决对于人类而言具备挑战性且难以解决的问题，这些问题通常具有“六超”特征：一是尺度超大；二是尺度超小；三是时变超快；四是时变超慢；五是过程超危险；六是过程超昂贵。其涉及面也很广，不仅包含宇宙科学、地球科学、生命科学、核物理科学等基础科学，也包含石油勘探、核电、新能源新材料、基因工程等应用科学，还涉及众多传统的制造产业，如汽车制造、船舶制造、机械制造等。此外，越来越多的新兴领域应用需要高性能计算机才能实现，如云计算、智慧城市、微电子光通信、电子政务、互联网和大数据等。

1.4.1　尺度超大类问题

尺度超大类问题是指时间或空间尺度超大的问题，如宇宙、黑洞，人类的观测难以企及。高性能计算机在解决该类问题时可以发挥巨大的作用，例如，研究人员根据暗能量光谱仪的数据拼装一个迄今为止最大的宇宙三维地图。由于暗能量光谱仪获得的数据量非常庞大，其每次曝光可捕获多达 5000 个星系的暗能量光谱数据。为了处理如此庞大的数据，科学家采用了以暗能量的主要发现者索尔·珀尔马特命名的高性能计算机“珀尔马特”，该计算机搭载 6144 个英伟达公司 A100 张量核心图像处理单元。“珀尔马特”超级计算机每晚可以处理几十次曝光数据，从而确定次日晚间暗能量光谱仪需要对准何处。传统的方法下，研究人员通常需要数周乃至数月时间，才能完成一年的周期数据的发布准备，而有了高性能计算机的辅助，在短短几天内就能完成任务。

1.4.2　尺度超小类问题

尺度超小类问题主要指所研究对象的尺度非常微小（如粒子、分子等），高性能计算机主要用于处理实验过程中产生的海量数据，或进行密集模拟计算。在高能物理领域，正负电子对撞机中每一对粒子的碰撞是完全独立的，在一次实验中可能会发生上万次这样的碰撞，探测器每探测到一次碰撞结果，会产生 1 GB 左右的数据量，所以要处理的数据量极大，经常需要使用高性能计算机来进行分析处理。对于以格点量子色动力学为代表的高能物理理论计算，系统误差主要受到四维时空格点体系的物理大小、格点密度以及夸克质量等参数选取的影响，其计算常常需要数十万核甚至数百万核计算资源的支持。在新药研制过程中，通过高性能计算机的强大计算能力和建模分析功能（如群体药代动力学计算和药代动力学-药效动力学建模）来分析生物大分子的三维结构与生物功能，可以大幅提高药物开发过程的效率。

1.4.3　时变超快类问题

时变超快类问题是指在真实实验中, 实验效果持续时间非常短, 转瞬即逝, 非常不利于科研人员对实验结果进行精确测量。例如, 在核科学领域中，惯性约束聚变反应过程非常复杂，反应时变过程非常快，且在高温高压下进行，核反应原料（如氘和氚）被剧烈压缩，整个核反应时间不超过 $1/10^{10}$ s。针对如此极端的反应环境和极短的反应时间，现有的实验探测方法难以进行准确有效的测量。通过利用高性能计算机，科研人员可以等价地对各个过程进行细粒度的数值模拟，测试和挖掘其中涉及的物理细节，非常有利于对实验结果的分析乃至对实验装置的设计，极大地提升了对受控聚变的研究能力。

1.4.4　时变超慢类问题

时变超慢类问题主要指所研究对象的结构或行为变化发生在一个相当漫长的时间范围内，其时间尺度常以百万年计，如地球和行星演化、气候变化预测、人类起源演化等。在地球科学学科领域，传统上科研人员只能通过有限的观测资料和地质特征开展研究，但借助高性能计算机的强大计算能力，科研人员可以对漫长的地壳运动进行模拟仿真。例如，地震全波形反演是当前分辨率最高的成像方法，是研究地球内部结构和动力学演化过程的强有力工具，还可为矿产资源和油气勘查提供关键支撑。通过高性能计算机，可以实现全球尺度高频带黏弹性地震波场传播模拟和波形成像研究。通过全球尺度高频带黏弹性地震波形反演，一方面可以获得地球内部高精度成像结果，加深人类对板块构造、俯冲带和造山带形成与演化的认识；另一方面可以提供地球内部各圈层（中下地壳、岩石圈、软流圈等）物质和能量交换的地震学证据，为研究地球深部成矿作用和火山、地震活动提供依据，帮助人类更全面地认识地质演化，理解类地行星的形成发展。

1.4.5　过程超危险类问题

过程超危险类问题主要指实验的过程非常危险，不适合人员直接进行真实实验操作，如爆炸实验、燃烧实验、核反应堆实验等。例如，在核武器研发成功之前需要进行大量过程超危险的核实验，这是由于核实验（包括核反应和核爆炸）通常都是在超高温、超高压的环境进行的，在极其短的时间内会产生和释放巨大的反应能量，所引发的核辐射和冲击波会对研制人员造成巨大危害。但是，有了高性能计算机，先通过对整个核反应和核爆炸物理过程进行建模，然后通过数值模拟方式对整个核反应过程进行模拟，即进行“数值核实验”，能够极大降低实验的风险，降低核实验的成本，缩短核武器的研制周期。早期各个国家最先进的高性能计算机都用于核武器的研制和实验中，后期真实的核实验已经很少，大多数发达国家都采用数值模拟的方式来进行核实验。另外，对于燃烧过程的研究也是非常危险的，早期燃气轮机的设计主要依靠经验主义，即通过经验积累以及大量的实验进行设计，通常需要较长的研发时间以及较多的经费开销。有了高性能计算机，通过高效的数值模拟方式模拟燃气轮机内部燃烧过程，为燃烧室设计提供参考依据。

1.4.6　过程超昂贵类问题

过程超昂贵类问题主要指开展实际实验的成本非常昂贵，而通过基于高性能计算的数值模拟的方式，可以大幅降低实验和研究成本。一个典型的例子是风洞实验，一次实验的成本可能在 500 万元以上。为替代真实风洞实验，可以采用数值风洞（Numerical Wind Tunnel）技术，简单来说，就是通过高性能计算机来模拟飞行器的风洞实验。基于计算流体动力学，数值风洞实验通过构建合理的空气湍流数学模型，在高性能计算机上进行数值模拟和可视化显示，从而把风洞实验的结果快速形象地展示出来。相对于传统的实际风洞实验，数值风洞实验具有计算时间短、成本低、数据信息丰富、参数模拟灵活等特征。目前，通过高性能计算机可以实现超百亿网格高精度全尺寸的飞行器多场耦合模拟，在国产大飞机的制造中，高性能计算机已广泛应用于大飞机发动机吊挂设计、大飞机翼身组合体设计以及大飞机高低速机翼设计等任务。

1.4.7　新兴领域应用问题

高性能计算机的传统应用领域是科学研究，如工程仿真、石油勘探、气象预测、新材料研究等，主要用于解决计算密集型问题。而随着时代进步，高性能计算机的应用也拓展到很多新兴领域，如人工智能、云计算、大数据、互联网、智慧城市等，高性能计算技术也渗透到人们日常生活的各个方面。很多新兴领域应用主要侧重于解决数据密集型问题，而高性能计算机在处理数据密集型问题时，同样能发挥巨大的作用，其支撑着众多和生活密切相关的大型信息基础设施。

在人工智能领域，近年来以神经网络与深度学习为代表的人工智能技术取得了快速的发展，其核心推动力是人类计算能力的提升，可以对大数据进行高效的分析处理。2016 年 3 月，谷歌（Google）旗下子公司 DeepMind 开发的 AlphaGo 人工智能程序在围棋对决中战胜了世界冠军李世石九段（总比分 4:1），其就是以超级计算所提供的强大算力为支撑的。AlphaGo 的硬件计算平台共使用了 1202 个 CPU 和 176 块 GPU 加速卡。高性能计算机广泛应用于神经网络、深度学习、人工智能等领域。神经网络模型固有的并行特征完美适配高度并行的高性能计算环境，高性能计算机的超强的计算性能可以加快整个深度神经网络模型的训练和推理过程，显著地缩短模型处理的时间。人工智能专家在现有高性能计算机上已经完成了包括 1.75 万亿个参数的超大规模多模态预训练模型的开发。

在金融证券领域，金融数据快速增长，面对这些数据, 需要分析提取有效信息，以新式方法进行风险管理、项目组合优化，并实施有效商业决策。高性能计算机在金融领域发挥着不可或缺的作用，能够实时跟踪不同股票趋势、分析量化大盘交易和将交易数据自动进行风险评估。

在智慧城市领域，现代城市管理和发展存在很多挑战，如汽车增加引起的交通堵塞、环境污染和气候变化以及由社会因素引发的犯罪等问题。随着 5G 基础设施的完善和未来 6G 基础设施的演进，以及物联网技术的快速发展，各类传感器（如视频摄像头）及物联网设备遍布整个城市，这些物联网设备能够采集大量数据，但如何进行处理分析，充分利用这些海量数据，仍存在巨大挑战。这些传感器和物联网设备能够采集大量数据，如果能够将这些数据汇聚到高性能计算机进行集中处理分析，就可以更好地发挥高性能计算机的优势，服务城市决策，提高社会生产效率，改善居民生活。

在生物信息领域，高性能计算机的应用也十分广泛。随着高通量测序技术的发展，基因数据规模增长迅速，高性能计算机能帮助处理数目庞大的基因数据。目前，每经过 12~18 个月，生物信息存储的数据中就有 10 倍的计算需求增长，比摩尔定律还快速。通过把高性能计算平台与高通量测序平台对接，可以提供超大规模生物信息计算与分析能力。面对蛋白质结构预测与蛋白质结构设计问题，传统的基于 X 射线、核磁共振、冷冻电镜等方法能够分析蛋白质三维结构，但这些方法都依赖于昂贵的设备，需要大量时间和人力，通过采用基于深度神经网络的计算预测方法，借助高性能计算的强大算力，可以大幅提升预测的准确度。2020 年，谷歌 DeepMind 公司面向生物信息领域开发了 AlphaFold2 程序。这款程序参加了第十四届国际蛋白质结构预测竞赛，最终取得第一名的优异成绩，其预测准确度远远高于其他程序。

除了上述领域，高性能计算机还广泛用于一些前沿研究领域，如脑模拟、量子模拟、网络靶场、入侵检测等。例如，2013 年，日本和德国的科学家制造了超级计算机“富士通 K”（当时世界 TOP500 排名第四），“富士通 K”超级计算机能实现 1 s 的人脑活动模拟，该模拟达到了人脑规模的 10%。2021 年，中国的“神威”超级计算机在清华大学研究人员的操作下成功模拟了量子计算机，这项研究使用了高达 4200 万个 CPU 核心，算力高达 440 亿亿次，对量子霸权加以验证。如果使用传统计算机解决这一问题，需要耗费 1 万年的时间，而在超级计算机上，只使用 304 s 就可以完成。

1.5　高性能计算机的演进和发展趋势

高性能计算机从诞生以来，距今已经有 60 年左右的历史，本节对高性能计算机的发展历史进行介绍，梳理高性能计算机的发展脉络，同时也探讨未来高性能计算机的发展趋势。

1.5.1　高性能计算机的发展历史

高性能计算机的发展历史大致可以分成四个阶段：“初生”时代、“克雷”时代、“多核”时代、“异构”时代。

1. *崭露头角：“初生”时代*

世界上第一台真正意义上的高性能计算机诞生于 1964 年，是由美国计算机科学家西摩·克雷（Seymour Cray）和他的同事一起设计的。由于它是通过美国控制数据公司（Control Data Corporation，CDC）制造并推向市场的，所以命名为 CDC 6600，其实体如图1-12所示。CDC 6600 主要用于高能核物理方面的研究工作，其 CPU 时钟频率为 10 MHz，峰值性能达到 3 MFLOPS，1964~1969 年，一直保持世界排名第一的位置。CDC 6600 采用了一系列新技术，包括液冷技术、硅晶体管技术、精简指令集技术等。CDC 6600 的性能比同时期其他计算机的性能高出约 10 倍，并重新定义了高性能计算机，因此将其作为高性能计算机的开端。值得一提的是，CDC 6600 同时也是一台商业上非常成功的高性能计算机，每台售价约为 800 万美元，部署到 100 余个用户站点上。四年之后，CDC 公司推出了第二代高性能计算机 CDC 7600，时钟频率增加到 36.4 MHz，浮点运算性能约为 10 MFLOPS，并采用了可变大小的二级缓存（L2 Cache）技术，其性能也超越了 CDC 6600。之后，CDC 公司推出了 STAR-100 高性能计算机，其峰值性能为 100 MFLOPS，该台机器的推出使得 CDC 公司在超级计算机领域的主导地位一直延续到了 20 世纪 70 年代。

图 1-12　世界上第一台超级计算机 CDC 6600 实体图

2. 独领风骚："克雷"时代

超算之父的西摩·克雷，于 1972 年离开 CDC 公司，创立了克雷研究公司（Cray Research Inc.），该公司从成立到 20 世纪 90 年代初一直在超级计算机领域占据主导地位，并为高性能计算机发展做出了不可磨灭的贡献。1976 年，克雷公司发布了超级计算机 Cray-1（图1-13），Cray-1 的推出在高性能计算机的发展史上具有里程碑的意义。Cray-1 的时钟频率达到 80 MHz，峰值性能为 136 MFLOPS，被部署到美国洛斯·阿拉莫斯国家实验室，用于核武器的研究。Cray-1 高性能计算机创造了多个首次：首次使用集成电路对 CPU 芯片进行封装，首次使用基于向量的处理器架构，首次使用链式结构来大幅减少 CPU 和内存的数据交换频率。

图 1-13　Cray-1 超级计算机

1985 年，克雷公司推出了第二代超级计算机 Cray-2，创新性地使用了多核架构，其在一个 CPU 上集成了四个向量处理器。Cray-2 放弃了上一代 Cray-1 超级计算机使用的链式结构，改用与当今 CPU 缓存类似的本地内存结构。同时，Cray-2 对 CPU 指令处理进行了优化并应用流水线结构。经过大量优化，Cray-2 的峰值性能达到惊人的 1.9 GFLOPS，是当时世界速度最快的超级计算机，也是首台突破 G 级计算能力的高性能计算机。值得一提的是，在高性能计算机的软件系统方面，Cray-2 也放弃了之前为每个超级计算机独立研发操作系统的做法，转向使用基于 UNIX 的 UNICOS 操作系统，以降低为高性能计算机配套操作系统的开发成本。克雷公司还有另一条技术研发途径，主要由史蒂夫・陈（Steve Chen）主导，先后在 1982 年发布了 Cray X-MP，1988 年发布了其升级版 Cray Y-MP。Cray Y-MP 超级计算机在一个芯片上集成了 8 个向量处理器，单个处理器的频率为 167 MHz，并具有 333 MFLOPS 的浮点运算性能。在 20 世纪八九十年代，克雷公司在高性能计算机领域一直占据垄断地位。

3. 并行协作："多核"时代

20 世纪 80 年代中后期，自从 Cray-2 开创了高性能计算机的一个全新发展方向——"多核并行"之后，大量拥有数千个处理器的高性能计算机如雨后春笋般快速出现。

日本电气株式会社公司于 1989 年发布了 SX-3/44R 高性能计算机，并以 23.2 GFLOPS 计算性能获得世界第一。在世界超级计算机 TOP500 排行榜诞生的前两年（1993 年和 1994 年），日本富士通株式会社研发的"数值风洞"超级计算机都位列榜首，其使用了 166 个向量处理器，每个处理器的峰值性能达到 1.7 GFLOPS，持续计算性能达到 124.0 GFLOPS，理论峰值性能达到 235.8 GFLOPS。其后，日本株式会社日立制作所构建了一个具有 2048 个处理器的高性能计算机 SR2201，具有 600 GFLOPS 的峰值性能，并于 1996 年荣登 TOP500 榜首。

与此同时，另一个传奇公司——英特尔也加入到高性能计算机领域的竞争当中。英特尔公司在微机领域一直处于霸主地位，但在超级计算机领域的表现差强人意，直到 Paragon 系列超级计算机的出现才改变了这一现状。1993 年英特尔公司推出了 Paragon 系列超级计算机，该计算机可以配置 1000~4000 个英特尔 i860 处理器，并通过高速二维网格连接所有处理器。此外，Paragon 第一次使用多指令流多数据流技术，不同指令的执行可以通过多个控制器异步地控制多个处理器，从而达到空间级别的并行。基于 Paragon 系列，英特尔公司在 1997 年推出的 ASCI Red 高性能计算机（图1-14），该系列计算机首次突破了 T 级计算大关。

图 1-14　英特尔公司研发的 ASCI Red 超级计算机

到 20 世纪末，ASCI Red 高性能计算机一直是超级计算机领域的佼佼者。ASCI Red/9152 是第一台基于美国加速战略计算计划（Accelerated Strategic Computing Initiative, ASCI）设计的超级计算机。此外，ASCI Red/9152 也是首个基于网格的大规模并行系统，共具有 9000 多个计算节点和 12 TB 以上的磁盘存储，实际运算速度为 1.338 TFLOPS。1999 年，英特尔公司推出了 ASCI 系列的升级版 ASCI Red/9632，其以 2.38 TFLOPS 运行速度成为当年世界排名第一的超级计算机。

4. 百花齐放：“异构”时代

进入 21 世纪，高性能计算机的发展更为迅速。2002 年，日本 NEC 公司发布了“地球模拟器”（Earth Simulator）超级计算机，并借此重新夺回了 TOP500 的桂冠，该计算机拥有 35 TFLOPS 浮点运算性能。但不久之后，该计算机就被美国 IBM 公司发布的 Blue Gene/L 系列超级计算机超越。该系列在 2004~2007 年不断迭代升级，Blue Gene/L 的第一个版本只有 16000 个计算节点（每个节点有两个 CPU），能够进行 70 TFLOPS，2007

年最终版本已超过 100000 个计算节点，峰值性能达到 600 TFLOPS。Blue Gene/L 超级计算机的性能提升主要采用了高度集成的低功耗 RISC PowerPC 内核，并把计算节点完全集成到片上系统，大幅提高了数据传输效率。Blue Gene 系列计算机连续 4 年占据 TOP500 榜首。

与此同时，摩尔定律也逐渐达到瓶颈，单纯通过增加核心数量来提升计算性能的提升幅度逐渐缩小。因此，研究人员转向了采用异构计算的体系结构设计。在 2008 年，Roadrunner 超级计算机成为第一台以异构计算体系结构荣登 TOP500 榜首的超级计算机，也是第一台持续计算性能超过 1 PFLOPS 的高性能计算机（图1-15）。该机器是 IBM 公司为美国能源部国家核安全管理局研发的，由 12960 个 IBM PowerXCell 8i 处理器和 6480 个 AMD 皓龙（Opteron）双核处理器组成。其中，IBM PowerXCell 8i 处理器的主频为 3.2 GHz，包含一个通用内核和 8 个用于浮点运算的特殊性能内核；皓龙双核处理器的主频为 1.8 GHz，既用于数值计算，也负责系统控制和节点通信。

图 1-15　IBM 公司研发的 Roadrunner 超级计算机

随着 GPU 的快速发展，超级计算机的研制大量采用 GPU 作为运算加速器。美国在 2018 年研制的 Summit 超级计算机，共包括 4608 个计算节点，峰值性能接近 200 PFLOPS，在 2018 年 11 月 $\sim$ 2019 年 11 月的多次全球 TOP500 排行中排名第一。Summit 超级计算机采用了异构计算体系结构（CPU+GPU），每个节点包括了 2 个 IBM 公司生产的 Power9 CPU 芯片以及 6 块英伟达公司的 Tesla V100 GPU 加速卡，通过采用英伟达公司研发的 NVLink 总线构建了 CPU 与 GPU 之间的互连，大幅提升了数据吞吐量。

2020 年，日本理化学研究所和富士通株式会社联合推出了超级计算机“富岳”（Fugaku），持续计算性能达到 442 PFLOPS，在 2020 年 6 月获得 TOP500 排行榜第一，并保持至今。“富岳”超级计算机并未采用 CPU+GPU 的异构计算体系结构，而是采用了基于 ARM 架构的 48 核心 A64FX 处理器，共使用了 158976 个 A64FX 处理器。

E 级计算是高性能计算领域下一个突破关卡。由美国英特尔公司和克雷公司联合研制的 Aurora 超级计算机，计划于 2023 年推出。该超级计算机预计将拥有超过 9000 个节点，每个节点包括 2 个英特尔公司的至强 Sapphire Rapids 系列 CPU，以及 6 个英特尔公司的 Xe GPU。单个节点的最大计算能力达到 130 TFLOPS，整体计算能力将达到 2 EFLOPS，超过目前世界排名第一的“富岳”超级计算机。

1.5.2 国产高性能计算机的发展历程

高性能计算机的研制历来是世界上各个国家高度重视的国之重器，也被视为国家战略的制高点。在高性能计算机技术方面，西方发达国家长期对中国进行技术与设备的封锁。从 20 世纪 50 年代以来，在举国体制和国家科技计划的持续支持下，以及我国科学工作者坚持不懈的奋斗和努力下，我国在高性能计算机领域取得了长足的进步。从发展历程上来看，国产高性能计算机的发展经历了从起步（1956~1995 年）、追赶（1996~2009 年）到超越（2010 年至今）三个主要阶段。

1. 起步阶段

1958 年 8 月，中国科学院计算技术研究所成功研制了中国第一台小型电子管通用数字计算机——103 型计算机（图1-16），该机器运算速度为每秒 1800 次，主要用于科学计算。1959 年，中国科学院计算技术研究所成功研制了我国第一台自行设计的大型电子管数字计算机——104 型计算机，该机器每秒运算 1 万次。1964 年，我国成功研制了第一

图 1-16 中国科学院计算技术研究所研制的 103 型计算机

台国产大型电子管通用数字计算机——119 型计算机，该机器运算速度为每秒 5 万次。以 103 型计算机、104 型计算机、119 型计算机为代表的我国第一代通用数字计算机均基于电子管技术。

为了服务“两弹一星”等国家重大战略项目，从 20 世纪 50 年代开始，我国研制专门的高性能计算机。1958 年 9 月，中国第一台电子管专用数字计算机 901 机研制成功，由中国人民解放军军事工程学院（现国防科技大学）慈云桂教授带领团队研制。以 901 机为代表的我国第一代专用数字计算机也基于电子管技术。

1965 年 4 月，中国人民解放军军事工程学院成功研制出了中国第一台晶体管数字计算机（441B 计算机）。1970 年初，晶体管计算机 441B/Ⅲ 型问世，这是中国第一台具有分时操作系统和汇编语言、Fortran 语言及标准程序库的计算机。441B 系列计算机在天津电子仪器厂共生产了 100 余台，及时装备到重点大专院校和科研院所，平均使用寿命在 10 年以上，是中国 20 世纪 60 年代中期至 70 年代中期的主流系列机型之一。1977 年夏，百万次级集成电路计算机 151-3 研制成功。1978 年 10 月，二百万次集成电路大型通用计算机系统 151-4 顺利地装上了远望一号科学测量船。151 系列计算机在中国 80 年代首次向南太平洋发射运载火箭、首次潜艇水下发射导弹以及第一颗实验型广播通信卫星的发射和定位任务中，都发挥了重要作用，出色地完成了计算任务，为中国航天战线三大重点实验的圆满成功做出了重大贡献。

1983 年 12 月，国防科技大学慈云桂教授牵头的科研团队，成功研制了“银河 I 号”巨型计算机（图1-17），运算速度达每秒 1 亿次。“银河 I 号”的研制成功，标志着中国打破西方国家封锁，成为能够独立研发亿次级高性能计算机的国家，我国真正地迈入了超算的行列。1992 年，国防科技大学研制出“银河 Ⅱ 号”高性能计算机（峰值性能达 1 GFLOPS），

图 1-17　国防科技大学研制的“银河 I 号”巨型计算机

“银河 Ⅱ 号”是我国首台 GFLOPS 超级计算机，国防科技大学于 2000 年研制成功的“银河 Ⅳ 号”是我国首台 TFLOPS 超级计算机，2009 年研制成功的“天河一号”是我国首台 PFLOPS 超级计算机。

1993 年，作为我国高性能计算机研发的重要力量，国家智能计算机研究开发中心成功研制出了我国首台采用超大规模集成电路和标准 UNIX 系统的高性能计算机——“曙光一号”。后续，通过引进资金，中国科学院推动成立了曙光信息产业有限公司（曙光公司），专门从事高性能计算机的研发。1995 年，曙光公司推出了“曙光 1000”高性能计算机，持续计算性能达 1.58 GFLOPS，技术指标接近美国克雷公司 1988 年推出的 Cray Y-MP 超级计算机。此后，在 20 世纪末，曙光公司相继推出包括“曙光 1000A”、“曙光 2000-I”和“曙光 2000-Ⅱ”等在内的一系列高性能计算机，广泛应用于气象、国防、石油、海洋等领域。

2. 追赶阶段

成立于 1992 年的国家并行计算机工程技术研究中心也是我国研发高性能计算机的主力，其在 1999 年，研发出“神威 I”高性能计算机，其峰值速度达 384 GFLOPS，主要性能指标达到国际先进水平。三千亿次级以上高性能计算机的成功研制，进一步提高了我国国产高性能计算机的研发能力，使我国国产高性能计算机实现了跨越式发展。

进入 21 世纪，我国的高性能计算产业也随着世界高性能计算技术的突破而快速发展，以“天河”、“曙光”和“神威”系列为代表的国产超级计算机不断迭代更新，于 2004 年、2008 年和 2009 年分别突破十万亿次级、百万亿次级和千万亿次级计算大关，不断缩小与世界领先技术的差距。

2004 年，由中国科学院计算技术研究所、曙光信息产业有限公司、上海超级计算中心三方共同研发制造的“曙光 4000A”高性能计算机实现了 10 TFLOPS 的运算速度，成为我国第一个跨入十万亿次级计算的超级计算机，也标志着继美国和日本之后，我国成为第三个有独立设计十万亿次级高性能计算机的国家。与此同时，“曙光 4000A”超越了国外 2000 年 IBM 公司推出的 ASCI White 型号超级计算机，将国内超级计算机与国际的顶尖水平的差距缩小到 4 年以内。此外，“曙光 4000A”计算机也是我国第一个进入 TOP500 前十的超级计算机。

在 2008 年，联想集团发布了“深腾 7000”高性能计算机。“深腾 7000”是国内首个实测性能突破每秒百万亿次浮点运算的异构计算机集群系统，LINPACK 性能突破 106.5 TFLOPS，达到与 2005 年 IBM 公司推出的 IBM Blue Gene/L 第一代高性能计算接近的性能指标，将国内高性能计算技术与国际领先水平之间的差距缩小至 3 年。不久后，曙光公司推出了新一代的高性能计算机“曙光 5000A”，该计算机实现理论峰值性能 230 TFLOPS 和持续计算性能 180 TFLOPS 的浮点运算性能，进一步缩小了我国与国外领先技术的差距。

2009 年 9 月，国防科技大学成功研制了我国首台千万亿次级超级计算机——“天河一号”，其部署在国家超级计算天津中心。“天河一号”理论峰值性能为 1.206 PFLOPS 且 LINPACK 实测性能为 563.1 TFLOPS，使中国成为世界上第二个（继美国之后）能够研制千万亿次级超级计算机的国家。至此，我国顶尖高性能计算机离登顶只有一步之遥。

3. 超越阶段

2010 年 11 月 16 日是我国高性能计算机发展史中一个值得铭记的时刻，全球超级计算机 TOP500 排行榜在美国新奥尔良市揭晓，升级后的“天河一号”二期系统（“天河一号 A”，图1-18）以每秒 4700 万亿次浮点运算的理论峰值性能、每秒 2507 万亿次浮点运算的 LINPACK 实测性能，超越美国橡树岭国家实验室的“美洲虎”超级计算机，成为当时世界上速度最快的超级计算机。这是我国自主研发的高性能计算机首次登顶超级计算机 TOP500 排行榜，这标志着我国国产高性能计算机正式进入世界一流梯队。“天河一号 A”采用 CPU+GPU 的异构计算体系结构，配备了 14336 个英特尔至强 x5670 CPU、7168 块英伟达 Tesla M2050 加速卡以及 2048 个国产飞腾处理器。

图 1-18　国防科技大学研制的“天河一号 A”超级计算机

此后，我国在 2013~2018 年一直蝉联 TOP500 榜首位置。2013 年底，国防科技大学研制的“天河二号”超级计算机正式验收并部署到国家超级计算广州中心，2013 年 6 月 ~ 2016 年 6 月，“天河二号”连续 6 次在全球超级计算机 TOP500 榜单中排名第一，其理论峰值性能达 54.90 PFLOPS，实测峰值性能达 33.86 PFLOPS。“天河二号”超级计算机初期共有 16000 个计算节点，每个节点配备两个英特尔至强 E5 系列 12 核心的 CPU、三个至强 Phi 57 核心的协处理器，共计 312 万个计算核心。

2016 年 6 月 20 日，“神威 · 太湖之光”超级计算机在 LINPACK 计算性能测试中以 93 PFLOPS 的评测结果超越“天河二号”，成为当时世界上速度最快的超级计算机。“神威 · 太湖之光”也是中国首度自行设计并使用国产核心芯片登上 TOP500 第一名的超级计算机。“神威 · 太湖之光”使用了国产申威 SW26010 处理器，每个处理器芯片中有 260 个核心，采用大规模多核心并发运算的结构。“神威 · 太湖之光”一直保持世界领先的计算性能，直到 2018 年 6 月被美国的 Summit 超级计算机所超越。

随着高性能计算机向 E 级迈进，我国也开始向下一代 E 级高性能计算机进发。根据国家“十三五”发展规划，中华人民共和国科学技术部在 2016 年利用国家重点研发计划的支持，决定在未来将分两期开展 E 级超算系统研制计划。其中，一期是研制三个 E 级原型机的 E 级计算机关键技术研究，二期是研制 E 级计算机。作为三种不同的技术路线，“神威”、“天河”和“曙光”系列均开始 E 级超算原型机的研发，并于 2018 年完成了交付。出于自主可控的考虑，我国下一代 E 级超级计算机的研发也转向采用国产处理器和加速器，实现在超算核心部件上的突破，并提出全新 E 级计算机体系结构，在多方面实现自主创新，包括计算系统、网络体系、存储方法、系统软件、散热系统、应用支持等。

1.5.3 高性能计算机的未来发展趋势

新型半导体工艺技术和高性能计算技术也在快速发展与迭代，接下来介绍高性能计算机的未来发展趋势。

（1）从 E 级计算到 Z 级计算：作为世界各国竞相角逐的战略制高点，E 级超级计算机已在 2022 年被部署并投入实际运行。可以预见的是，超级计算机性能的发展不会就此停下脚步，成功实现了 E 级计算后，还需要继续发展到 Z 级计算。然而，简单地堆叠硬件难以继续实现性能指标提升，还需要解决能耗、可扩展性、可靠性、应用编程、应用效率等诸多极具挑战性的难题。

（2）超算与人工智能、大数据的融合应用：高性能计算机不只局限于传统的科学计算应用，人工智能、大数据等新兴领域也需要高性能计算机的参与。近年来，深度学习和大数据等新兴技术引发了广泛的关注，这些技术离不开超级计算机提供的算力支持。因此，超算与人工智能、大数据的融合应用是未来计算发展的必由之路。超级计算机已应用到人工智能上，为人工智能提供强大的计算能力，在未来的发展中，人工智能还需要更复杂的硬件结构才能实现。智能超级计算机的研发也获得了业界与科学家的广泛关注。

（3）非冯·诺依曼体系结构的新型计算系统：由于硅基半导体工艺已逐步逼近其物理极限，经典的冯·诺依曼体系结构暴露出了越发明显的瓶颈。目前，国际上也在开展采用非冯·诺依曼体系结构的新型计算系统的研究，如面向神经网络的计算机体系结构、面向类脑计算的计算机体系结构、面向量子计算的计算机体系结构、面向图计算的计算机体系结构等。虽然这些新技术与结构在短时间内还很难实际落地，但是已经展现出良好的发展前景。未来十年是计算机体系结构发展的黄金时期，也一定会出现全新的计算机体系结构。

1.6 本章小结

本章介绍了一些和高性能计算机相关的基本概念与背景知识。通常，使用每秒浮点运算次数（FLOPS）来评价计算机的性能，由于 FLOPS 评价的是计算机每秒产生的浮点运算结果数，可以更加公平地对不同体系结构、不同指令系统的计算机进行比较。

高性能计算机，又称为超级计算机或超算，能够帮助人们解决一些人类的智力、体力和实验难以企及的问题。高性能计算机具有很强的时代性，特指某个时代中性能最高的系统，每一时代有每一时代的高性能计算机。高性能计算机具备运算速度超级快、存储容量超级大、计算系统超级可靠、在处理大量数据以及执行复杂计算任务时超级高效等优势与特征。近 30 年，高性能计算机的性能每十年大约提升 1000 倍，即性能提升基本符合千倍定律。并行计算是通往超级计算的唯一途径，高性能计算机采用了各种并行计算技术。

衡量计算机系统性能的一个重要指标是峰值性能，峰值性能可以进一步划分为理论峰值性能和实测峰值性能。在并行计算领域，加速比是重要的性能评价指标。利用加速比，能够衡量并行系统或程序并行化的性能和效果。基于 Amdahl 定律，一个并行程序的理论加速比与串行执行所需要的时间无关，只与可并行部分的比例和并行系数有关。Gustafson 定律描述了并行加速比与处理单元数目、串行部分代码的执行时间占比之间的关系。当串行部分代码的执行时间占比固定时，加速比随着处理单元数目的增加而线性增加。串行部分代码执行时间占比越小，加速比的提升越快。可扩展性是高性能计算机系统结构设计所追求的重要目标。可扩展的程序能够处理更大规模的问题，对于强可扩展的程序，增加线程数量后，仍能以相同的效率执行程序；而对于弱可扩展的程序，则需要等倍同时扩大问题规模，才能达到相同的效率。

高性能计算机有广泛的应用领域，能解决的挑战性问题有“六超”的特征。除了传统应用领域（如气象预测、石油勘探、工程仿真、新材料研究等），高性能计算机在新兴领域（如人工智能、智慧城市、物联网、大数据等）也能够产生极大的应用价值。

高性能计算机是人类通过科学发现和工程创新取得的重大成就之一。在持续而显著的技术进步推动下，高性能计算机主要通过计算机体系结构和编程模型的创新而实现。虽然我国发展高性能计算机的起步时间晚，但迅速超越了其他国家。我国研制的以“天河”、“神威”与“曙光”等为代表的超级计算机拥有领先的技术和性能，在 TOP500 排行榜中，我国研发的超级计算机长期处于领先位置。未来高性能计算机的性能还会持续提升，下一步将会从 E 级计算跨越到 Z 级计算。超算与人工智能、大数据会进一步融合发展，未来也会出现非冯・诺依曼体系结构的新型计算系统。

课 后 习 题

1.1 请介绍高性能计算机有哪些特点。

1.2 衡量计算机系统性能的一个重要指标是峰值性能，其一般指该计算机系统每秒能完成的浮点运算的最大次数。请问峰值性能还可以再分为哪几类？请对它们进行简要介绍。

1.3 某个程序在计算机系统中运行。为了加快运行速度，编程人员将某段代码写为并行程序，该段代码的处理速度将变为原来的 8 倍。已知该段代码串行执行的时间占总时间的 60%。请问并行编程后，依据 Amdahl 定律，程序的性能为原来的几倍？

1.4 假设有一个形式为 $F(i,p)$ 的应用程序的函数，它给出了在总共有 p 个处理器的情况下，恰好有 i 个处理器可用的时间比例。这意味着：

$$\sum_{i=1}^{p} F(i,p) = 1$$

假设有 i 个处理器同时执行时，程序运行可以加速 i 倍。请重写 Amdahl 定律的加速比公式，使其与 i、p 和 $F(i,p)$ 有关。

1.5 接着习题 1.4，假设应用程序 A 在单个处理器上的运行时间为 T 秒。并行处理器对代码的不同部分有不一样的加速效果。表 1-1 展示了 A 中不同代码片段的运行时间比例及其对应的可以执行并行加速的最大处理器数量。例如，20% 的代码最多只能采用 1 或 2 个处理器进行并行处理。假设计算机中有 8 个处理器，那么对于程序 A，加速比为多少？

表 1-1 习题 1.5 数据

运行时间比例	20%	20%	10%	5%	15%	20%	10%
最大处理器数量	1	2	4	6	8	16	28

1.6 在实现一个应用程序的并行化时, 理想加速比应当等于处理器的个数，但要受到两个因素的限制: 可并行化应用程序的百分比和通信成本。Amdahl 定律考虑了前者，但是没有考虑后者。如果应用程序的 80% 可以并行化，回答以下问题。

（1）N 个处理器的加速比为多少? 忽略通信成本。

（2）如果每增加一个处理器，通信成本为串行执行时间的 0.5%，则 8 个处理器的加速比为多少？

1.7 高性能计算机侧重于帮助解决哪六类问题？请分别进行简述。

1.8 在高性能计算机领域，第一个突破 M 级计算、G 级计算、T 级计算、P 级计算的超级计算机分别是什么？请分别简述它们的技术架构。

第 2 章　基准评测集

2.1　基准评测介绍

从计算机得以广泛应用开始，无论计算机制造商、研究人员、机构，还是用户，都致力于计算机性能的基准评测，需要一种方法来合理地评价与测试计算机的性能，即评测系统的量化指标。科学的计算机性能基准评测能够帮助用户确定所需采购的超级计算机，并指导高性能计算机系统的设计方向。然而，计算机的类型差异巨大，不同的计算机在组成、体系、结构与实现的种类等方面也各不相同。因此，有必要找到一种或多种的基准评测方法来评估与测量各类计算机系统的性能，从而能够为对不同的计算机按照性能进行排序提供合理的依据。

世界上首台通用电子计算机 ENIAC（Electronic Numerical Integrator And Computer）的性能评测基准是计算火炮弹道，并将求解时间与计算相同弹道的研究人员所使用的时间进行比较。就像 ENIAC 上的火炮弹道计算一样，某些用户应用程序也会用作高性能计算机的评测基准，然而，这样的基准通常是非标准化的，所得到的基准性能也不准确，难以符合通用用途。现代计算机（包括高性能计算机）采用了多种多样标准化的基准评测方法，从线性代数到图形应用，再到能源效率，这反映了用户需求的多样性。基准评测的结果是探索计算机性能趋势的重要历史记录，用户可以根据这些结果来比较其特定的应用程序性能，并对其应用程序的效率进行评估。随着高性能计算机系统不断地向前发展，关于高性能计算机的基准评测也不断地进行更迭。

高性能计算领域的基准评测，通常包括计算性能评测、I/O 性能评测、网络性能评测、能耗评测，以及应用评测。其中，计算性能评测是对计算机系统的计算能力进行评测；I/O 性能评测是对高性能存储系统进行评测；网络性能评测是对高性能集群网络性能进行评测，即评测集群网络的互连性能以及在各种通信模式下的延迟和带宽；能耗评测是对高性能计算机的能源消耗效率进行评测；应用评测是对高性能计算机相对于动态应用程序的性能进行评测。常用的基准评测集如表2-1所示，接下来将会系统地介绍这些基准评测集。

表 2-1　常用基准评测集

评测集类别	评测集	特点
计算性能评测集	LINPACK	通过求解线性方程来评测计算性能，是世界超算 TOP500 榜单的重要依据
	HPCG	高性能共轭梯度法，通过求解离散的三维偏微分方程模型来评测计算性能
	Graph500	利用图遍历来分析高性能计算机在复杂问题上的吞吐能力
I/O 性能评测集	MDTest	用于评测文件系统元数据性能
	IOR	使用多种 I/O 接口和访问模式测试并行文件系统的性能

续表

评测集类别	评测集	特点
	IO500	高性能存储领域的重要评价指标，综合了 MDTest 和 IOR
网络性能评测集	IMB	用于评测集群系统的性能，包括节点性能、网络延时和吞吐量
	OSU Benchmark	MPI 通行效率评测工具，分为点对点通信和组通信
能耗评测集	Green500	使用 PPW 作为指标对能源效率进行评测
应用评测集	Miniapplication	真实应用程序的更小版本，可以更好地捕捉真实的应用程序行为
	戈登・贝尔奖	体现高性能计算应用领域的杰出成就

2.2 计算性能评测集

2.2.1 LINPACK

LINPACK（Dongarra et al.，2003）是高性能计算机系统计算性能评测最常使用的基准评测集之一。LINPACK 是由图灵奖得主美国计算机科学家杰克・唐加拉（Jack Dongarra）等几位学者于 1979 年开发的线性系统软件包（Linear System Package，LINPACK）。LINPACK 设计之初的目标是集成常用的线性方程组求解程序（如最小平方问题、稠密矩阵运算）至一个通用的线性代数软件库，支持求解大部分常见的线性代数问题。LINPACK 基准评测集在高性能计算机系统计算性能评测领域发挥了强大的作用。

通过调用 BLAS（Basic Linear Algebra Subprograms）包，LINPACK 实现了浮点运算。BLAS 包的引入使得 LINPACK 可以在不修改底层算法的情况下使用某些计算机硬件，实现移植透明和软件透明的同时，不会降低基准评测的可靠性。BLAS 包分为三层，每一层的功能各不相同，其中，第一层用于求解向量与向量之间的代数运算，第二层用于求解向量与矩阵的运算，第三层用于求解矩阵与矩阵之间的运算。由于 LINPACK 在共享内存和多层内存上把大量的时间消耗在数据的传输而不是浮点运算操作上，导致效率相对低下。作为线性代数包，LINPACK 逐渐被采用块矩阵操作来解决内存层次问题的 LAPACK 替代，ScaLAPACK 则是 LAPACK 的并行化版本。

1979 年发布的 LINPACK 用户手册是最早的系统全面介绍 LINPACK 的文献。该手册中测试了计算机采用高斯消元法求解稠密线性方程组 $\boldsymbol{Ax} = \boldsymbol{b}$ 所花费的时间，并给出了在当时的 23 台不同类型计算机上的测试结果，这为后来 LINPACK 基准评测集的产生做了铺垫。随着 LINPACK 广泛地应用，其慢慢发展为用以比较不同计算机性能的基准评测集，由此衍生出了一套完整的 LINPACK 基准评测集，包括 LINPACK100、LINPACK1000 和 HPL。

因为内存的限制，最早的 LINPACK 基准评测集是 LINPACK100，通过求解阶数为 100 的双精度线性代数方程组来评测计算性能，并且是为串行计算而编写的。在编译运行程序后，可以得到对应机器的计算性能。LINPACK100 是要求最为严格的一种基准评测集，用户只能在编译优化中对该基准评测集加以优化，无法修改测试程序，即使是包括注释语句在内的轻微修改，也无法实现。

随着计算机的发展，100 阶线性代数方程组的计算规模太小，无法很好地反映性能不断提升的高性能计算机的计算性能。于是出现了基准评测程序的第二个版本 LINPACK1000，亦称为面向峰值性能的 LINPACK（LINPACK Toward Peak Performance，LINPACK-TPP）。LINPACK1000 所评测问题的规模是 1000 阶，即评测求解 1000 阶双精度线性代数方程组所达到的计算性能。不同于 LINPACK100，LINPACK1000 对于用户的修改权限更为宽松，用户可以根据需要修改其中的高斯消元分解过程以及后续的结果回代求解过程，使得机器可以达到更高的执行效率。

随着超级计算机和集群系统的应用与发展，出现了面向并行计算机的评测基准——高性能 LINPACK（High Performance LINPACK，HPL）。相较于前面提到的 LINPACK100、LINPACK1000 两个基准评测程序，HPL 的自由度要大很多。在基本算法不改变的前提下，用户可以根据情况选择合适的矩阵规模、分块大小、分解方法以及其他不同类型的基于高斯消元的优化方法，来获得最佳的计算性能评测结果。

HPL 基准评测程序的结构如图2-1所示，其中 BLAS/VSIPL（Vector Signal Image Processing Library）提供关于向量和矩阵运算的支持，MPI（Message Passing Interface）提供独立于计算平台的消息传递标准，即通信库环境。

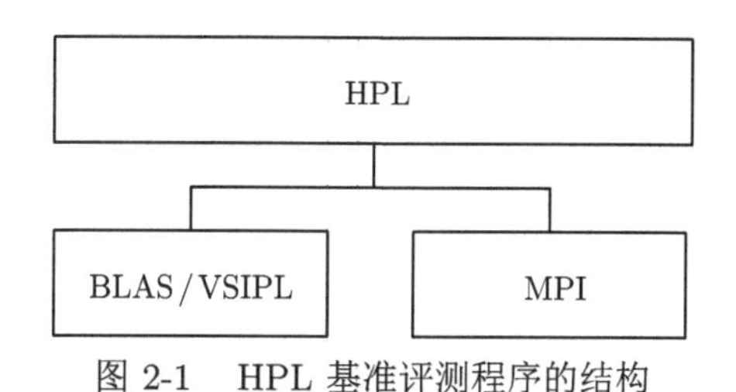

图 2-1　HPL 基准评测程序的结构

具体而言，HPL 的目标是求解一个 N 维线性方程组，即

$$\boldsymbol{A}\boldsymbol{x} = \boldsymbol{b} \tag{2-1}$$

式中，$\boldsymbol{A} \in \mathbb{R}^{N\times N}$ 是一个 $N \times N$ 维矩阵；$\boldsymbol{x}, \boldsymbol{b} \in \mathbb{R}^N$ 是 N 维向量。采用局部列主元的方法对 $N \times (N+1)$ 维的系数矩阵 $[\boldsymbol{A}\boldsymbol{b}]$ 进行 LU 分解 (LU Factorization)[①]，分解形式如下：

$$[\boldsymbol{A}\ \boldsymbol{b}] = [[\boldsymbol{L}\boldsymbol{U}], \boldsymbol{y}], \quad P_r, \boldsymbol{L}, \boldsymbol{U} \in \mathbb{R}^{N\times N}, \quad \boldsymbol{y} \in \mathbb{R}^n \tag{2-2}$$

对下三角矩阵 $\boldsymbol{L}$ 因子所做的变换通过分解过程也会一步步地应用于 $\boldsymbol{b}$ 上，因此，求解方程组的解 $\boldsymbol{x}$ 转变为求解上三角矩阵 $\boldsymbol{U}$ 作为系数矩阵的线性方程组的解，变换形式如下：

$$\boldsymbol{U}\boldsymbol{x} = \boldsymbol{y} \tag{2-3}$$

线性方程组求解过程中最关键的内容在于 LU 分解，该过程需要花费的运行时间为 $O(N^3)$，即执行 $O(N^3)$ 次浮点运算。其中，它大量的计算集中于对矩阵 $\boldsymbol{A}$ 的更新，所以

① LU 分解将矩阵分解为下三角矩阵 $\boldsymbol{L}$ 和上三角矩阵 $\boldsymbol{U}$ 的乘积。

HPL 测试的目标是尽可能地使得并行计算机对矩阵 $\boldsymbol{A}$ 的不同部分并行地做出更新，这就需要对矩阵进行分块。数据以循环块的方式分布到一个维度为 $P \times Q$ 二维网格中，二维网格由进程组成。矩阵分块的做法结合了各处理器的内存层次，使得其中的任一处理器能够充分利用 BLAS 矩阵运算，统一地进行延迟更新，从而减少处理器之间的相互通信，提升计算效率。此外，循环分布的方式能够合理地把任务安排在各处理器上，达到均衡负载的效果。把 $N \times (N+1)$ 维的系数矩阵从逻辑上等份地划分为大小为 N_B 的数据块，然后从系数矩阵的行、列两个方向同时把这些数据块轮询地安排到维度为 $P \times Q$ 的二维网格中对其进行进一步更新。如图 2-2(a) 所示，矩阵 $\boldsymbol{A}$ 首先划分为 $N_B = 4 \times 4$ 个数据块，之后将所有 N_B 个数据块映射到维度为 $P \times Q = 2 \times 2$ 的二维网格，如图 2-2(b) 所示。

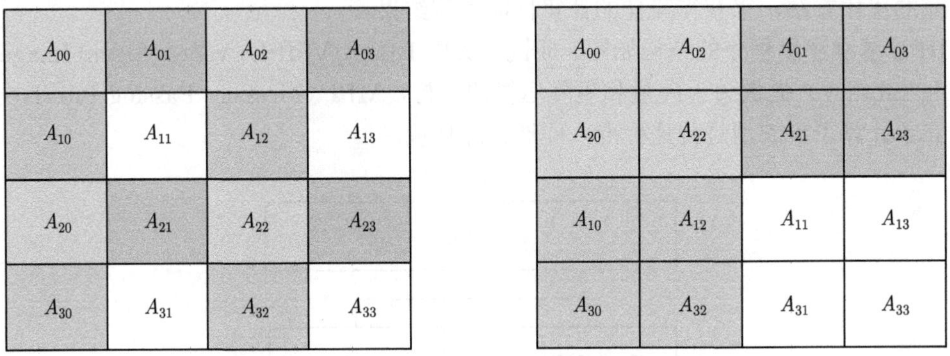

A_{00}	A_{01}	A_{02}	A_{03}
A_{10}	A_{11}	A_{12}	A_{13}
A_{20}	A_{21}	A_{22}	A_{23}
A_{30}	A_{31}	A_{32}	A_{33}

(a) 数据矩阵图

A_{00}	A_{02}	A_{01}	A_{03}
A_{20}	A_{22}	A_{21}	A_{23}
A_{10}	A_{12}	A_{11}	A_{13}
A_{30}	A_{32}	A_{31}	A_{33}

(b) 矩阵分块在二维网格上的分布图

图 2-2　矩阵分块示意图

前面提到的 N 为最高浮点运算数值的矩阵规模，N_B 为求解矩阵的分块大小，P 为二维网格中水平方向处理器个数，Q 为二维网格中垂直方向处理器个数。参数 N、N_B、P、Q 都可以依据计算机集群的具体配置和用户需求而设定，是 HPL 基准评测中十分关键和重要的参数。HPL 的评测结果报告包含系统可以运行的最大问题规模 $N_{\max}$、系统运行最大规模问题的持续峰值性能 $R_{\max}$、系统的理论峰值性能 R_{peak}、性能达到 $R_{\max}/2$ 时的问题规模 $N_{\frac{1}{2}}$。

HPL 可以预测高性能计算系统的发展，指导高性能计算机系统的设计，并推动高性能计算领域的持续发展。目前，HPL 是全球超级计算机 TOP500 榜单的重要依据。TOP500 从 1993 年开始用 LINPACK 程序对高性能计算机进行基准评测，取其中排名前 500 的超级计算机系统公布在 TOP500 网站上。TOP500 榜单每半年发布一次，2021 年 11 月公布的世界 TOP500 榜单中前十名如表2-2所示，中国超算“神威・太湖之光”（Sunway TaihuLight）和“天河二号”（Tianhe-2A）分别排在第四名和第七名。

表 2-2　2021 年 11 月 TOP500 榜单前十名

排名	名称	国家	处理器核数	$R_{\max}$/(TFLOPS)	R_{peak}/(TFLOPS)	功率/kW
1	Fugaku	日本	7630848	442010.0	537212.0	29899
2	Summit	美国	2414592	148600.0	200794.9	10096
3	Sierra	美国	1572480	94640.0	125712.0	7438
4	神威·太湖之光	中国	10649600	93014.6	125435.9	15371
5	Perlmutter	美国	761856	70870.0	93750.0	2589
6	Selence	美国	555520	63460.0	79215.0	2646
7	天河二号	中国	4981760	61444.5	100678.7	18482
8	JUWELS	德国	449280	44120.0	70980.0	1764
9	HPC5	意大利	669760	35450.0	51720.8	2252
10	Voyager-EUS2	美国	253440	30050.0	39531.2	—

2.2.2 HPCG

随着技术的发展，应用程序对复杂计算的要求越来越高，LINPACK 的计算模式逐渐不再适配当前主流应用程序的计算模式。LINPACK 衡量的是线性方程计算的速度和效率，主要的计算量为稠密矩阵的乘法。现在的自然科学和工程当中，将大量真实世界的物理过程用偏微分方程来描述，而不再仅仅是线性方程组，如大气科学、海洋科学、材料科学、化学等领域。新型高性能计算应用程序对求解偏微分方程提出了更高的要求，如不规则数据访问以及细粒度迭代等。HPL 基准评测结果优异的高性能计算机在实践过程中并不一定表现优异。一味地提高高性能计算机的计算性能，可能会出现系统过于复杂，但计算机实际的应用性能却并没有提高的情况。

为了能更好地评测超级计算机的性能，产生了一种新的基准评测——高性能共轭梯度（High-Performance Conjugate Gradient，HPCG）（Dongarra et al.，2016）。HPCG 基准评测程序于 2000 年首次发布，代码采用 C++ 语言编写，并使用了 MPI 和 OpenMP。HPCG 基准评测的目的是适应目前大部分应用程序所采用的计算和数据访问模式，最终促进计算机性能的整体提升。

HPCG 基准评测程序模拟三维热力学运动问题，将其转化为求解离散的三维偏微分方程模型问题。HPCG 主要包含三个主要模块。

（1）迭代执行模块：HPCG 基准评测会生成一个三维偏微分方程模型，全局问题规模大小为 $n_x \times n_y \times n_z \times P_x \times P_y \times P_z$。其中，$n_x \times n_y \times n_z$ 是局部子网格的维度，每个子网格的计算任务分别分配给 MPI（消息传递接口）进程执行，$P_x \times P_y \times P_z$ 是 MPI 进程空间的配置数，在 HPCG 的配置阶段进行设定。之后，HPCG 会进行 m 组的 n 次迭代，每组使用同样的初始值。参数 m 和 n 的值足够大以便精确地评测系统。这样，就可以比较每一组数值结果的正确性。其中，每一组采用局部对称高斯·塞德尔预条件子的预处理共轭梯度（Precondition Conjugate Gradient，PCG）算法。此外，使用局部对称高斯·塞德尔预条件子设置相应的数据结构，加快了每一次迭代的收敛速度。高斯·塞德尔预条件子的实现可以由用户在特定的指导下在基准评测程序中进行修改或替换。

（2）验证检验模块：为了充分利用高性能计算机系统的计算资源，用户往往会对 HPCG 进行修改，针对架构进行优化。HPCG 为了能在迭代阶段检测异常，有一个验证阶段，计算预处理条件变量、后继条件变量和不变量，这消除了基准评测在优化版本时可能出现的大多数错误。为了对比用户修改以及原始程序之间的差异性，HPCG 中进行两方面的验证检验：验证用户内核与频谱测试。其中，验证用户内核采用了将稀疏矩阵乘以离散化矩阵的对称性测试，而频谱测试则旨在检测由于用户定义的矩阵排序而导致的不准确计算和由于收敛速率变化而导致的优化实施中的潜在异常。迭代结束后会把计算结果与问题的数值解进行比较，如果得到的结果与数值解不是完全重合的，出现了一定的误差，只要误差在允许的区间内，则认为结果是合理的、有效的。每次迭代，都会更新缓存，同时记录计算时间的平均值。

（3）结果报告模块：最后得到的结果报告包括计算结果的检验标准、计算的时间和结果、计算所使用的资源等信息。其中，计算所使用的资源信息包括节点数、存储大小、使用的处理器和加速处理器的个数、精度、编译器版本、优化等级和编译指令、功耗、缓存等。

HPCG 在利用差分方程进行迭代的过程中，采用了全局通信和邻近进程数据通信的方式以及向量更新、向量点乘、稀疏矩阵向量乘法和局部三角求解器等计算模式，覆盖了高性能计算领域中常见的计算操作。对于未来的计算机系统，可以通过异步通信以及能够降低通信延迟的相关技术来改进 HPCG 的性能。

针对 HPCG，若要充分利用计算机的资源，必须针对架构进行深度优化。然而，官方对于用户的改动程度做出了一些限制。首先，内存使用限制，即对问题规模的限制。官方要求每次运行 HPCG 至少需要半小时来保证评测系统的稳定性和使用的持久性。这主要是由于问题规模太小会导致数据访存开销以及访存不规则不能体现。通过扩大问题的规模来保证基准评测程序运行的时间足够长。基于此，问题规模所需占用的内存至少占系统总内存的 1/4。其次，官方禁止用户改变预处理器的设置，保证系统评测的合理性。此外，官方还禁止包括修改数据在内存中的存储长度等在内的修改数据的存储格式的操作，以及通过修改算法来降低通信开销的操作。

HPCG 首次发布于 2013 年 11 月举办的国际超算会议（International Supercomputing Conference, ISC）上，HPCG 的性能能够更好地反映系统的真实性能，表2-3是 2021 年 11 月公布的 HPCG 榜单中的前十名。其中，超级计算机 Fugaku 以及 Summit 不管在 TOP500 榜单还是在 HPCG 榜单，都分列前两名。

表 2-3　2021 年 11 月 HPCG 榜单前十名

排名	名称	国家	处理器核数	$R_{\max}$/(TFLOPS)	HPCG/(TFLOPS)
1	Fugaku	日本	7630848	442010.0	16004.50
2	Summit	美国	2414592	148600.0	2925.75
3	Perlmutter	美国	706304	64590.0	1905.44
4	Sierra	美国	1572480	94640.0	1795.67
5	Selence	美国	555520	63460.0	1622.51
6	JUWELS	德国	449280	44120.0	1275.36
7	Dammam-7	沙特阿拉伯	672520	22400.0	881.40
8	HPC5	意大利	669760	35450.0	860.32
9	Wisteria	日本	368640	22121.0	817.58
10	Earth Simulator	日本	43776	9990.7	747.80

总体而言，HPCG 弥补了 LINPACK 存在的不足，促使计算机系统的设计不仅仅专注于

计算能力的发展，还向访存、通信这些方面发展，这也使得 HPCG 成为重要的与 LINPACK 相当的评测基准。

2.2.3 Graph500

作为 LINPACK 的补充，理查德·墨菲等多名研究人员在 2010 年举办的国际超算会议上提出了 Graph500 评测基准（Murphy et al.，2010)。不同于 LINPACK 与 HPCG 基准评测集，Graph500 旨在评测高性能计算机对复杂数据的处理性能，它侧重于系统的通信子系统，而不再专注于计算性能。在大数据信息时代下，图遍历是一种典型的数据密集型应用，也是大数据科学的研究重点，Graph500 基准评测是在图遍历的基础上设计出来的。当通过 Graph500 基准评测分析高性能计算机在复杂问题上的吞吐能力时，通常采用图遍历的经典算法，如广度优先搜索（Breadth First Search，BFS）或单源最短路径（Single Source Shortest Path，SSSP)。

在 Graph500 基准评测过程中，首先会构建一个大的图并且遍历这个图，记录构建表与遍历表所需要的时间。Graph500 基准评测程序按照问题的规模划分为 Toy、Mini、Small、Medium、Large 和 Huge 六个等级，这些也称为等级 10~15，其中等级 10 是 Toy 等级，等级 15 是 Huge 等级。表2-4给出了 Graph500 中不同问题大小、规模、节点数以及内存要求的对应数值。

表 2-4 Graph500 中不同问题大小、规模、节点数以及内存要求对应表

大小	规模（2 的次方）	节点数（$\times 10^8$）	内存要求/TB
Toy	26	1	0.02
Mini	29	5	0.14
Small	32	43	1.1
Medium	36	687	17.6
Large	39	5498	141
Huge	42	43980	1126

在相同的问题规模下，以广度优先搜索（BFS）或单源最短路径（SSSP）对所构建的图的遍历速度为依据来对高性能计算机进行排序。Graph500 基准评测可以分为图生成、图遍历与验证以及结果计算与输出三个阶段，流程图如图2-3所示。

在图生成的阶段，Graph500 通过多递归生成器（R-MAT）生成 Kronecker 图用于之后的遍历，即先把生成的 Kronecker 图归约成一系列边的元组信息，之后把边元组信息转换为顺序表和行压缩矩阵两种不同的图数据结构。可以通过设置 scale 和 edgefactor 参数来控制图的节点数和边数，其中 scale 控制图的节点数，默认值为 14，生成的图的节点数目为 2^{scale}，edgefactor 控制图的边数，默认值为 16，表示的是图的节点数与边数的比值。

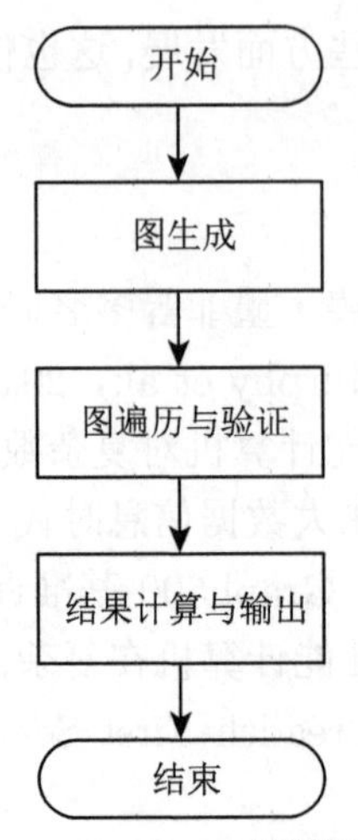

图 2-3　Graph500 评测流程图

图遍历与验证阶段采用 BFS 或者 SSSP 作为核心搜索程序，随机选择一个根节点作为源节点进行遍历并检查保存的结果与原来的生成图是否匹配。在结果计算与输出阶段，程序随机生成 64 个不同的源节点，因此这个遍历过程循环执行 64 次（如果节点数少于 64，则执行小于 64 次的循环遍历），并进行计时，以此来衡量高性能计算机的计算指标，最终输出结果。整个遍历与验证流程如图2-4中所示。

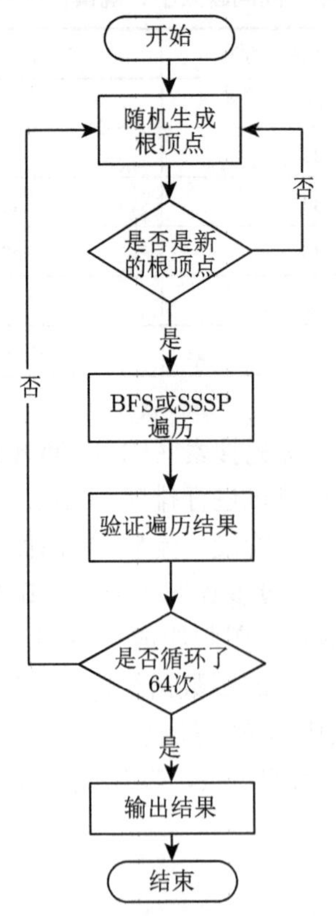

图 2-4　Graph500 遍历与验证流程图

对于 BFS 算法，Graph500 不会对 BFS 算法的具体实现进行约束，只要确保能够生成正确的 BFS 树即可，主要采用的是层同步的自顶向下（Top-Down）算法。自顶向下的 BFS 算法按照宽度优先的原则从源节点开始遍历，遍历当前层的所有节点，把未被遍历的相邻节点放在下一层遍历的节点集合中，这样一层一层地遍历，直至遍历完所有节点。但是，在自顶向下的 BFS 算法中，对于没有被访问过的节点 v，如果当前层中有 n 个节点与节点 v 存在联系，就会对当前层的这 n 个节点都进行访问。如果这 n 个节点中的节点和与之相邻的节点多数已经被访问过，则该次遍历是无效的遍历。大量的无效遍历会对程序的计算性能产生影响。例如，在图2-5中，节点 3 的父节点有 0、1，节点 5 的父节点有 2、3，节点 6 的父节点有 3、4，节点 3、5、6 都有两个节点竞争成为它的父节点，这会导致更新这三个节点的状态时需要进行不必要的操作，造成了重复判断，增加了访存的开销。

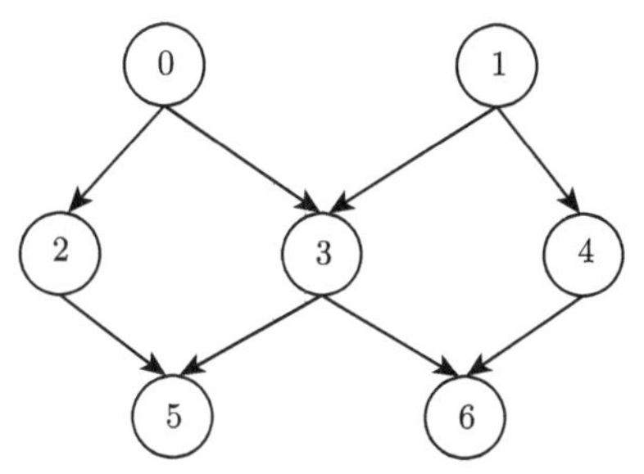

图 2-5　自顶向下的 BFS 遍历模式图

针对这一问题，2011 年 Beamer 等提出了自顶向下和自底向上（Bottom-Up）相结合的 BFS 算法。添加了 Bottom-Up 的 BFS 算法中会自底向上寻找某节点的父节点，且一旦找到它的父节点便停止遍历，这样也就避免了重复判断，降低了访存的开销。对于使用 Top-Down 和 Bottom-Up 模式的 BFS 遍历，从 Top-Down 模式开始搜索，当 frontier 前沿规模 (frontier size) 较大时，由 Top-Down 模式切换为 Bottom-Up 模式，frontier 参数变小则又切换为 Top-Down 模式。

单源最短路径（SSSP）算法的目的是得到指定源节点到图中每个其他节点的最短距离，如 Dijkstra 算法。每次从未被访问的节点集合中选择与源节点距离最短的一个节点进行访问。之后以该节点作为中介点，优化源节点与所有从源节点可达的节点之间的最短距离。同样地，只要实现产生正确的 SSSP 距离向量和父树作为输出，Graph500 就不会限制 SSSP 算法本身的选择。基于 SSSP 算法的遍历通过附加测试和每个节点的数据访问扩展了总体的性能基准。SSSP 的大量算法（但非全部）与 BFS 算法相似，因此也存在类似的热点问题和重复的内存引用问题。

为了比较各种体系结构、编程模型、语言以及框架的性能，Graph500 的性能指标通常定义为每秒遍历的边数（Traversed Edges Per Second，TEPS），即

$$\text{TEPS}(n) = m/k(n) \tag{2-4}$$

式中，m 为图的遍历中无向边的数量；$k(n)$ 是遍历算法的执行时间。因此，TEPS 即生成图的边数和核心搜索程序算法耗时的比值。在访问搜索源节点之前立即开始对搜索程序执

行过程进行计时，将输出结果写入内存后，停止计时。最后，程序的输出结果包含图的规模参数、循环遍历的次数、每秒遍历边数的最小值 min_TEPS、1/4 位数测试值、调和平均值 mean_TEPS、中间数测试值 medium_TEPS、3/4 位数测试值以及每秒遍历边数的最大值 max_TEPS。

表2-5和表2-6分别为 2021 年 11 月基于 BFS 和 SSSP 遍历所得到的 Graph500 榜单前十名。

表 2-5　2021 年 11 月基于 BFS 的 Graph500 榜单前十名

排名	名称	国家	处理器核数	节点数	规模（2 的次方）	GTEPS/（边/s）
1	Fugaku	日本	7630848	158976	41	102956
2	神威·太湖之光	中国	10599680	40768	40	23755.7
3	Wisteria	日本	368640	7680	37	16118
4	TOKI-SORA	日本	276480	5760	36	10813
5	LUMI-C	芬兰	190976	1492	38	8467.71
6	OLCF Summit	美国	86016	2048	40	7665.7
7	SuperMUC-NG	德国	196608	4096	39	6279.47
8	Lise	德国	121920	1270	38	5423.94
9	NERSC Cori-1024 Haswell Partition	美国	32768	1024	37	2562.16
10	天河二号	中国	196608	8192	36	2061.48

表 2-6　2021 年 11 月基于 SSSP 的 Graph500 榜单前十名

排名	名称	国家	处理器核数	节点数	规模（2 的次方）	GTEPS/（边/s）
1	Tianhe Exascale Prototype Upgrade System	中国	131072	2048	34	2054.35
2	SuperMUC-NG	德国	196608	4096	37	1053.93
3	DepGraph	中国	28	1	27	884.361
4	Intel Xeon Gold 5117+NVIDIA Tesla V100	中国	28	1	27	840.462
5	NERSC Cori - 1024 Haswell Partition	美国	32768	1024	36	558.833
6	Nurion	韩国	65536	1024	36	337.239
7	NERSC Cori - 512 KNL Partition	美国	32768	512	35	229.188
8	Undisclosed Cray XE6	美国	16384	512	34	134.173
9	Undisclosed Cray XE6	美国	8192	512	31	12.88
10	Xeon Server	美国	40	1	23	3.09

2.3　I/O 性能评测集

2.3.1　MDTest

近年来，随着一些高性能科学计算应用需要生成大量的临时文件以及如容灾备份、文件共享服务应用模式的普及，文件系统的元数据性能受到越来越多的重视，元数据性能也是衡量高性能计算机的重要指标。

MDTest 基于 MPI，旨在评测文件系统的元数据性能，可以在任何 POSIX 兼容的文件系统上运行，该程序通过在计算机集群中的计算节点上并行创建、统计和删除目录树与文件树来评测计算机 I/O 性能。其中，文件系统功能的关键指标是元数据性能，其通常与并行文件系统工作负载紧密相关。MDTest 基准评测的指标是用每秒操作数（OP/s）表示的完成速率。MDTest 基准评测执行需要完整配置的文件系统，可配置为对目录和文件的元数据性能进行比较。其能够创建任何指定深度的文件目录结构，同时能够基于引导创建

混合工作负载 (包括 file-only 测试)。此外，使用者还可以根据需要对各个客户端创建的线程数目、线程所要创建的文件及目录的数目进行设置。

2.3.2 IOR

IOR（Interleaved or Random）也是一种常用的文件系统基准评测集，可用于使用多种 I/O 接口（如 POSIX、MPI-IO、HDF5 等）和访问模式来评测并行文件系统的性能。

IOR 通过接收参数，在客户端上产生特定的工作负载，从而评测系统的 I/O 性能并输出评测结果。IOR 基准评测从获取的开始时间戳开始计时，对之后所有任务涉及的文件进行打开共享、数据传输和关闭等操作，然后停止计时并获取停止时间戳。调用 stat() 或 MPI_File_get_size() 计算传输文件的数据总量，并将其与实际值进行比较，如果不相同，则会发出警告。在评测结果中，带宽是通过传输的数据量除以停止时间戳与开始时间戳的差值得到的。IOR 基准评测程序根据 IOR 功能的不同，可划分为词法分析模块、负载模块、底层函数模块。其中，词法分析模块根据所传入的参数填充参数结构体 IOR_param_t，主要的参数有 blockSize、transferSize、segmentCount、numTasks；负载模块则依据参数结构体里的不同数值生成相应的负载；底层函数模块主要是接口相应的函数。

2.3.3 IO500

由于 CPU 延迟、网络、底层存储技术和软件等因素都会对并行 I/O 的性能造成影响，高性能计算机 I/O 性能评测并不容易。此外，评测方法、参数、工具，甚至评测步骤的前后次序等的差异性也会导致 I/O 性能评测结果不同。为了给用户提供一个标准的评价依据，IO500（Kunkel et al.，2017）设计了一个标准的高性能存储系统评测套件。与评测计算性能的 TOP500 列表类似，IO500 列表给出了评测存储系统性能的关键指标，也可以作为一种高性能存储系统领域业界共享的应用资料库。IO500 榜单主要通过来自世界各地的厂商和科研机构提供的高性能存储系统的评测数据排序得到。迄今为止，IO500 排名是高性能计算机存储领域最关键的评价指标。

IO500 基准评测具有以下优点。

（1）代表性：IO500 利用 IOR 或 MDTest 对多种类型真实系统典型任务进行性能评估，包括顺序地址读写操作、随机地址读写操作、元数据操作等。

（2）易理解：IO500 基准评测的度量标准、评价体系、评测指标对于使用者而言易理解，其能够最大限度地减少评测偏差，使得评测结果具有统计意义。IO500 的统计单位为 GiB/s 或 kIOP/s，除最后的总得分之外还保留了单项得分，用于精确评估各项性能。

（3）可扩展：IO500 能够在不同规模的高性能计算机及存储系统上执行，并基于机器数目和进程进行结果评测。

（4）可移植：IO500 基准评测提供了适配不同技术、版本与环境的软件包和工具，极大地降低了使用者在不同平台进行评测的难度，具有极高的可移植性。

（5）权威性：IO500 提供了权威的基准评测结果，同时尽可能避免有意的或者无意的作弊行为。IO500 要求存储厂商以及研究机构所递交的报告中必须包含性能参数优化的详细信息，方便其他评测者基于共享的参数优化方法高效地调整相关评测选项配置。

从评测方法上，IO500 主要分为两组评测。

（1）第一组评测的是高性能计算机 I/O 的理想性能，通过大文件的读写等方式来测评计算机存储系统的性能上限。理想性能评测能够有效地激励世界各大存储厂商不断地提升系统的极限性能。理想性能评测包括两类，即 IOR easy 和 MDTest easy。对于 IOR easy，用户可以将参数设置为任意值以及使用任何模块，如 HDF5 或 MPI-IO。通常，用户通过执行每个进程的文件操作和大型对齐的 I/O 操作来最大化性能。对于 MDTest easy，用户同样可以将参数设置为任意值，使用任何模块和任何其他参数。通常，通过按进程使用唯一的目录并执行空文件，可以最大限度地提高性能。

（2）第二组评测的是高性能计算机 I/O 的极限性能，通过海量小文件的读写来测评计算机存储系统的性能极限。极限性能评测包括两类，即 IOR hard 和 MDTest hard。对于 IOR hard，强制执行一组特定参数条件下的评测。用户唯一的控制参数是指定每个线程执行多少次写入。对于 MDTest hard，也是强制执行一组特定参数条件下的评测。具体来说，所有进程都在一个共享目录中创建文件，并且向它们写入 3901 字节。用户唯一的控制参数是指定每个进程创建多少个文件。此外，还会进行 find 评测，此基准评测可提供最大的灵活性。

IO500 最终分数是带宽分数和元数据分数的几何平均值。其中带宽分数是四个 IOR 带宽测量值的几何平均值，元数据分数是 MDTest 评测和 find 评测的几何平均值。表2-7是 2021 年 11 月 IO500 榜单前十名。

表 2-7　2021 年 11 月 IO500 榜单前十名

排名	机构	名称	文件系统类型	得分	BW/(GiB/s)	MD/(kIOP/s)
1	Pengcheng Laboratory	Pengcheng Cloudbrain-Ⅱ on Atlas 900	MadFS	36850.40	3421.62	396872.82
2	Huawei HPDA Lab	Athena	OceanFS	2395.03	314.56	18235.71
3	Olympus Lab	OceanStor Pacific	OceanFS	2298.69	317.07	16664.88
4	Huawei Cloud	—	Flashfs	2016.70	109.82	37034.00
5	Intel	Endeavour	DAOS	1859.56	398.77	8671.65
6	Intel	Wolf	DAOS	1792.98	371.67	8649.57
7	Lenovo	Lenovo-Lenox	DAOS	988.99	176.37	5545.61
8	BPFS Lab	Kongming	BPFS	972.60	96.26	9827.09
9	WekaIO	WekaIO on AWS	WekaIO Matrix	938.95	174.74	5045.33
10	TACC	Frontera	DAOS	763.80	78.31	7449.56

2.4　网络性能评测集

2.4.1　IMB

IMB（Intel MPI Benchmarks）是常用的高性能计算机集群网络性能基准评测集，主要作用是评测集群网络的互连性能，同时探索 MPI/编译器组合对延迟和聚合带宽的影响。IMB 基准评测针是指对一组不同消息大小的点对点和全局通信操作进行一组 MPI 性能评测，是使用 ANSI C 和标准 MPI 开发的。它作为一个开放源代码项目，可以在各种集群体系结构中进行基准评测。IMB 评测结果表征了计算机集群系统的性能（包括网络吞吐量、网络时延等）以及 MPI 的实施效率。

IMB 基准评测主要分为三种类型，包含点对点通信评测、并行通信评测和群体通信评测，具体如下。

（1）点对点通信评测测试的是两个进程之间的消息传递，主要包括 Ping-Pong 和 Ping-Ping 两种评测。

（2）并行通信评测测试的是全局负载下消息的收发效率，主要包括 Sendrecv 和 Exchange 两种评测。这两种评测相当于双向评测，因此带宽理论上是 Ping-Pong 评测的两倍。

（3）群体通信评测测试的是一对多或者多对一的消息传递。

以上三种评测类型都基于 MPI 函数（如 MPI_Sendrecv、MPI_Reduce）。

IMB 基准评测软件包包括以下组件。

（1）IMB-MPI1：MPI-1 函数的评测基准。

（2）MPI-2 功能的组件。

① IMB-EXT ：单方面通信基准。

② IMB-IO ：输入/输出（I/O）基准。

（3）MPI-3 功能的组件。

① IMB-NBC：无阻塞集合（Non-Blocking Collective，NBC）操作的基准。

② IMB-RMA：单通信基准，用于衡量 MPI-3 标准中引入的远程内存访问（Remote Memory Access，RMA）功能。

③ IMB-MT：每个等级在多个线程中运行的 MPI-1 函数的基准。

每个组件都构成一个单独的可执行文件。用户可以运行所有受支持的基准，或者在命令行中指定单个可执行文件以获取特定基准子集的结果。如果没有可用的 MPI-2 或 MPI-3 扩展，则可以安装和使用仅使用标准 MPI-1 功能的 IMB-MPI1。

2.4.2　OSU Benchmark

OSU Benchmark 是由 Ohio State University 提供的 MPI 通信效率评测工具，分为点对点通信和组通信，通过生成不同规模的数据，并执行各种不同模式的 MPI，来评测各种通信模式的延迟和带宽。

其中，延迟评测采用前面提到的 Ping-Pong 的方式，发送方将具有特定数据大小的消息发送到接收方，并等待接收方的回复，接收方接收来自发送方的消息，并以相同的数据大小发出回复，重复多次来评测最小、最大和平均延迟，评测过程中使用了 MPI 函数的阻塞版本（MPI_Send 和 MPI_Recv）。特别地，在组通信中的多对延迟基准评测则是指对多对进程同时进行同一评测。

点对点带宽基准评测则是通过让发送方向接收方发送固定数量的连续消息，然后等待接收方的回复来执行的，其中，接收方只有在接收到所有这些消息之后才发送回复。重复多次，并根据经过的时间（从发送方发送第一个消息的时间到发送方接收到回复的时间）和发送方发送的字节数来计算带宽。组通信带宽基准评测与点对点带宽基准评测类似，不同之处在于所涉及的多对节点都发送固定数量的连续消息并等待回复，组通信带宽基准评测多对进程之间的聚合带宽以及消息速率。

2.5 能耗评测集

随着高性能计算机系统的性能的不断改善和规模的不断扩大，系统的能耗也在不断增加。一方面，过高的能耗会增大计算机散热的难度，使得计算机温度过高，从而对计算机硬件的使用寿命造成影响，降低了系统的可靠性。同时，过高的能耗意味着更高的开销（包括电费、降温设备），降低了系统的可用性。另一方面，过高的功耗造成资源浪费的同时，还会对环境造成污染。地球环境是我们赖以生存的家园，发展高性能计算机系统的同时，需要减少对环境造成的影响。因此，高性能计算系统的能耗与效率是一个非常值得关注的性能指标。

“绿色计算”关注如何高效地设计、生产和使用计算机系统以及相关设备和服务且尽可能减少对环境的污染。目前，在高性能计算领域，“绿色计算”的概念被广泛地应用。出现在 TOP500 列表中的超级计算机需要消耗大量的电能，这个功耗可能导致运营成本超过购置成本。Green500 把“绿色计算”的概念和相关技术用到了高性能计算领域，给出了超级计算机节能角度的排名，作为 TOP500 排名的重要补充。

要为超级计算机中的能源效率确定一个客观的指标是一项艰巨的任务，Green500 使用每瓦特性能（Performance Per Watt，PPW）作为其指标（见式（2-5））来对能源效率进行排名：

$$\mathrm{PPW} = \frac{\mathrm{Performance}}{\mathrm{Power}} = \frac{R_{\max}}{\overline{P}(R_{\max})} \tag{2-5}$$

式中，Performance 指的是通过 LINPACK 评测基准所达到的最大性能，符号表示为 $R_{\max}$；Power 指的是通过 LINPACK 评测基准所达到的最大性能的平均能耗，符号表示为 $\overline{P}(R_{\max})$。通常使用 GFLOPS（每秒十亿次浮点运算）作为 $R_{\max}$ 的单位，W（瓦特）作为 $\overline{P}(R_{\max})$ 的单位，则 PPW 的单位为 GFLOPS/W。在式 (2-5) 中，参数 $R_{\max}$ 可以通过 LINPACK 基准评测获得，需要解决的关键问题是参数 $\overline{P}(R_{\max})$ 的获取。

超级计算机通常由大量相同的单元组成，其中一个单元可以定义为节点、机箱、机架、机柜，甚至整个超级计算系统。除非集中式电源管理系统提供系统总功率，否则直接测量整个超级计算系统的总功耗将是一项艰巨的任务。一种简单的解决方案是从单个单元的功耗中得出系统总功耗，这里的单元是指由外部电源板供电的最小设备。假设在计算 LINPACK 基准评测时涉及 N 个相同的单元，并且每个单元的功耗为 $\overline{P}_{\mathrm{unit}}(R_{\max})$，于是总的功耗 $\overline{P}(R_{\max})$ 为

$$\overline{P}(R_{\max}) = N \cdot \overline{P}_{\mathrm{unit}}(R_{\max}) \tag{2-6}$$

式(2-6)成立的前提是 LINPACK 基准评测期间所有单元的计算量相同。

测量超级计算机的单元功耗 $\overline{P}_{\mathrm{unit}}(R_{\max})$ 通常使用以下三种方法。

（1）通过功率计测量得到。使用基于均方根（Root Mean Square，RMS）功率值的功率计是测量单个单元的功耗最简单的方法。

（2）通过电流探头和电压表测量得到。当单位功率超过功率计的上限时，可以使用电流探头和电压表测量作为替代方法。电流探头将电流转换为数字万用表可以读取的电压。交流电流探头的优点是它不需要断开并重新连接单元电源，即无须关闭/打开系统电源即可进

行测量；缺点是必须校准交流电流探头以产生正确的电流测量结果。单位功率可以通过公式 $P = V \cdot I$ 计算，其中，V 是电源电压，I 是电流。

（3）通过智能电源板测量得到。为了更方便地测量超级计算机的功耗，可以使用智能电源板替换现有电源板，直接测量得到功耗。

Green500 根据 $\overline{P}(R_{\max})$ 进行排名，表2-8给出了 2021 年 11 月 Green500 榜单前十名。

表 2-8　2021 年 11 月 Green500 榜单前十名

排名	名称	国家	处理器核数	$R_{\max}$/(TFLOPS)	功率/kW	PPW/(GFLOPS/W)
1	MN-3	日本	1664	2181.2	55	39.379
2	SSC-21 Scalable Module	韩国	16704	2274.1	103	33.983
3	Tethys	美国	19840	2255.0	72	31.538
4	Wilkes-3	英国	26880	2287.0	74	30.797
5	HiPerGator AI	美国	138880	17200.0	583	29.521
6	Snellius Phase 1 GPU	荷兰	6480	1818.0	63	29.046
7	Perlmutter	美国	761856	70870.0	2589	27.374
8	Karolina GPU partition	捷克	71424	6752.0	311	27.213
9	MeluXina - Accelerator Module	卢森堡	99200	10520.0	390	26.957
10	NVIDIA DGX SuperPOD	美国	19840	2356.0	90	26.195

2.6　应用评测集

2.6.1　Miniapplication

尽管前面介绍的众多基准评测在 HPC 社区中继续扮演着重要的角色，但是它们不能有效地捕捉真实应用程序的行为。最主要的问题之一是 HPC 基准过于简单，无法正确评估超级计算机相对于动态应用程序的性能。HPC 社区中的许多人使用小程序（Miniapplication）作为 HPC 基准评测的补充来更好地捕捉真实的应用程序行为。

顾名思义，Miniapplication 是真实应用程序的更小版本。它通常不输出任何标准化的度量，如 FLOPS、GUPS、TEPS，但为解决各种内核以及强弱缩放信息问题提供了时间。Miniapplication 承担了一些标准 HPC 基准评测所难以承担的角色，使大型应用程序开发人员能够通过制作简化的、更小的、开源的应用程序版本来与更广泛的软件工程社区进行交互，以供外部审查和优化。Miniapplication 在测试传统并行编程 API（如 MPI 和 OpenMP）之外的新兴编程模型方面也扮演着重要角色。Miniapplication 非常适合进行规模研究，特别是在动态模拟和新兴硬件架构的背景下。Miniapplication 既足够复杂，又足够小，可以探索内存、网络、加速器和处理器元素的参数与交互空间。

Mantevo 集包含大量应用领域的开源 Miniapplication，具体如下。

（1）MiniAMR：用于探索自适应网格细化和动态执行的小型应用程序。

（2）MiniFE：有限元代码的小型应用程序，提供了对在多核节点上进行计算的支持。

（3）MiniGhost：有限差分小型应用程序，可在均匀三维域上实现有限差分。

（4）MiniMD：基于分子动力学工作负载的小型应用程序。

（5）Cloverleaf：使用显式的二阶精确方法来求解可压缩欧拉方程。

（6）TeaLeaf：求解线性热传导方程工作负载的小型应用程序。

除了 Mantevo 集外，世界各地许多超级计算中心还维护着许多小型应用程序。这些小型应用程序通常会补充标准 HPC 基准评测，在采购决策中扮演重要作用。

2.6.2 戈登 · 贝尔奖

在高性能计算领域中，有两个排名非常重要。一个是 TOP500，另一个是戈登 • 贝尔奖。戈登 • 贝尔奖（Gordon Bell Prize）(Bell et al.，2017）每年由美国计算机协会与国际超算会议联合颁发，是超级计算领域的诺贝尔奖。该奖项最早由戈登 • 贝尔（Gordon Bell）在 1987 年创立并资助。不同于 TOP500 评测的是高性能计算机的计算性能，戈登 • 贝尔奖更侧重于高性能计算应用水平，旨在表彰高性能计算实践应用领域的相关建树。戈登 • 贝尔奖通过认可和嘉奖高性能计算在科学、工程与大型数据分析中的应用程序的突破，来跟踪并行计算的进展情况。戈登 • 贝尔奖重点关注高性能计算方面的成就，参与提名者必须保证所提出的算法可以在超级计算机上有效地运行。2021 年 11 月 18 日，戈登 • 贝尔奖授予基于我国新一代“神威”超级计算机的“超大规模量子随机电路实时模拟”应用。

随着高性能计算技术的发展，超级计算机不但变得计算速度更快，而且还变得更加智能，从而为更多的工作负载提供支持。随着深度神经网络规模的扩大，最新大规模神经网络的训练经常需要成千上万个 GPU 小时，甚至更多。拥有强大计算能力的超级计算机用于支持扩展人工智能应用，扩大技术范围。例如，越来越多的人工智能技术应用于科学和工程计算，支持高性能张量计算的加速器也越来越受到高性能计算机业界和决策者的青睐。

近年来的戈登 • 贝尔奖很多授予了大型机器学习应用程序以及与人工智能相关的应用程序，这些都表明人工智能和超级计算的结合将越来越紧密。超级计算机硬件体系结构在朝着智能化的方向发展，然而，传统的科学计算应用软件难以有效地利用智能计算硬件和算法，如何将人工智能算法与高性能计算高效结合是高性能计算领域亟待解决的重要问题。智能超算的发展趋势也引领了高性能科学计算从传统的计算模式朝着智能计算模式的演进。

2.7 本章小结

本章首先介绍了基准评测的基本定义。在高性能计算领域上的基准评测通常包括计算性能评测、I/O 性能评测、网络性能评测、能耗评测以及应用评测。

在 HPC 的计算性能评测集中主要介绍了 LINPACK、HPCG、Graph500。LINPACK 基准评测是国际上主流的评测高性能计算机系统计算性能的基准评测方法，衡量线性方程计算的速度和效率，世界超算 TOP500 榜单就是基于 LINPACK 中的 HPL 进行排名的；HPCG 基准评测关注现代主流应用程序中的计算和数据访问模式，弥补了 LINPACK 现存的不足，它的出现促使计算机系统的设计不仅仅专注于计算能力的发展，还考虑到向访存、通信这些方面发展；Graph500 旨在提高设计者或应用人员对计算机系统处理复杂数据能力的认识，通过图遍历的方式分析高性能计算机在处理复杂问题时的吞吐能力。

在 HPC 的 I/O 性能评测集中介绍了 MDTest、IOR 和 IO500。其中，MDTest 基于 MPI，用于评测文件系统的元数据性能；IOR 通过使用多种 I/O 接口（如 POSIX、MPI-IO、HDF5 等）和访问模式来评测并行文件系统的 I/O 性能；IO500 是一种衡量高性能计算机 I/O 性能的评测基准，进行 IOR easy 和 MDTest easy、IOR hard 和 MDTest hard 以及

find 五种评测，最终分数是带宽分数和元数据分数的几何平均值。

在 HPC 的网络性能评测集中介绍了 IMB 和 OSU Benchmark。IMB 主要评测集群网络的互连性能和探索 MPI/编译器组合对延迟与聚合带宽的影响，包括点对点、并行和群体通信评测，且所有的评测都依赖于 MPI 函数。OSU Benchmark 通过生成不同规模的数据并执行各种不同模式的 MPI，来评测各种通信模式的延迟和带宽。

在 HPC 的能耗评测集中介绍了 Green500，Green500 把“绿色计算”的概念和相关技术用到了高性能计算领域，提供世界上最节能的超级计算机排名，使用每瓦特性能作为其评价指标。

在 HPC 的应用评测集中介绍了小型应用程序和戈登·贝尔奖。其中，小型应用程序作为高性能计算机基准评测的补充，可以更好地捕捉真实的应用程序行为，包括探索内存、网络、加速器和处理单元的参数与交互空间等；戈登·贝尔奖旨在表彰高性能计算领域的杰出应用，奖励将高性能计算应用于科学与工程计算的应用创新。

课后习题

2.1 请列举几个高性能计算机的评测指标并做简要介绍。

2.2 请列举几个计算性能的评测集并做简要介绍。

2.3 请介绍 HPL 基准评测中占主要计算量的计算部分及其加速方法。

2.4 请介绍 LINPACK 和 HPCG 的区别。

2.5 请简要介绍 Graph500 的评测过程。

2.6 请分别介绍 IO500 的两组评测方法。

2.7 在 Green500 评测中，假设某高性能计算机通过 LINPACK 评测基准在 2 s 内计算的浮点数数目为 4416 T，所达到的最大性能的平均功耗为 96 kW，请计算它的 PPW。

第 3 章　高性能计算机的体系结构分类

计算机体系结构是描述计算机系统功能、组织和实现的一组规则与方法。对于一个计算机系统而言，其体系结构包括了该系统中各个软硬件组件及其相互关系。自从计算机诞生以来，经过几十年的变迁和演进，计算机正在往体系结构越来越复杂、并行度越来越高的方向发展。在传统串行执行模式的基础上，越来越多新的体系结构被提出，如多处理器系统、大规模并行处理系统、集群系统等。本章将会对高性能计算机的体系结构分类及其关键技术进行介绍。

3.1　Flynn 分类法

过去通常简单地按照规模和性能把计算机系统划分为微型机、小型机、中型机、大型机和巨型机，但是这种分类方法并不能有效反映计算机的体系结构特征。20 世纪 70 年代以来，各种不同类型体系结构的计算机不断涌现。

为了规范这些不同的体系结构，弥补原有分类方法存在的缺陷，1966 年美国计算机科学家迈克尔 • J • 弗林（Michael J. Flynn）在研究并行计算工作量时，提出了一种基于数据流和指令（控制）流之间的并行性关系进行分类的方法，通常称为 Flynn 分类法。它主要把信息流分成指令流和数据流两种，从而简化了不同类型体系结构和控制方法的分类。该分类法尽管已经有几十年的历史，但仍然是区分不同体系结构的重要方法，也是首次通过数据级并行和任务级并行两个概念对计算机进行分类的一种方法，现代计算机大多都属于其中的一类。掌握 Flynn 分类法对理解高性能计算系统中的技术有着重要的意义。

Flynn 分类法相关概念定义如下。

（1）指令流（Instruction Stream）：由计算机执行的指令序列，即一系列将数据送入处理器进行计算的命令。

（2）数据流（Data Stream）：由指令流处理的数据元素序列，包括输入数据和中间结果等。

Flynn 分类法主要从指令流和数据流这两个方面来分类，其中用“I”和“D”分别代表指令流和数据流。每种类型又可以根据多倍性分为两类，一类用“S”表示单数据流或单指令流，另一类用“M”表示多数据流或多指令流。Flynn 分类法统一用 4 个字符来刻画每种类型的特征。

（1）单指令流单数据流（Single Instruction Stream, Single Data Stream, SISD）。

（2）单指令流多数据流（Single Instruction Stream, Multiple Data Stream, SIMD）。

（3）多指令流单数据流（Multiple Instruction Stream, Single Data Stream, MISD）。

（4）多指令流多数据流（Multiple Instruction Stream, Multiple Data Stream, MIMD）。

另外，随着图形处理器（Graphics Processing Unit，GPU）的不断发展，一种基于 SIMD

的变形架构出现了，它的全称是单指令流多线程流（Single Instruction Stream, Multiple Threads Stream, SIMT）。

SIMT 不属于传统 Flynn 分类法中的类型，但是由于其广泛应用性，在这里一起进行介绍。下面将详细讲解这五种不同的体系结构类型。

3.1.1 SISD

单指令流单数据流指每个指令部件每次仅执行一条指令，而且在将数据送入处理器时只为操作部件提供一组操作数。SISD 体系结构采用典型的串行指令执行方式，在每个时钟周期执行一条指令，不强调指令的并行和数据的并行，主要被早期的计算机所采用，如早期的 IBM PC、Intel 8086/8088 微处理器等。图 3-1 展示了 SISD 计算机的基本工作流程。

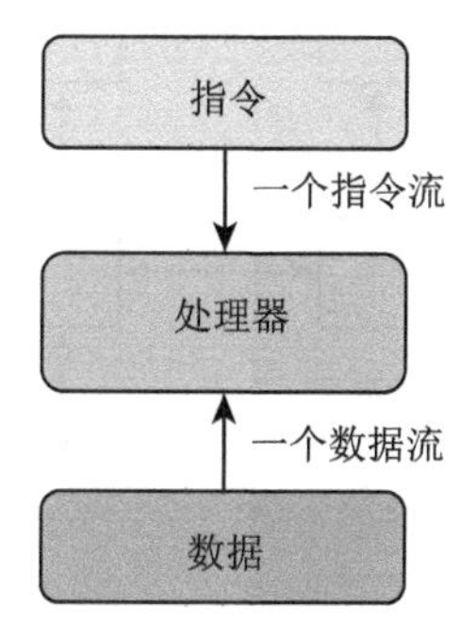

图 3-1　单指令流单数据流（SISD）计算机的基本工作流程

3.1.2 SIMD

单指令流多数据流是指采用单一指令流来同时处理多个不同的数据流。通过采用 SIMD，可以实现数据级并行，同时对多个数据流执行同一指令操作。简单来说，每个处理器共享同一指令流，但可以各自使用不同的数据流。

单指令流多数据流体系结构特别适用于向量、矩阵这些比较规整的数据结构，在大规模科学工程计算、数字信号处理、图像处理、多媒体信息处理等应用中发挥重要作用。例如，英特尔公司发明的 MMX、SSE、SSE2、SSE3 指令集，以及 AMD 的 3D Now 指令集都融入了 SIMD 指令。

图 3-2 展示了 SIMD 计算机的基本工作流程。SIMD 通过一个指令流控制多个处理器，

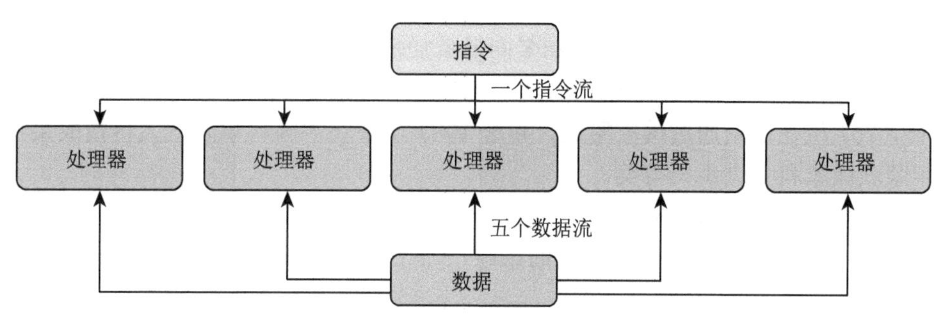

图 3-2　单指令流多数据流（SIMD）计算机的基本工作流程

对一个数据向量（包括多个数据流）进行并行处理。因此，SIMD 计算机具有空间上的并行性。典型的 SIMD 计算机有阵列计算机和向量计算机。

1. 阵列计算机

阵列计算机（图3-3）的设计思想是通过单一的控制单元来广播指令，各个处理单元按照收到的广播指令来同步执行运算。当收到指令后，每个处理单元可以选择执行或者不执行。在阵列计算机中，每个处理单元都拥有自己独立的计算单元和内存空间。各个处理单元通过互连网络来进行连接，完成数据的交换和传输。阵列计算机的发展前景并不明朗，与之相对应的向量计算机却取得了较大的成功。

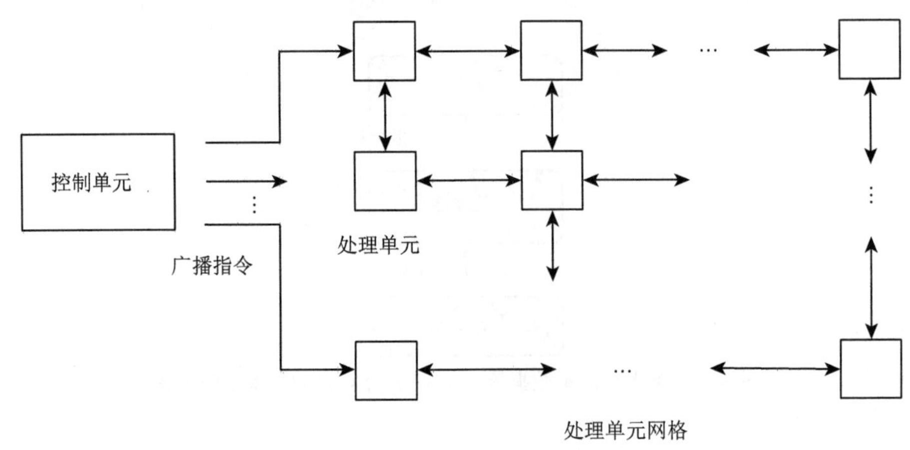

图 3-3 阵列计算机示意图

2. 向量计算机

向量计算机是指专门对向量进行处理的计算机，它主要以向量作为基本操作单元，操作数和结果都以向量的形式存在。从数学概念上来讲，向量是指一组标量组成的集合。处理两个向量的加法可以通过使用多个处理单元并行执行一条加法指令来实现。向量的处理方法有多种不同的模式，主要包括横向、纵向和纵横处理模式，以此衍生出了不同种类的向量计算机。

757 工程千万次计算机（简称 757 机）（图3-4）是我国自主研发的第一台国产大型向量计算机，主要用于解决科学与工程计算问题。中国科学院计算技术研究所在 757 体系结构设计中，独立提出了向量纵横加工和多向量累加器概念。

其向量运算速度达到每秒 1000 万次，标量运算速度达到每秒 280 万次。1983 年 11 月 14 日，757 机在北京通过国家鉴定，并于 1983 年荣获中国科学院重大科技成果特等奖，1985 年荣获国家科技进步一等奖。

SIMD 虽然概念简单，但它对于当今异构微处理器和高性能计算机的体系结构有着重要的意义，对于并行计算有着深远的影响，本书将在第 4 章详细介绍 SIMD 的相关技术。

图 3-4　757 机

3.1.3　MISD

多指令流单数据流是指采用多个指令流来处理一个数据流。MISD 有多个处理器，每个处理器都按照不同指令流的功能来对同一个数据流以及其中间结果进行不同的处理。该类型的提出是存在一定争议的，有人认为从严格意义上来说，这种类型的计算机至今都未出现，提出 MISD 毫无意义。但也有人认为出现了一些类似的例子：一个典型的例子是共享内存的多处理器系统，多个处理器对同一块内存中的数据进行处理，而每个处理器都有自己的指令流；另一个典型的例子是计算机中的流水线结构，一条指令被分解成多个流水级，每个流水级由独立的处理器完成。

每个流水级都接收来自前一阶段的数据，对这些数据进行处理后，将其传递给下一个流水级。从整体上来说，也可以认为它是一个数据流，只是数据经历了不同的阶段。图 3-5 展示了 MISD 计算机的基本工作流程。

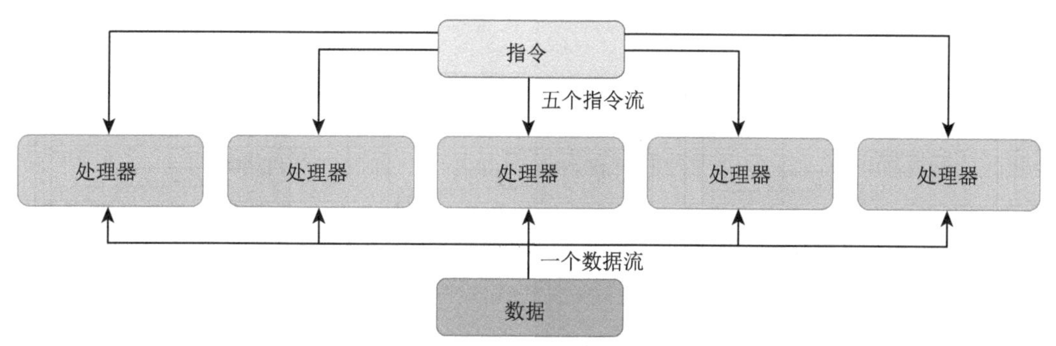

图 3-5　多指令流单数据流 (MISD) 计算机的基本工作流程

3.1.4 MIMD

多指令流多数据流是指采用多个指令流处理多个数据流，处理器以共享（或独享）指令流的方式对数据流进行处理。在任何时候都有多个数据流处理的操作在并行执行。它主要针对的是任务级并行，也可以执行数据级并行。MIMD 比 SIMD 更加灵活，在不同场景下的适用性更强，是应用最广泛的并行体系结构形式。目前使用的多核计算机均属于 MIMD 的范畴。

图 3-6 展示了 MIMD 计算机的基本工作流程，在 MIMD 中，计算机使用了多个指令流来同时分别处理多个不同的数据流。目前主流的很多并行计算机均采用 MIMD 体系结构。

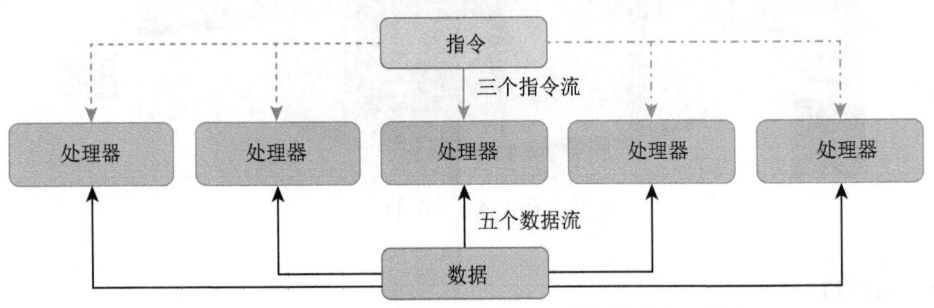

图 3-6 多指令流多数据流 (MIMD) 计算机的基本工作流程

3.1.5 SIMT

单指令流多线程流是近年发展起来的并行模型，主要是将单指令流多数据流（SIMD）与多线程结合在一起，已经广泛应用于 GPU 内的计算单元中。当前，一些超级计算机正是借助基于 SIMT 并行模型的 GPU 实现高性能计算的。

典型的基于 SIMT 并行模型的 GPU 架构如图3-7所示。GPU 内部包含很多核心（Core），英伟达称为流式多处理器 (Streaming Multiprocessors, SMs)。每个核心都执行单指令流多线程流 (SIMT) 的程序，在单个核上执行的线程可以通过内部存储进行通信。SIMT 在形式上是多线程，在本质上是一个线程簇，数据可以通过线程簇内的多个线程实施并发处理。

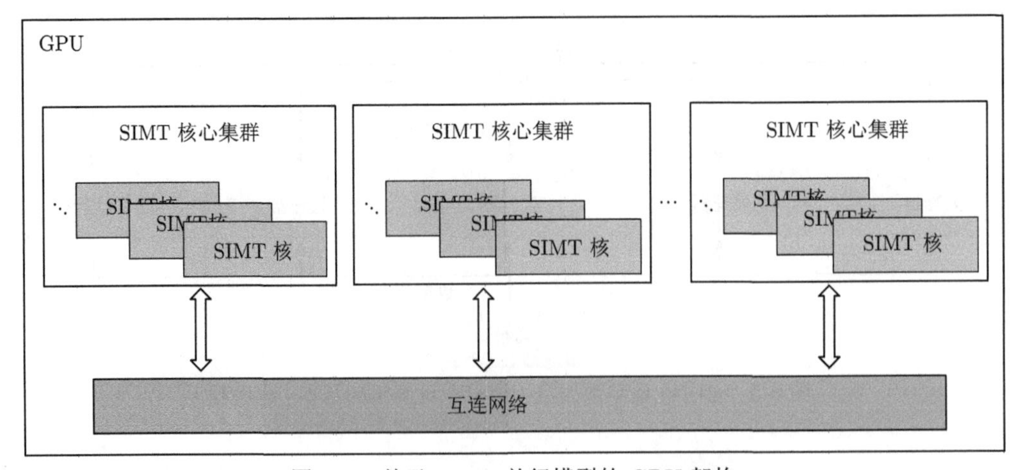

图 3-7 基于 SIMT 并行模型的 GPU 架构

虽然 SIMT 和 SIMD 存在相似之处，但是也有很多不同的地方，具体如下。

（1）SIMT 以线程为粒度，每个线程可以单独进行数据寻址，因此可以访问非连续的内存空间；而 SIMD 处理的是数据向量，只能访问相对连续的内存空间。

（2）SIMT 可以支持编写线程级的并行代码，而 SIMD 不支持编写线程级的代码。

（3）SIMT 通过共享内存和同步机制实现线程间通信，而 SIMD 中的向量元素保存在同一地址空间，所以可以自由通信。

（4）SIMT 允许每个线程有不同的执行分支，而 SIMD 无法并行地对一个向量中的元素采用多个不同的执行分支来进行处理。

3.1.6 计算机体系结构分类图谱

Flynn 分类法是一种比较概要的分类方法，不过它作为第一次系统性提出的计算机分类方法，在帮助理解计算机体系结构方面具有重要意义。总的来说，计算机体系结构大致可以按图 3-8 所示的层次结构分类。实际上，随着计算机体系结构的不断发展，许多计算机都是其中的几种结构的组合，甚至一些新型的计算机并不能严格划分到某种类型。但是，上述分类对当前的计算机仍然具有重要的参考价值。

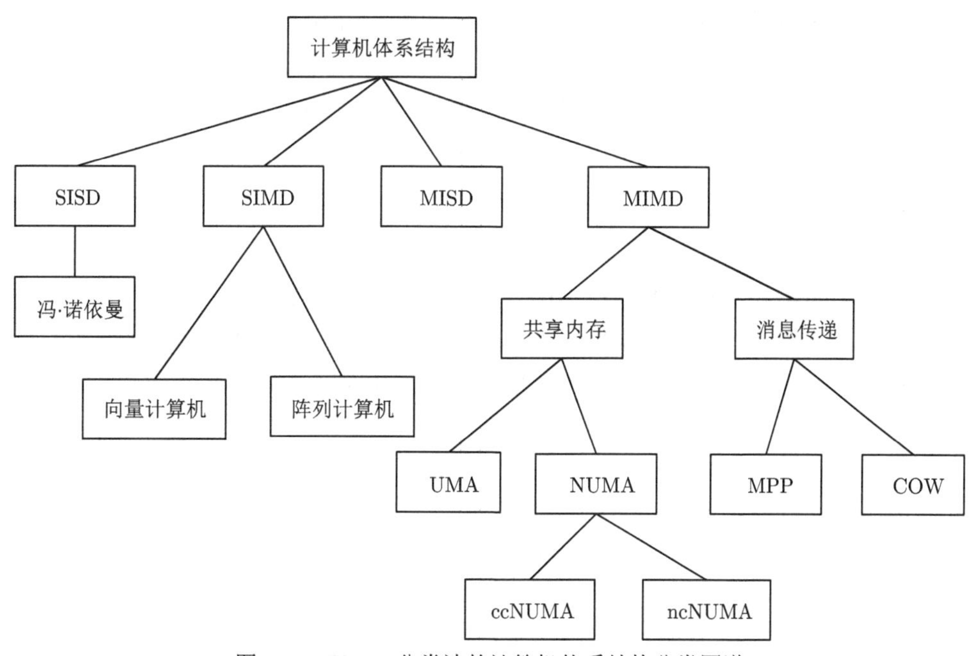

图 3-8　Flynn 分类法的计算机体系结构分类图谱

当前主流计算机系统主要采用 MIMD 体系结构，因此有必要对针对 MIMD 做进一步的划分。这里根据多个处理单元之间数据交互的方式将 MIMD 体系结构的计算机进一步划分为基于共享内存的 MIMD 计算机和基于消息传递（也称为分布式内存）的 MIMD 计算机两类。这两类计算机本身也可以分为更细的类别。关于计算机体系结构分类图谱中的细化分类，将 3.2 节和 3.3 节进行具体介绍。

3.2 共享内存系统

顾名思义，共享内存就是多个处理器之间通过共享同一内存空间来实现通信。具体地，所有处理器通过软件或者硬件的方式连接到一个“全局可见”的存储器，并通过访存指令实现数据交互。与之相对的是基于消息传递的数据交互，即处理器间的通信采用消息传递的机制，不需共享内存地址。对于要共享的数据，它必须作为消息从一个处理器传递到另一个处理器。在基于共享内存的 MIMD 计算机系统中，存储器是由操作系统来统一管理的，从而保证了内存一致性。基于共享内存的 MIMD 计算机系统相比基于消息传递的 MIMD 计算机系统更简单，但是当处理器过多时，它远不如基于消息传递的 MIMD 计算机系统高效。

基于共享内存的 MIMD 计算机系统又可以分为如下两类。

（1）集中式共享内存系统：又称为对称多处理（Symmetrical Multi-Processing，SMP）系统，或者一致存储访问（Uniform Memory Access，UMA）系统。

（2）分布式共享内存（Distributed Shared Memory，DSM）系统：又称为非一致存储访问（Non-Uniform Memory Access，NUMA）系统。

在集中式共享内存和分布式共享内存这两种体系结构中，线程之间的通信都是通过共享内存地址来完成的，也就是说任何一个处理器都可以向存储器的任何一个地址发出访问。共享内存指的就是将所有的存储器抽象成一个统一的地址空间，该地址空间可被任何一个处理器访问。从这个角度来说，无论集中式共享内存系统还是分布式共享内存系统，它们都符合这个特征。

3.2.1 集中式共享内存系统

最早出现的集中式共享内存系统中的处理器数目较少，通信带宽不是瓶颈，因此可以通过共享同一个集中式存储器来实现处理器之间的通信。在这种共享内存系统中，由于各个处理器可以平等地访问共享内存，因此称为对称多处理器（SMP）系统，并且这些处理器访问共享存储器的延迟都是相同的，所以也叫做一致存储访问（UMA）系统。目前广泛使用的多核 CPU 芯片就是一种集中式共享内存系统，在多核 CPU 芯片中，每个 CPU 核都是一个独立的处理器，多个 CPU 核平等地访问共享的存储器。

集中式共享内存系统具有如下几方面的特点。

（1）有一个存储器被所有处理器均匀共享。

（2）所有处理器访问共享存储器的延迟相同。

（3）每个处理器可以拥有私有内存或高速缓存（简称缓存）。

图 3-9 展示了基于多核芯片的集中式共享内存系统的基本结构，这里的每个核心可以认为是一个处理器，都有自己的多级缓存，它们通过共享缓存访问同一个存储器。

图 3-10 展示了基于多核芯片的不带缓存的集中式共享内存系统的基本结构，与多核芯片不同，这里每个芯片可以认为是一个处理器，将所有的处理器通过总线或者互连网络连接到同一个存储器，而不是在每个处理器的内部单独连接本地处理器。

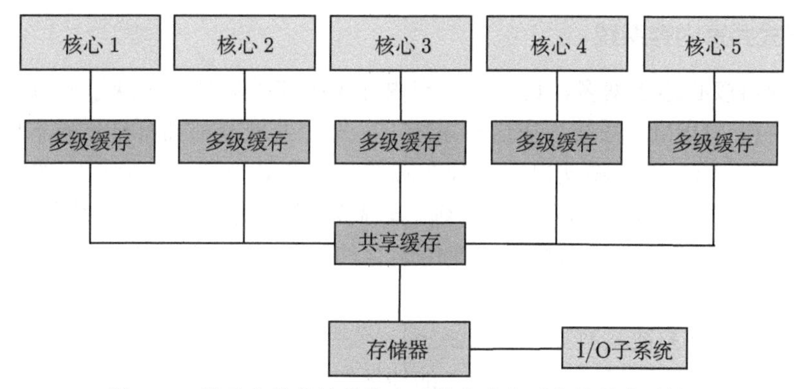

图 3-9　基于多核芯片的集中式共享内存系统的基本结构

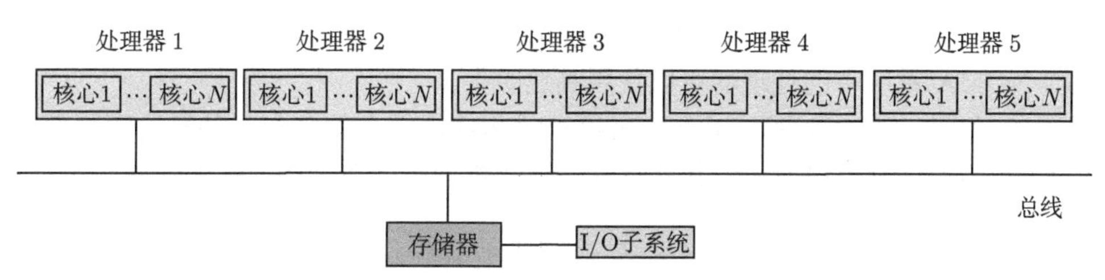

图 3-10　基于多核芯片的集中式共享内存系统（不带缓存）的基本结构

图 3-11 展示了基于多核芯片的带缓存的集中式共享内存系统的基本结构，该系统中的缓存可以提高处理器的运行效率，同时这里也涉及了缓存一致性问题，本书将在第 5 章进行详细讲解。

图 3-12 展示了一种基于多核芯片的带缓存和私有内存的集中式共享内存系统的基本结构，其中每个芯片都有自己的私有内存，多核芯片通过共享存储器来通信。

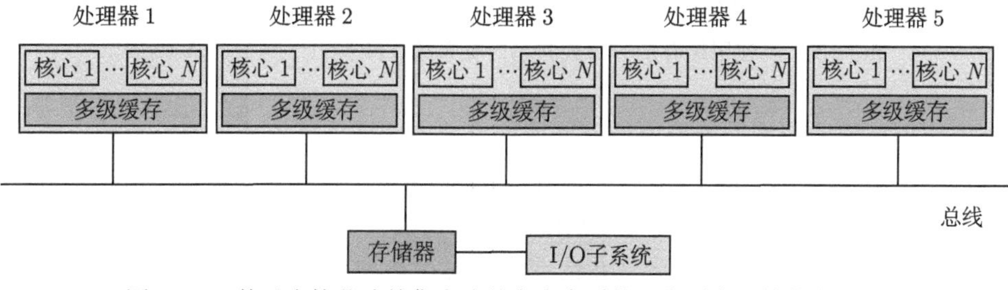

图 3-11　基于多核芯片的集中式共享内存系统（带缓存）的基本结构

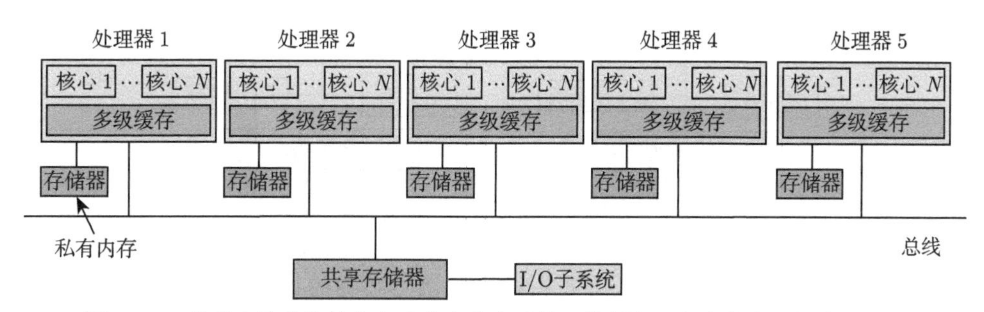

图 3-12　基于多核芯片的集中式共享内存系统（带缓存和私有内存）的基本结构

3.2.2　分布式共享内存系统

随着处理器核心逐步增多，集中式共享内存系统在扩展性上出现了瓶颈，随之出现了分布式共享内存（DSM）系统。在这种系统下，每个处理器都拥有自己的本地存储器，可能还有 I/O 子系统。由于物理内存是分布式的，每个处理器访问靠近它的本地存储器时延迟较低，而访问其他节点的存储器时延迟较高。其中使用缓存的系统称为 CC-NUMA（Cache Coherence-NUMA）系统，不使用缓存的称为 NC-NUMA（Non-Cache-NUMA）系统。

分布式共享内存系统具有如下特点。

（1）所有的处理器都能访问一个单一的地址空间。

（2）使用 Load 和 Store 指令访问远程内存。

（3）访问远程内存比访问本地内存的延迟要高。

（4）NUMA 系统中的处理器可以使用高速缓存。

图3-13 和图3-14 分别展示了不使用缓存的和使用缓存的分布式共享内存系统的基本结构。如图 3-13 和图 3-14 所示，其共享存储器在物理上分布于不同的处理器，但是它们都

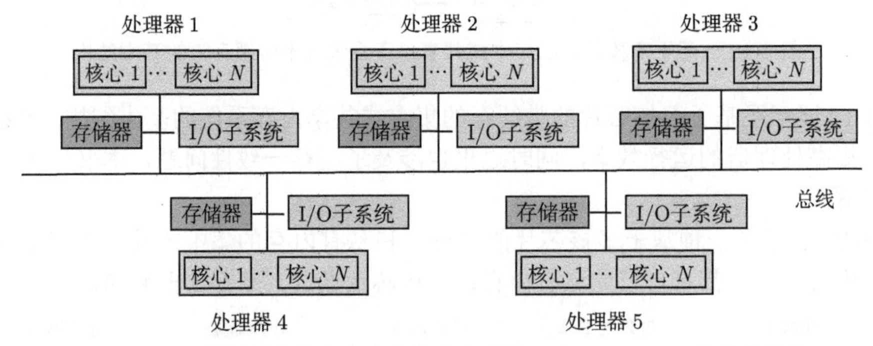

图 3-13　不使用缓存的分布式共享内存系统（NC-NUMA）的基本结构

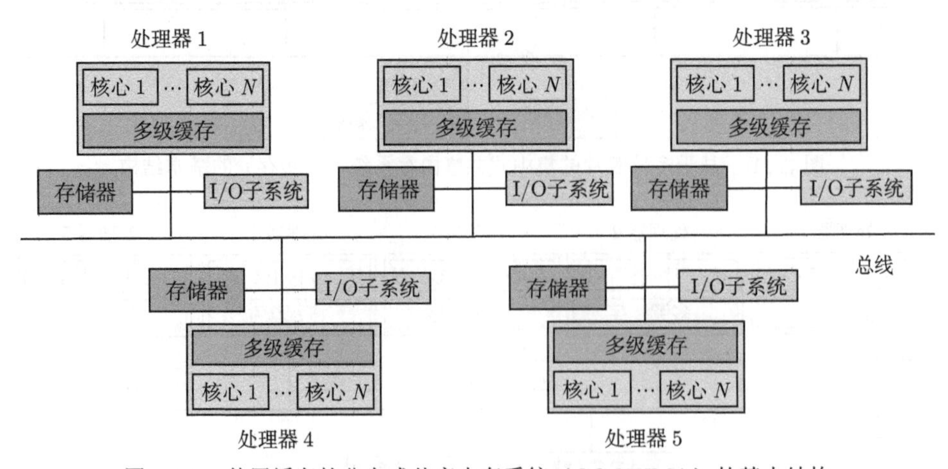

图 3-14　使用缓存的分布式共享内存系统（CC-NUMA）的基本结构

通过总线或者互连网络相连接，可以把所有这些本地存储器抽象成一个全局的存储器，并能够被任何处理器访问。每个处理器访问自己的存储器时速度比较快，而由于互连网络带来的额外延迟，访问其他处理器的存储器时速度会比较慢。

利用分布式共享内存技术，可以把几十个甚至上百个 CPU 集中在一台计算机中。随着多核处理器的推广，这种技术在当前的计算机中应用非常普遍。然而这种技术需要在处理器之间的数据传送和同步上消耗更多的资源，因此设计的协议规则也更加复杂，需要在软件层面进行专门设计以充分提升分布式共享内存的带宽。目前大量多核多处理器系统使用了分布式存储结构，典型的例子如华为鲲鹏处理器、多路服务器等。

3.3　分布式内存系统

分布式内存系统也称为基于消息传递的计算机系统（通常是 MIMD 类型）。在该类系统中，多个计算机之间采用消息传递的方式来进行互连，每个计算机都有自己的处理器，以及附加于每个处理器的私有内存，其他计算机不能直接访问该私有内存。

基于消息传递的 MIMD 计算机系统可以分为以下两类。

（1）大规模并行处理器（Massively Parallel Processors，MPP）系统。

（2）工作站集群（Cluster of Workstations，COW）系统。

分布式内存系统未使用共享内存系统的方法，而是基于消息传递机制实现通信，这会带来编程上的复杂性。这种系统中的每个节点都相对完整和独立，包括 CPU、存储器、磁盘、I/O 设备、网络接口等，可以认为是一台独立的计算机。多个节点通过互连网络进行通信，互连网络的拓扑结构可以是多种形态的。

3.3.1　大规模并行处理器系统

大规模并行处理器（MPP）系统是一种典型的分布式内存系统，通常由成百上千个计算节点组成，主要用于大规模科学工程计算、数据处理等任务。通常情况下，MPP 系统使用标准的商用 CPU 作为处理器，但是其互连网络一般是定制的，以实现超低时延和超高带宽的数据传输。MPP 系统具有很大的 I/O 吞吐量和很高的容错能力，当系统中的某些节点发生故障时，并不会导致整个系统无法运作。MPP 系统设计较为复杂，研制难度极大，也是各个国家研发超级计算机的重要方向。

图 3-15 展示了大规模并行处理器系统的基本架构。需要注意的是，在 MPP 系统中，一般每个节点可以认为是一个没有硬盘的计算机，节点的操作系统驻留在内存中，处理的数据通过高速网络保存在集中式共享内存系统上。此外，MPP 系统使用的网络一般不是普通的高速以太网，大多使用制造商专有的定制高速通信网络。例如，IBM 开发的超级计算机 Blue Gene/Q、国防科技大学研发的“天河”系列超算就属于 MPP 系统。

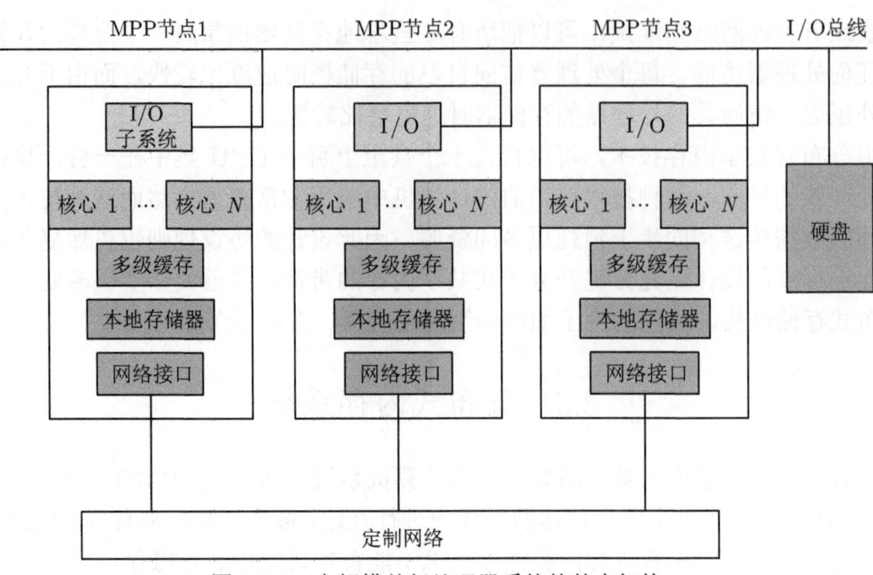

图 3-15　大规模并行处理器系统的基本架构

3.3.2　工作站集群系统

工作站集群（COW）系统是分布式内存系统的又一重要类型，它又叫仓库级计算机（Warehouse-Scale Computers，WSC）系统。COW 系统是由大量普通计算节点（如家用计算机、商用服务器、工作站）通过非定制化的商用网络（如千兆以太网）互连起来实现的大规模计算系统。由于 COW 系统中使用的计算机主要是商用的计算机，甚至可以是家用 PC，性价比较高。

图 3-16 展示了工作站集群系统的基本架构。值得注意的是，在 COW 系统中，每个节点都相对独立，拥有自己的 CPU、存储器、硬盘等，在商用网络的协作下组成一个工作站集

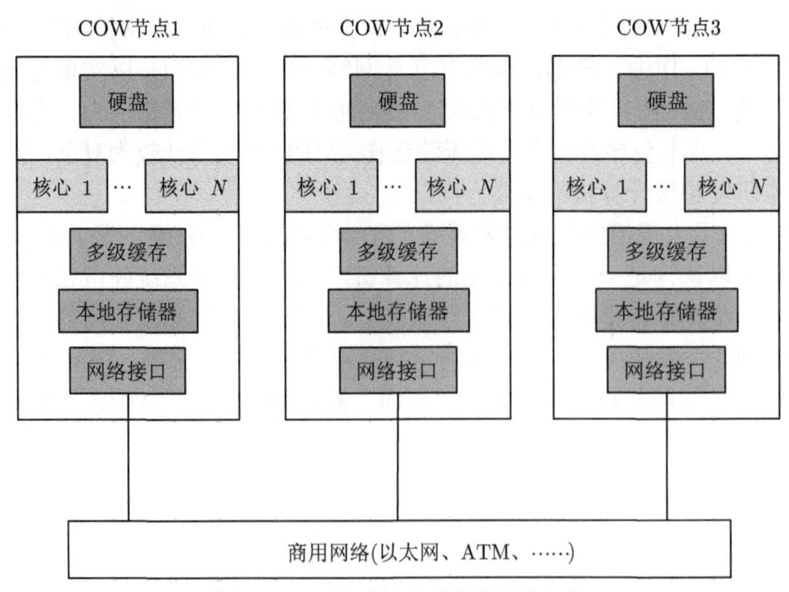

图 3-16　工作站集群系统的基本架构

群系统。COW 系统一般采用标准化的商用网络，很多大公司的数据中心就是一个典型的例子。

工作站集群系统是目前因特网服务的基础，这些服务包括搜索、社交、视频、网上购物、电子邮件等，它广泛应用于各大运营商和因特网服务提供方的数据中心。此外，随着云计算的迅速发展，工作站集群系统正在变得越来越重要。大型的 COW 系统成本极高，它包含了机房、配电与制冷基础设施、服务器和连网设备等。一个典型的 COW 系统能够容纳上万台服务器。由于大型的 COW 系统需要在配电、制冷、监控和运行等各个方面都考虑周全，且价格十分昂贵，因此只有大型公司才有能力构建，如谷歌公司、微软公司、亚马逊公司、阿里巴巴集团、腾讯控股有限公司等。随着现在因特网的蓬勃发展，COW 系统正在变得越来越重要，相比过去为科学家和工程师提供高性能计算的角色，现在的 COW 系统更倾向于为整个世界提供信息技术，并在当今社会中扮演了更为重要的角色。

COW 系统的构建主要关注以下几个方面。

（1）高并发性：互联网领域典型的业务系统必须具备很强的并发处理能力，COW 系统必须具有一定的并行规模和强大的存储 I/O 能力，从而支持大规模应用的正常运行。

（2）网络：为了保证多个服务器之间的高速数据交互，COW 系统需要高性能、高可靠的网络系统，甚至与因特网实现高带宽连接。

（3）负载均衡：COW 系统中运行着大量的并行处理程序，这些程序需要在大量计算节点之间实现负载均衡，才能最大限度地发挥 COW 系统的效能。

（4）可靠性（冗余备份）：很多因特网服务都要求高可靠性，也就是说因特网服务必须长时间稳定可靠运行，一旦中断必须快速恢复，COW 系统的宕机时间必须很短。冗余备份是提升可靠性的关键技术，COW 系统通常依靠多个服务器集群，将这些服务器集群通过网络连接在一起，由软件实现冗余管理。

（5）单位性能的成本：COW 系统的规模非常大，哪怕成本降低 1% 也可以节省数千万元。

（6）能效：一般来说，计算系统在全生命周期运行过程中的能耗成本最终与其购置成本相当，提高能效对降低 COW 系统的运营成本起着至关重要的作用。

与 COW 系统类似，高性能计算机也是一种大规模的计算系统，但是一般将它看作 MPP 系统的一种。COW 系统和高性能计算机有很多不同之处，主要有以下几点。

（1）高性能计算机节点间的网络比 COW 系统快得多，且程序耦合性强，通信频繁。

（2）高性能计算机倾向于定制硬件，而 COW 系统则使用商业化计算节点以降低成本。

（3）高性能计算机强调线程级并行或数据级并行，而 COW 系统则强调请求级并行，即可能有多个网络请求同时访问一台机器。

（4）高性能计算机常常满负载持续数周完成大规模计算作业，而 COW 系统是面向并发请求的，通常不会满负载。

从物理架构上看，COW 系统由多个服务器阵列组成，其中服务器、机架交换机通常放置于机架中，机架内的多个服务器通过机架交换机进行通信。一个服务器阵列由多个机架组成，其内部的各个机架则是通过阵列交换机进行通信的。图 3-17 展示了 COW 系统的一种交换机层次结构。

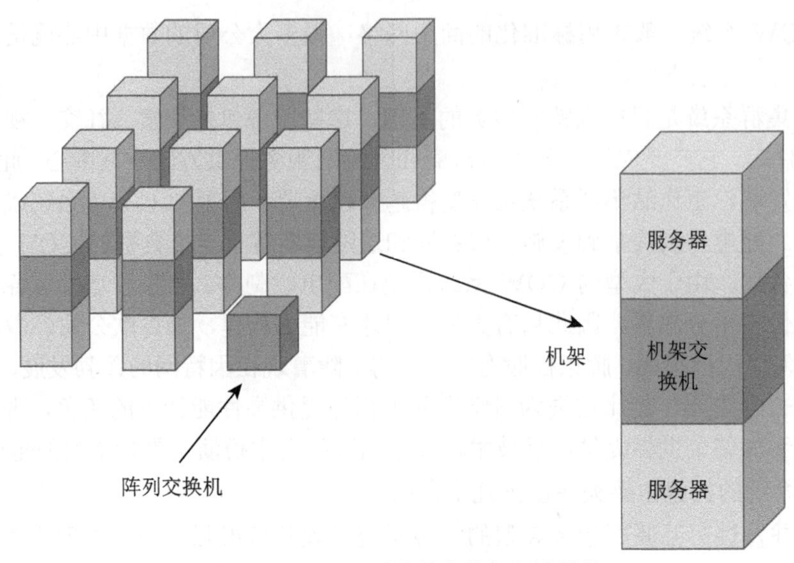

图 3-17 COW 系统的交换机层次结构

基于工作站集群的数据中心是近年来兴起的一种系统。其中，分布式软件运行在数千台相互连接的机器上，它们的工作负载是异构的，工作负载也不均匀，共享基础设施的工作负载之间相互干扰可能对集群的性能产生巨大的影响。为了充分解决这一问题，需要设计良好的机制来解决集群中的硬件异构性问题，用合适的机器匹配工作负载，也要避免数据中心工作负载之间的相互干扰。工作站集群系统与云计算、分布式计算息息相关，可以说它是世界上最大的计算机。通过 COW 系统实现的系统大大促进了云计算、分布式计算领域的发展，对软件行业产生了革命性的影响，极大地丰富和方便了人们的生活。

3.4 高性能计算机体系结构中的重要技术

随着计算机的复杂度不断提高，系统中出现了大量亟待解决的新问题，如缓存一致性、存储一致性（或内存一致性）等。本节简要讨论现代计算机体系结构中的一些重要技术，详细内容将在第 5 章和第 6 章展开讨论。

3.4.1 缓存一致性

在共享内存系统发展的过程中，人们逐渐发现使用缓存能降低处理器对存储器带宽的需求。处理器的速度远高于存储器，直接将处理器连接到存储器上会严重损耗处理器的性能，大量时间都消耗于处理器和存储器之间的通信，而使用缓存能极大地缓解这一现象。缓存处于处理器和存储器之间，它们与处理器的速度相近。但是由于缓存成本过高，存储容量相对较小，仅可用于存储处理器经常需要访问的一些指令和数据。缓存会将热点指令和数据存储下来，并利用一些置换算法经常进行替换，如果处理器访问的指令和数据已经保存在缓存中，就可避免直接从存储器中取指令和数据，极大地提高了系统的运行速度。

共享内存系统中广泛使用了缓存技术，但是在有缓存的系统中共享数据会引入一个严重的问题，就是不同的处理器可能根据各自的需求来缓存存储器中的数据，如果没有很好的防范机制，不同的处理器对于存储器中同一数据的缓存就可能出现不一致的情况，这一问题称为高速缓存一致性（Cache Coherence）问题。

表 3-1 清楚地展示了这一问题，最开始处理器 A 和 B 都没有保存 X 的值，存储器中 X 的初值为 1。当处理器 A 改变 X 的值的时候，处理器 A 的缓存和存储器中 X 的值都为 0，但是处理器 B 的缓存没有被通知修改，如果处理器 B 读出 X 的值，那么仍然是 1，这就出现了缓存不一致的情况。

表 3-1　处理器 A 和 B 进行读写操作时出现的一致性问题

时间	事件	处理器 A 的缓存	处理器 B 的缓存	存储器
1				$X=1$
2	处理器 A 读取数据 X	$X=1$		$X=1$
3	处理器 B 读取数据 X	$X=1$	$X=1$	$X=1$
4	处理器 A 写数据 X	$X=0$	$X=1$	$X=0$

如果系统满足以下条件，则说明它们是一致的。

（1）在当前处理器写入数据 X 和读取数据 X 之间，没有其他处理器执行 X 的写入操作，此读取操作总是返回当前处理器写入的值。

（2）当前处理器完成数据 X 的写入操作后，假设在足够长的时间间隔内，不存在其他处理器写入数据 X 的情况，此时某个处理器读取数据 X，即当前处理器写入数据 X 的值。

（3）对同一个数据 X 的写入是串行的，例如，有两个处理器对同一数据进行写入时，数值 1 和 2 被依次先后写入数据 X，那所有处理器不可能先读取到 2，再读取到 1，因为写入操作是串行的。

缓存一致性协议通过监控所有数据块的共享状态，来保证多个处理器缓存共享数据的一致性，主要有两种不同的实现方式。

（1）基于侦听的协议：通常用于集中式共享内存的计算机中。这里的“侦听”是指对总线的侦听。所有的处理器都会侦听总线，如果某一个处理器对自己缓存中的数据进行了修改，它会在总线上进行广播，其他处理器收到广播信息后，会对各自私有缓存中的副本进行失效处理或者更新。这样的协议通常要求所有处理器的缓存都可以通过某种广播介质来访问（例如，将各个处理器的缓存都连接到存储器的总线上），所有的缓存控制器都能侦听这一介质（存储器总线），从而使得缓存控制器可以确定自己是否需要更新其他处理器所修改的数据。

（2）基于目录的协议：主要应用于分布式共享内存的计算机中，图 3-18 展示了这种结构，它也可以用在集中式共享内存的计算机中。当处理器数目较多，且每个处理器都有自己的存储器时，这样的结构一般不使用总线结构，而是通过互连网络来连接，互连网络中广播的代价很大，不能广播无效信息或者更新后的数据。基于目录的协议的实现思路是通过目录来跟踪有哪些其他处理器的缓存中记录了相同的数据。当某一个处理器写某个共享的数据时，通过目录向其他拥有该数据副本的处理器发送“失效信号”，使得其他副本都失效。在集中式共享内存的计算机中，通常情况下所有的处理器都使用一个集中的目录，并且目录与不同处理器的缓存相关联。在分布式共享内存的计算机中，通常情况下每个处理器都有一个目录，形成分布式目录。

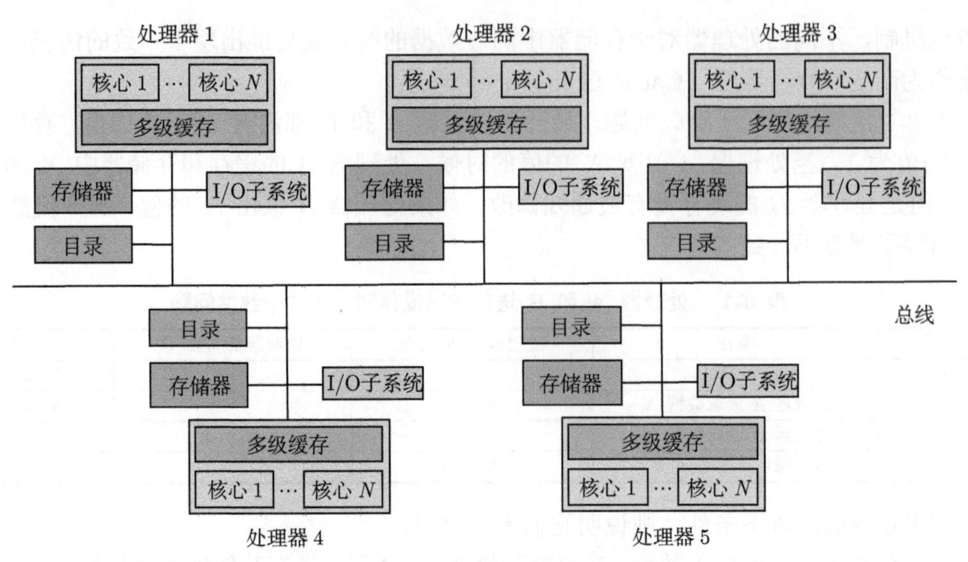

图 3-18 分布式共享内存系统中基于目录的缓存一致性协议

关于缓存一致性的协议以及实现方式非常复杂，这里只做简要介绍，在本书的第 5 章会有详细的讨论。

3.4.2 内存一致性

在多处理器场景下，可以通过缓存一致性协议保证处理器最终都能看到其他处理器对数据的修改，但是如果不同处理器对数据进行修改的顺序不同，也会给程序执行带来一定的不确定性，这是内存一致性应当考虑的问题。简单来说，缓存一致性问题是指一个缓存块中由局部缓存读写导致缓存不一致所引发的问题，而内存一致性问题是指不同缓存块中由指令顺序不同导致存储器中数据不一致所引发的问题。下面是一个简单的例子，处理器 1 和 2 分别执行相应的代码片段。

```
\\处理器1执行如下代码
A = 0;
...
A = 1;
if( B == 0 ){ ... }
\\处理器2执行如下代码
B = 0;
...
B = 1;
if( A == 0 ){ ... }
```

这段代码的执行结果其实是不确定的，可能有两种情况。

（1）当处理器 1 通知其他处理器 A=1 的更新时，处理器 2 已经执行到 if(A==0)，此时处理器 2 看到的 A 仍然是 0，于是进入了 if 分支。

（2）当处理器 1 通知其他处理器 A=1 的更新时，处理器 2 收到了该通知，那么就不会进入 if 分支。

为了解决这些问题，就必须保证对于一个存储器位置的数据的读写必须是一致（Consistency）的。内存一致性最简单的实现方法是顺序一致性模型，即要求所有处理器推迟对同一个数据的缓存访问，直到该数据的缓存全部宣告失效。用上面的例子来讲其实就是当处理器 1 执行代码 A=1 时，处理器 2 不能执行 if(A==0) {⋯} 这行代码，处理器 2 必须等到处理器 1 执行完 A=1，然后处理器 2 的 A=0 的缓存失效，才能够继续执行。执行完毕之后处理器对 A 的数据都达到了一致，对于 A 来说，这等价于顺序执行了 A=1; if(A==0)，所以叫做顺序一致性，这样程序结果就是确定的。但是这样做会导致处理器 2 必须等待处理器 1 执行完毕之后才能继续执行，势必会损失性能，所以除了顺序一致性模型之外，还有一些优化的宽松一致性模型，如完全存储排序模型（又称处理器一致性模型）、部分存储排序模型、弱一致性模型、释放一致性模型等。不同的 CPU 架构可能会使用不同的存储一致性模型，例如，PC 端的 x86 使用的就是完全存储排序模型，移动端的 ARM 使用的是处理器一致性模型，高性能处理器 MIPS R10000 则使用的是顺序一致性模型，这些在 5.3 节会有详细的介绍。

3.4.3 同步

缓存一致性主要是针对缓存的，对于保证多核之间的一致，还需要使用同步原语。同步机制通常是在软件层面实现的，它依赖于这些同步原语，如锁和屏障。

同步与缓存一致性的区别在于：同步主要作用于线程，而缓存一致性作用于 CPU 中的缓存。CPU 中的缓存一致性主要解决 CPU 之间的同步问题，而不是线程的同步问题。假设现在有一个 CPU 的核心 1 在运行，线程 A 和 B 同时在核心 1 上运行，然后线程 A 和 B 同时执行 $\mathrm{x} = \mathrm{x} + 1$ 的操作 (x 的初始值为 0)。当线程 A 把 x 值从内存读到寄存器后，就被 CPU 中断，并让出核 1 给线程 B，然后线程 B 读取了 $\mathrm{x} = 0$，并进行了 $\mathrm{x} + 1$ 的计算，最后赋值给 x，写入内存 $\mathrm{x} = 1$，随后 CPU 唤醒线程 A，继续执行 $\mathrm{x} + 1$ 并赋值给 x，写入内存 x。

上述例子说明在单核场景下，是不存在缓存一致性问题的，但是依旧有多线程间数据一致性的问题，这也是多线程同步发挥作用的地方。多线程同步主要通过临界区（如同步代码块）、信号量和管程等方式，来避免因为中断而产生的不一致性问题。

在多核 CPU 的场景下，若线程 A 运行在核心 1，线程 B 运行在核心 2，它们分别开启中断屏蔽，然后将 x 读入到自己的缓存中，完成 $\mathrm{x} + 1$ 的计算，最终分别将新值写入到了内存 x 的位置。这种场景下是无法使用多线程同步来解决问题的，因为多个缓存的数据本身出现了并发修改问题，而缓存一致性协议就是为了解决整个问题而被提出的。

总的来说，多线程同步是一种线程级别上的一致性保证，而缓存一致性是在多 CPU 的场景下，为了实现多个缓存的同步而采取的一种技术手段。实现多线程同步有很多种方式，其原语也有多种，将在第 5 章进行详细的介绍。

3.4.4 互连网络

通信模块是一个计算机系统的模块，高性能计算机系统中各部分之间的通信是通过互连网络完成的。互连网络，是指连接计算机系统内部多个处理器或者不同功能部件（如处理器、存储器）的网络。互连网络是一个比较宽泛的概念，互连网络不同于通常意义上所说的计算机网络。狭义上来看，计算机网络是基于消息机制的，而互连网络通常是使用总线或者交叉开关实现的。广义上来看，互连网络与互联网在很多方面都很类似，都有对应的流量控制（流控）、路由算法等，对于某些计算机系统，其互连网络的底层也是基于计算机网络来实现的。

互连网络主要就是连接处理器和存储器的，其中，负责信息的传递和连接的基本部件主要为接口、链路和交换节点。

（1）接口：从处理器和存储器中取得信息并向其他的处理器或者存储器发送信息的设备。

（2）链路：传输数据的物理信道。链路可以由光纤、同轴电缆等介质构成，每条链路都有限定的最大传输速率，传输模式可以是全双工（双向传递）的或者是半双工（单向传递）的。

（3）交换节点：互连网络中信息交换和控制的节点。它可以有多个输入和输出，具有一定的路由和数据存储的功能。

互连网络中有几个重要的问题，包括拓扑结构、流控机制、路由算法和交换策略等。其中，拓扑结构给出了由链路和交换节点所构成的图的组织形式，图中的边表示链路，节点表示网络中的交换节点。流控机制主要解决网络资源（如通道、缓冲区等）分配的问题，并管理资源竞争。路由算法用于确定数据包从源节点至目的节点的路由路径。交换策略定义了数据包沿着路径进行转发的方法。

根据互连网络的连接是否可变，互连网络可以进一步分为以下两类。

（1）静态网络 (Static Networks)：在节点之间的连接状态保持静态不变的互连网络，其拓扑结构可以是线性的、环形的、带弦环的、树形的等。静态网络常用于分布式内存系统中，即基于消息传递的 MIMD 计算机中。

（2）动态网络 (Dynamic Networks)：可以通过调整互连网络中开关元件的状态来调整网络的连接拓扑结构。动态网络没有固定的结构，它的连接拓扑结构可能会随着时间变化。典型的动态网络包括总线、交叉开关、多级交换网络等。其主要用于共享内存系统中。

本节主要对互连网络进行简单的概括，详细内容本书会在第 6 章进行介绍。

3.5　非冯·诺依曼体系结构计算机

除传统冯·诺依曼体系结构计算机之外，科学家也开始设计各型非冯·诺依曼体系结构计算机。本节对非冯·诺依曼体系结构进行介绍。为便于理解，首先回顾经典的冯·诺依曼体系结构的主要特点和缺陷。

3.5.1　冯·诺依曼体系结构的回顾

冯·诺依曼体系结构计算机主要由以下部分组成: 存储器、控制器、运算器、输入设备和输出设备。图3-19展示了以运算器为核心的冯诺依曼体系结构计算机的基本构成。

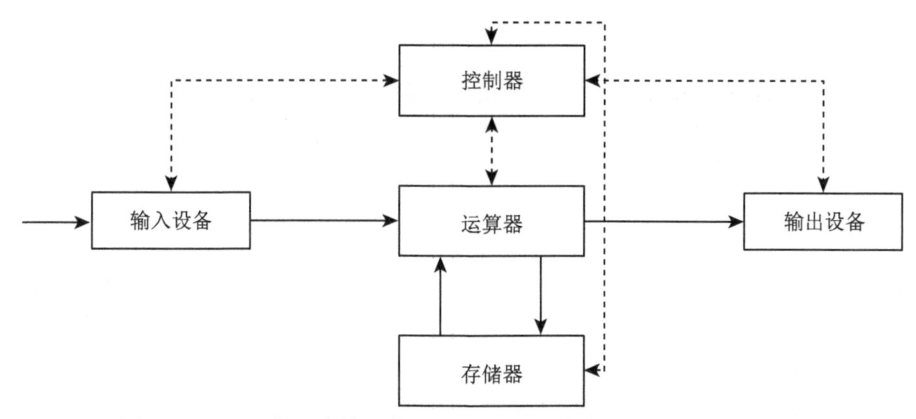

图 3-19　以运算器为核心的冯・诺依曼体系结构计算机的基本构成

冯・诺依曼体系结构的典型特征是“存储程序”，存储器内存储了所有的指令和数据，运算器通过访问存储器获得数据和指令，然后进行计算操作。从实现上，当前的冯・诺依曼体系结构计算机主要采用二进制表示数据，数据被转换为 0、1 位串存储起来，程序和数据存储的地址都被二进制化，调用数据和程序的指令流也被二进制化。硬件系统按照二进制指令流进行计算。

冯・诺依曼体系结构具有以下特征。

（1）程序可以通过发出指令直接控制计算机的各项操作。

（2）操作码和地址共同构成了指令，地址则记录了操作数的地址，而操作码标注了指令的类型以及操作数的类型。

（3）指令和数据存储在内存中，但是没有进行区分，并且都存储在相同的存储器中，CPU 容易发生错误。

（4）存储器的结构是线性的，且按照地址进行访问，每次访问的存储单元的大小都是一致的。

（5）运算器是整个系统的核心设备，其他设备（如输入设备和输出设备）和内存之间的数据传输都需要经过运算器。

从本质上讲，冯・诺依曼体系结构就是一个一维的计算模型和一维的存储模型，这极大地限制了计算机的发展。

3.5.2　非冯・诺依曼体系结构简介

针对以上局限性，研究人员设计了各型非冯・诺依曼体系结构计算机，它脱离了冯・诺依曼体系结构计算机原有的计算模式，典型的案例如归约机、数据流计算机、量子计算机、光子计算机等。非冯・诺依曼体系结构计算机主要具有两个特点。

（1）非冯・诺依曼结构计算机可以没有控制流，也就是说没有存储“程序计数”的寄存器，“程序计数”寄存器的作用是存储当前程序执行到什么位置。

（2）非冯・诺依曼结构计算机没有变量的概念，常量值必须和名称有固定的绑定，一个名称不能改变自己的常量值，也就是说没有分配可以存储值并且进行引用或者修改的存储空间。

下面对几种典型的非冯・诺依曼体系结构的计算机进行简单介绍。

1. 归约机

归约机 (Reduction Machine) 是一种基于函数式语言编程的非冯·诺依曼体系结构的计算机。函数式语言是归约机的主要编程语言。归约机可以根据表达式中的运算信息处理相应的数据，并且可以并发地处理这些表达式。

2. 数据流计算机

数据流计算机 (Data Flow Computer) 是一种基于数据流的计算机。在该类计算机中，数据以流动的形式流向不同的指令，每条指令的执行都是由数据来驱动的。也就是说，指令的执行顺序完全取决于数据流之间的依赖关系。数据流计算机中的数据是不被共享的，当前指令执行完毕之后，当前指令处理的数据直接流向了下一条指令，也就是说将当前指令执行的结果作为下一条指令执行的输入，每个操作数只能被使用一次。当多条指令需要同一个操作数的时候，需要先将操作数复制多个，然后将其依次分发各条指令。

3. 量子计算机

量子计算机 (Quantum Computer) 是一种基于量子逻辑的计算设备。与传统的电子计算机不同，它利用量子力学领域内的不同量子态来记录状态，并且使用量子算法来操作数据。传统的电子计算机通常使用电路的开关作为 0、1 状态的切换，相应地，量子计算机进行运算的基本单位是量子比特。量子比特也叫做昆比特 (Qubit)，它通过追踪量子的不同状态来表示 0 和 1，如电子的自旋方向、核自旋的两个方向、光子的两个偏振方向等。量子计算机的运行速度非常快，并且处理大量信息和特定问题的性能较强。

4. 光子计算机

光子计算机（Optical Computer）是指以光子替代电子的先进计算机。数十年来的研究指出，光子可以比传统计算机中使用的电子有更高的带宽（如光纤）。很多研究都尝试使用光子设备来替换当前的计算机组件，即构建可以进行二进制运算的光子计算机系统。这种想法为新型光子计算机的研制提供了一个思路，即将光子设备集成到当前的电子计算机中，形成光电混合的系统。但是，光电设备因为将电能转换为光能再转回电能，会损失 30% 的能量，同时这样的转换也提高了消息传递的延迟。全光子计算机不需要光能-电能-光能 (OEO) 转换，因此降低了对能量的需求。一些设备（如合成孔径雷达（SAR））和光学相关器，已可以用光学计算的原理来进行设计。例如，可以使用相关器来检测和跟踪对象，并对串行时域光学数据进行分类。

在以上非冯·诺依曼体系结构中，数据流计算机和归约机是两种传统的非冯·诺依曼体系结构的计算机，它们都具有高度的并行性，并且在名称和常量值之间存在不变的绑定。量子计算机和光子计算机是近年来涌现的新的计算机设备，它们从计算机的原理方面就有很大的改变，几乎完全不同于冯·诺依曼体系结构计算机。

3.6 本章小结

本章首先介绍了高性能计算机体系结构的基本分类，针对 Flynn 分类法的四种类型（单指令流单数据流（SISD）、单指令流多数据流（SIMD）、多指令流单数据流（MISD）、多指令流多数据流（MIMD））做了详细的描述和介绍，其中，SIMD 又分为阵列计算机和向量计算机；其次针对目前基于 SIMT 并行模型的 GPU 架构进行了简介。

由于 MIMD 计算机是目前计算机的主流，本章详细介绍了 MIMD 计算机的分类。具体地，MIMD 计算机又可以分为两种：基于共享内存的 MIMD 计算机和基于消息传递的 MIMD 计算机。基于共享内存的 MIMD 计算机系统又可以分为集中式共享内存系统和分布式共享内存系统，集中式共享内存系统是指多个处理器（CPU 或者核）共享一个存储器，而分布式共享内存系统是指每个处理器都有自己的存储器，但每个处理器都可以访问其他处理器的存储器，等同于共享一个“抽象”的存储器，只不过这些存储器是分布式的。而基于消息传递的 MIMD 计算机是指每个处理器都有自己的存储器，但是一个处理器不能直接访问其他处理器的存储器，存储器之间是互相隔离的。基于消息传递的计算机系统（通常是 MIMD 类型）又叫分布式内存系统。基于消息传递的 MIMD 计算机系统根据规模和类型的不同又可分为大规模并行处理器（MPP）系统和工作站集群（COW）系统。另外，因为 COW 系统是目前云计算和分布式发展的基础，也是商业互联网运行的基础，本章也详细介绍了基于消息传递的 MIMD 计算机中的工作站集群系统。

接着本章介绍了高性能计算机体系结构中所用到一些重要技术，即缓存一致性、内存一致性、同步和互连网络。这些技术中每一项都非常复杂，本章只是做一个简介，让读者有一个简单的概念，相关详细介绍将在第 5、6 章详细描述。

最后本章介绍了冯 • 诺依曼体系结构的特征和局限性，描述了目前关于非冯 • 诺依曼体系结构计算机的特点，列举了目前几种典型的非冯 • 诺依曼体系结构的计算机。

课后习题

3.1 MIMD 体系结构是应用最广泛的并行体系结构，现代流行的并行处理结构都可以划分为这一类，那么根据不同的 CPU 组织和共享内存的方式，MIMD 计算机还可以再继续细分为哪些类？它们各自的特点是什么？

3.2 单指令流多数据流（SIMD）是指每次都采用一个指令流处理多个数据流。单指令流多线程流（SIMT）是一种并行计算中使用的模型，它主要是将单指令流多数据流与多线程结合在一起。请简要介绍 SIMT 和 SIMD 的区别。

3.3 COW 系统是指使用商用网络将大量普通节点互连的大规模计算系统。高性能计算（HPC）是指高性能计算机集群。请简要介绍 COW 和 HPC 的区别。

3.4 非冯 • 诺依曼体系结构的计算机有归约机、数据流计算机、量子计算机等、光子计算机等。请问非冯 • 诺依曼体系结构的计算机有什么特点？

3.5 实现缓存一致性协议的关键是如何监测所有数据块的共享状态。请简要介绍缓存一致性中基于侦听的一致性和基于目录的一致性。

3.6 为保证多线程间数据的一致性，需要进行线程同步。请问如何实现多线程同步？

3.7 动态网络可以动态调整网络连接的拓扑结构。请问动态网络可以分为哪些类别？各有什么特点？

第 4 章　高性能处理器的并行计算技术

在高性能计算机中，发掘多层次的并行性是提升性能的有效手段。高性能处理器涉及的并行计算技术主要有以下三种：指令级并行（Instruction-Level Parallelism, ILP）、线程级并行（Thread-Level Parallelism, TLP）和数据级并行（Data-Level Parallelism, DLP）。接下来，本章将分别介绍这三种并行计算技术。

4.1　指令级并行

众所周知，最成功的微架构当属标量处理器，其每一条指令都是对一个标量的数据元素进行操作。标量处理器中的每一条指令都会经历取指、译码、执行以及完成这几个步骤。最初的机器指令从取指到完成只需要经过一个时钟周期。随着流水线的出现，不同指令的取指、译码、执行、完成等时钟周期出现了重叠，从而出现了多条指令同时执行的情况。此外，为了进一步加速指令的流出，一些处理器针对热点操作设置了多个功能部件，也能支持多条指令同时执行。这种多条指令重叠或同时执行的技术称为指令级并行。

一般来说，指令级并行有两种开发方法：一种方法是使用硬件来实现并行开发和动态发现；另一种方法是依赖于软件，通过使用软件技术，在编译过程中静态发现并行。在服务器和桌面市场上拥有更高市场份额的是基于硬件技术实现并行开发的处理器，但是在个人移动设备市场上的大部分处理器都使用静态并行方法。为了让指令能够并行执行，指令之间必须具有一定程度上的独立性，如果指令是相互依赖的，那么它们就需要串行执行，并且每条指令需要等待前面的指令执行结束后才能执行。

4.1.1　流水线技术

由于本章描述的是高性能处理器的并行计算技术，从五级流水线开始进行介绍，它在每一个时钟周期内最多能并行执行 5 条指令。在五级流水线中，指令的执行顺序（指令调度顺序）在编译阶段便已经确定。这个顺序通常称为程序序、进程序或线程序，同时硬件设备不能对指令的执行顺序进行动态调整。一般把这样的结构叫做静态流水线。五级流水线有一些基础的处理机制，如流水线阻塞、数据前递和刷流水线等。这些处理机制是所有处理器体系结构都会使用的基本硬件机制，因此这部分需要深入地理解。

流水线较多见于工业中，用于形象描述一件产品由多人流水操作的过程。在计算机系统中，流水线是指将指令的执行过程分成多个功能段，每个功能段使用不同的功能单元，多条指令依次分时复用这些功能单元，以达到指令重叠执行的目的。流水线技术一方面保证所有的功能单元在任何时刻都能服务于一条指令，提升资源利用率；另一方面保证在同一时刻有多条指令在执行，加速指令的流出。实现流水线的前提条件是能够对任务进行细粒度划分，而计算机的指令执行刚好符合这个前提条件。这是由于大量的指令是逐个执行的，并且绝大部分指令都要经过取指、译码、执行和完成这几个阶段。目前主流的计算机指令系统是 RISC ISA，其中 RISC（Reduced Instruction Set Computer）意为精简指令集计算机，ISA（Instruction Set Architecture）是指令集架构。

1. 指令和操作数类型

ISA 是计算机系统最基础的接口，其在硬件设计者和软件设计者之间定义了一个简单而又清晰的界限。硬件设计者主要对 ISA 进行硬件实现，软件设计者设计编译器以及操作系统。因为两者是完全不同的群体，所以指令集架构必须以双方都能理解的方式严格实现。硬件设计者在根据 ISA 的说明来进行硬件设计和实现时，不需要关心构建在其上的软件。ISA 把编译器、汇编代码或操作系统程序员所需要做的工作从物理层复杂的硬件中分离出来。

本章按照 RISC 结构的 MIPS 指令集来进行讲解，提到的 ISA 包括 Load 指令（LB、LH、LW 和 LD，分别表示加载字节、加载半字、加载字和加载双字）、Store 指令（SB、SH、SW 和 SD，分别表示存储字节、存储半字、存储字和存储双字）、ALU 操作指令、分支操作跳转指令等类型。所有的 ALU 操作指令的操作数取自寄存器并均为 3 个。Load 和 Store 指令把数据从内存取到寄存器中或从寄存器存储进内存里。每条指令都被编码成 32 位（4 字节）的字长度对齐并存储到内存。本书用到的核心 ISA 的各种指令在表4-1中给出。

表 4-1　核心 ISA 的各种指令

指令类型	操作码	汇编码	含义	备注
数据传输指令	LB, LH, LW, LD	LW R1, #20(R2)	R1<=MEM((R2)+20)	针对字节、半字、字、双字长度
	SB, SH, SW, SD	SW R1, #20(R2)	MEM((R2)+20)<=R1	
	L. S, L. D	L. S F0, #20(R2)	F0<=MEM((R2)+20)	单精度/双精度浮点取数
	S. S, S. D	S. S F0, #20(R2)	MEM((R2)+20)<=F0	单精度/双精度浮点存数
ALU 操作指令	Add, SUB, ADDU, SUBU	Add R1, R2, R3	R1<=(R2)+(R3)	有符号数/无符号数加法/减法
	ADDI, SUBI, ADDIU, SUBIU	ADDI R1, R2, #3	R1<=(R2)+3	有符号数/无符号数加立即数/减立即数
	AND, OR, XOR	AND R1, R2, R3	R1<=(R2).AND.(R3)	按位逻辑与、或、异或
	ANDI, ORI, XORI	ANDI R1, R2, #4	R1<=(R2).ANDI.4	按位与、或、异或立即数
	SLT, SLTU	SLT R1, R2, R3	R1<=1 if R2<R3 else R1<=0	有符号数或无符号数比较，比较 R2 和 R3，结果输出到 R1
	SLTI, SLTUI	SLTI R1, R2, #4	R1<=1 if R2<4 else R1<=0	有符号数或无符号数比较，比较 R2 的值，结果输出到 R1
分支/跳转指令	BEQZ, BNEZ	BEQZ R1, label	PC<=label if R1=0	条件分支：当 R1 等于 0/不等于 0 时，程序跳转
	BEQ, BNE	BNE R1, R2, label	PC<=label if R1=R2	条件分支：等于/不等于
	J	J target	PC<=target	跳转目标在立即数域
	JR	JR R1	PC<=R1	跳转目标在寄存器中
	JAL	JAL target	R1<=PC+4; PC<=target	保存返回地址到 R31 中后，跳转到目的地址
浮点操作	ADD.S, SUB.S, MUL.S, DIV.S	ADD.S F1, F2, F3	F1<=(F2)+(F3)	单精度浮点运算
	ADD.D, SUB.D, MUL.D, DIV.D	ADD.D F0, F2, F4	F0<=(F2)+(F4)	双精度浮点运算

2. 指令格式

程序一般用汇编语言或高级语言编写，然后被翻译成硬件能识别的二进制代码。指令格式指的是指令中各部分到二进制代码的编码，本章所有类 MIPS 指令的长度都是 32 位，主要有三种格式，如图4-1所示。

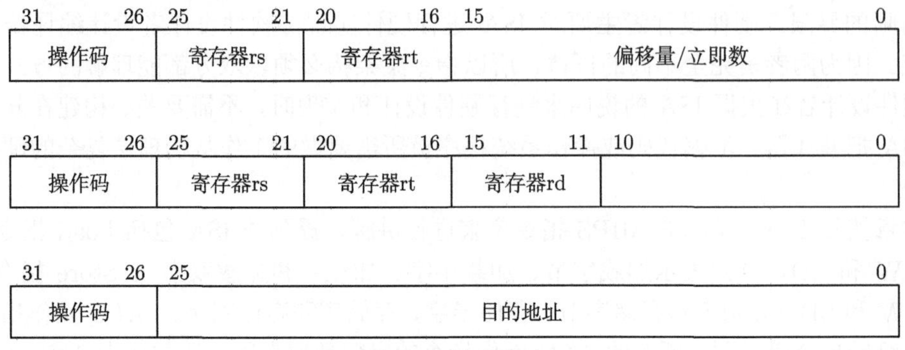

图 4-1　指令格式

3. 经典五级流水线

经典的 RISC 流水线具有 5 个流水级：取指（Instruction Fetch, IF）、译码（Instruction Decode, ID）、执行（Execute, EX）、访存（Memory Access, ME）以及写回（Write Back, WB）。因为每一条指令都是固定长度的，故 IF 流水级的动作对于所有指令都是一样的。ID 流水级为每一条指令进行译码并通常需要读取两个寄存器。若这条指令是分支指令，那么还需要在此流水级计算目标转移的地址。在 EX 流水级，计算地址或者数据的值。对于任一分支指令，EX 流水级会比较两个寄存器的值，并在满足条件后执行跳转。ME 流水级仅对 Load 和 Store 指令进行操作，而其他指令在该流水级不执行。WB 流水级按照要求更新输出寄存器的值。特别注意的是，就算指令在任一流水级都没有任何动作，也需要经过这个流水级，这样的目的是使所有指令都可以按照处理顺序经过流水线的每一级。不同类别的指令在流水线每一级中的动作如表4-2所示，因为整型乘除指令和浮点指令的执行阶段超过一个时钟周期，它们并不适合五级流水线，所以表4-2并不包含这两类指令，它们需要通过子程序来实现。

表 4-2　指令在流水线每一级中的动作

指令	IF 流水级	ID 流水级	EX 流水级	ME 流水级	WB 流水级
LW R1, #20(R2)	取指，且 PC+4	译码，读取 R2 寄存器值	计算地址：R2+20	读	写入 R1
SW R1, #20(R2)	取指，且 PC+4	译码，读取 R1 和 R2 寄存器值	计算地址：R2+20	写	—
ADD R1, R2, R3	取指，且 PC+4	译码，读取 R2 和 R3 寄存器值	计算 R2+R3	—	写入 R1
ADDI R1, R2, imm	取指，且 PC+4	译码，读取 R2 寄存器值	计算 R2+imm	—	写入 R1
BEQ R1, R2, offset	取指，且 PC+4	译码，读取 R1 和 R2 寄存器值，计算目的地址：PC+offset	计算 R1-R2，如果结果为 0，则分支跳转	—	—
J target	取指，且 PC+4	译码，跳转到目的地址	—	—	—

在五级流水线中，指令在 IF 和 ME 两级均会访问内存。简单的五级流水线没有处理 Cache 失效的机制，在每一次 Cache 失效时，CPU 会暂停执行，一直到 Cache 失效处理完成后才会重新开始执行。

流水线可以执行相互独立的 Load、Store 以及 ALU 操作指令，相互独立的指令之间不需要共享内存位置或寄存器等资源。在数据链路上的资源主要有指令缓存（Instruction Cache）、数据缓存（Data Cache）、寄存器文件，以及可以进行整型运算和逻辑操作的ALU。图4-2展示了经典五级流水线示意图。当指令由一个流水级流入到另一个流水级时会进行重编码，重编码后的指令会被存储到流水线寄存器中，流水线寄存器能够隔开两个连续的流水级。任意流水线寄存器在每个时钟周期内均能够进行操作。流水级在每个时钟周期内进行如下操作。

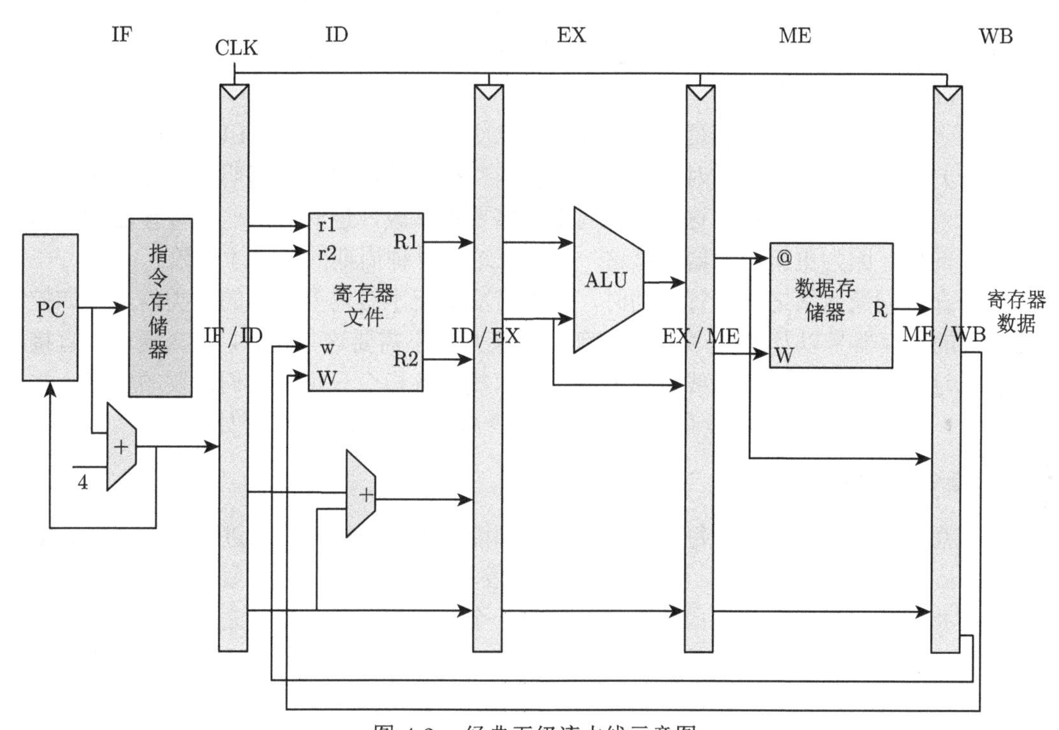

图 4-2　经典五级流水线示意图

取指（IF）。在每个时钟周期内，程序计数器（Program Counter, PC）会在当前指令被取到指令寄存器后加 4。在该时钟周期结束时，PC+4 被存储到 PC 中，新的指令保存在 IF/ID 寄存器中。

译码（ID）。操作码被译码为控制信号，控制信号对后续的几个流水级建立各种操作的组合，并与每一流水级的硬件组成部分的控制输入联系。在每个时钟周期结束时，这些控制信号被存储在 ID/EX 寄存器的控制域内。即使实际不会使用读取的值，这一流水级也得从寄存器文件中读取两个输入寄存器。除了操作码以外的指令进入下一流水级 EX，PC+4 必须跟随着在流水线中流动，因为在出现异常情况时，将会用到 PC 信息。

执行（EX）。此流水级执行与 EX 流水级对应的控制命令，并将其从控制域中取出。在

ME 和 WB 流水级的控制信号仍旧传输并保存在 EX/ME 寄存器中。ALU 的高位输入在一个输入寄存器中取值，其低位输入则会连接到第二个输入寄存器（所有操作数均为寄存器操作数的 ALU 操作指令的情况），或连接到指令的低 16 位（用于计算 Load 和 Store 指令的地址，或 ALU 操作指令的 16 位立即数）。EX/ME 寄存器中的目的寄存器（WR）域将 WR 号传输到 ME 流水级。针对 Load 和 Store 这两类指令，ALU 是用来计算地址的。特别地，Store 指令需要存储的值是需要通过旁路来绕过 ALU 传输到下一流水级的。

访存（ME）。此流水级执行与访存流水级相对应的控制命令，并将其从控制域中取出。与 WB 流水级对应的控制信号仍旧传输到 ME/WB 寄存器中。针对 Load 和 Store 这两类指令，地址即为 ALU 的输出，并将其放入内存的地址总线。同样特别针对 Store 指令，将 EX 传输过来的需要存储的值连接到内存输入数据总线上。在这一时钟周期的后沿，将值写到内存。而对于 ALU 操作指令，在此流水级什么动作也不发生，ALU 计算的结果被直接送到 ME/WB 中。需要注意的是，输出寄存器号也会被传输到 WB 流水级，并保存在 ME/WB 的 WR 域内。

写回（WB）。余下的控制信号都将在本流水级进行处理，来自 ALU 的值（对于 ALU 操作指令）或来自内存的值（对于 Load）将会存储到根据 WR 域指明的寄存器中。此处要注意一点，该寄存器的值在这一时钟周期内需要被修改，但此时从这个寄存器读出的值依然是旧的值，因为更新寄存器的值这一操作在这个时钟周期的后沿才生效。

指令在不同流水级之间进行流动时，会携带后面流水级需要用到的各类信息，如控制信号、目的寄存器号以及地址/数据信息等。若某些域不需要这些信息，那么便可以直接将其丢弃。这种就是常规的流水线设计方法。流水线中各指令只携带它们需要的信息。需要注意的是，图4-1中的流水线没有专门对分支指令涉及的控制依赖进行处理。

4.1.2 指令相关性

在理想的流水线模型中，每一个时钟周期都能流出一条指令，二进制代码执行的 IPC（Instructions Per Cycle）为 1。而实际上，由于诸多因素的影响，流水线中会出现部分时钟周期没有指令流出的情况。造成流水线停顿的一个重要原因就是指令之间存在相关性，导致不能每个时钟周期都向计算单元发射一条指令。一般来说，如果两条指令之间不存在相关性，则它们完全可以并行执行，甚至乱序执行。如果两条指令之间存在相关性，则它们必须顺序执行，但在流水线中执行时也可能部分重叠。研究指令之间的相关性对保证程序执行的正确性、提升程序执行的性能具有重要意义。二进制指令流中存在三种相关性：数据相关、名字相关、控制相关。

数据相关，也称作真相关，具体是指指令之间存在数据依赖，一条指令的源操作数是之前某条指令的目的操作数。这种数据依赖具有传递性：假定指令 i 依赖于 j，而指令 j 又依赖于 k，则指令 i 一定依赖于指令 k。根据这种传递性，在整个指令流中存在一条很长的链，链上所有指令必须顺序执行。以上限制条件在一定程度上增加了流水线停顿的概率。

名字相关，是指两条指令之间本来不存在数据依赖，但是它们引用了相同的寄存器或者存储器地址，这里的寄存器或者存储器地址就是名字。名字相关有两种具体的形式：反相关和输出相关，下面以共享寄存器为例解释两种相关的内涵。

反相关是指一条指令 i 将特定的寄存器作为源操作数，而后续某条指令 j 将该寄存器作为目的操作数，即两条指令针对这个寄存器存在先读后写的关系。显然，指令 j 并不需要等待指令 i 的执行结果，不存在数据相关；但是在指令 i 读取寄存器的值之前，指令 j 并不能覆盖寄存器中原有的值，这意味着指令 j 必须在 i 的后面执行。这种限制也会增加流水线停顿的概率。反相关的两条指令之间存在的先读后写的关系，与真相关的两条指令之间存在的先写后读的关系刚好相反，这也是反相关这个名称的由来。

输出相关是指两条指令 i 和 j 将同一个寄存器作为目的操作数，即输出到同一个寄存器，这也是其名称的由来。同样，指令 i 和 j 的执行顺序不能调整，否则寄存器的值会被错误地覆盖。

本质上，关于寄存器的名字相关并不是程序的特性引起的，主要是由于通用寄存器的数目有限，编译器难以为每条指令分配新的寄存器来消除名字相关。关于存储器地址的名字相关是一个很难的问题。指令中两个不同的形式地址最终可能指向存储器中的同一个逻辑地址，而从形式地址到逻辑地址的计算是在指令执行过程中完成的，这意味着在指令实际执行之前，很难判定两条指令之间是否存在关于存储器地址的名字相关。

控制相关，是指程序中一条控制语句的执行结果决定了其后续指令是否执行而表现出的相关性。常见的控制语句包括条件跳转、无条件跳转、子函数调用等。由于后续指令是否执行取决于控制语句的执行结果，而控制语句需要在第三个流水级才能确定是否转移成功，在确定是否转移成功之前，流水线中可能出现停顿。控制相关对程序执行效率产生严重的影响，主要有两个原因：首先，控制语句在指令流中出现的频率很高；其次，一条控制语句往往会影响其后续的一个基本语句块，而不仅仅是一条指令。

4.1.3　流水线冒险

4.1.2 节介绍了指令流中存在的相关性，正是因为这些相关性的存在，流水线在执行过程中可能会出现停顿。因为相关性而导致的流水线停顿称为冒险。值得注意的是，相关性是程序的特性，两条指令之间存在相关性，但并不一定会导致冒险，只有在指令流中距离足够近的两条相关指令才可能导致冒险。冒险的发生不仅取决于指令流序列，还跟处理器的微体系结构相关。主要的流水线冒险包括数据冒险、控制冒险，以及结构冒险。下面将简单介绍这三种类型的冒险。

1. 数据冒险

数据冒险是指因为指令流中存在操作数相关而引发的冒险，这里的操作数相关包括数据相关和名字相关。根据同一个操作数在两条指令中的角色，可将相关性划分为四种情况：“写后读”、“读后写”、“写后写”和“读后读”。其中，“读后读”这种情况不会引发冒险，其他三种冒险分别介绍如下。

（1）写后读冒险。指令 i 写入一个寄存器，而后续一条指令 j 尝试读取该寄存器的值。如果不加控制，指令 j 读到的值可能是寄存器的旧值，而不是指令 i 计算得到的值。这种冒险是数据真相关引起的，英文简称 RAW（Read After Write），与中文表述习惯稍稍不同。

（2）读后写冒险。指令 i 读取一个寄存器的值，而后续一条指令 j 尝试写入该寄存器。如果不加控制，指令 j 先执行结束，更新了寄存器的值，随后指令 i 读到错误的新值。这种冒险是数据反相关引起的，英文简称 WAR（Write After Read）。

（3）写后写冒险。按照原始指令序列，指令 i 和指令 j 依次更新一个寄存器的值。如果不加控制，指令 j 先执行结束，更新了寄存器的值，随后指令 i 更新寄存器的值，但寄存器中最终的值是不正确的。这种冒险是输出相关引起的，英文简称 WAW（Write After Write）。

2. 控制冒险

控制冒险是由控制相关引起的。在 MIPS 指令集的经典五级流水线结构中，分支指令最早需要在第三个流水级才能确定转移是否成功，在此之前，指令发射单元难以发射正确的指令，可能导致流水线停顿，这就是控制冒险。当前处理器的流水线深度远远多于五级，确定转移目的地址的时钟周期进一步延后，这意味着控制冒险将带来更大的性能损失。

3. 结构冒险

结构冒险是指多条指令在流水线中执行时争用同一种硬件资源的现象。以经典的五级流水为例，取指周期和访存周期都会用到存储器，Load 指令与其后的某一条指令会在同一个时钟发出访存请求。在 MIPS 指令集中，R 指令需要用 ALU 进行算术逻辑运算，条件转移指令需要用 ALU 判定转移是否成功，也需要用 ALU 计算转移目标地址。假定功能部件中只有一个 ALU 能执行加法操作，则 R 指令与条件转移指令在流水线中执行时会出现对 ALU 的争用。

4.1.4 处理冒险的技术

针对以上各种类型的冒险，研究人员提出不同的技术来减少它们对性能的影响。

1. 处理数据冒险

数据冒险的发生是因为后面指令用到前面指令的执行结果时，前面指令的执行结果还没有生成。为了处理数据冒险，可以采用以下技术。

（1）插入 NOP 指令。NOP 指令不执行任何操作，只是简单地通过流水线，并占用一个时钟周期的时间。

（2）插入气泡。除了从软件方面插入 NOP 指令进行处理外，还可以从硬件上进行处理。通过使流水线停顿（Stall），产生气泡，这种气泡是实现与 NOP 指令一样的效果的控制信号，而这样的信号是由硬件产生的。

（3）采用转发（Forwarding）技术。转发技术也称为旁路（Bypassing）。正常情况下，前一条指令执行结束，其结果写到目的寄存器，下一条指令才能使用其结果。通过转发技术，直接在 ALU 的输出端和其中一个输入端之间建立一个旁路，保证 ALU 的输出在下一个时钟周期即可被下一条指令使用，能够减少数据相关导致的流水线停顿次数。实际上，不仅可以在 ALU 的输出端和输入端之间建立旁路，还可以在访存数据寄存器和 ALU 的输入端之间建立旁路。

2. 处理控制冒险

处理控制冒险的技术有以下几种。

（1）冻结或冲刷流水线。这是处理控制冒险最直接的技术，停止分支指令之后所有指令的执行，直到确定是否转移成功。这种技术的优点在于其软硬件都很简单，缺点在于效率相对较低。

（2）静态分支预测。这种技术在“分支成功”与“分支不成功”两者之间做出静态选择，即要么一直选择“分支成功”，要么一直选择“分支不成功”，并根据做出的选择执行分支指令之后的指令。这种技术允许在分支指令结束执行之前执行其后续的指令，但必须解决预测错误的问题。

（3）延迟分支。它指把分支指令前面与分支指令无关的指令调整到分支指令后面执行，也称为延迟转移。由于被选中的指令与分支指令无关，且在分支指令之前，所以无论分支指令是否成功转移，该指令都必须执行。该指令刚好能占用分支指令之后的时钟周期，避免了流水线停顿。

3. 处理结构冒险

一些流水化处理器将指令和数据存放在同一个存储器中，当指令中包含数据存储器引用时，它会与后面指令的指令引用发生结构冒险。为了避免这种冒险，可以使用以下技术。

（1）流水线停顿。在发生数据存储器访问时，使流水线停顿一个时钟周期。这种停顿将产生气泡，它会漂浮地穿过流水线，占据空间却不进行有效工作。

（2）设置高速缓存。在处理器内部中设置单独的指令高速缓存和数据高速缓存。

4.1.5　精准异常的处理

五级流水线的精准异常可能会在 IF（缺页故障）、ID（未定义指令）、EX（算术溢出）或 ME（缺页故障）中触发。精确异常不会发生在 WB 流水级，这是因为 WB 流水级唯一的操作就是把结果写到寄存器中，此处只有硬件错误才会触发异常。

当五级流水线发生精确异常时，硬件需要执行以下操作：

（1）出错指令以及按照进程序执行的后续指令都必须被清空（清空其所在流水级）；

（2）在出错指令之前（按照程序序执行）的所有指令必须执行完成；

（3）开始执行异常处理程序。

解决上面各种问题的一种方法是先标出所有异常，并在指令到达 WB 流水级之前保持“沉默”。“沉默”是指暂时“忽略”。每条指令穿过流水线时会携带它们的 PC 和异常状态寄存器（ESR）。在指令发生第一次异常时，将异常记录在其 ESR 中，并将这条指令替换为 NOP 操作。待指令到达 WB 流水级时，再开始处理异常。

4.1.6　分支预测

静态微结构的问题之一是对于分支指令每次都预测为不跳转。分支预测逻辑在微结构中是硬化的，和编译器无关。对于循环底部的条件分支，大部分情况都是错误预测，每次都将造成两个时钟周期的开销。硬化的分支预测是最静态的分支预测技术，因为其完全不受软件的影响。

更灵活的硬件分支预测技术是基于操作码或基于分支指令的方向和地址偏移量大小的。向后跳转的分支指令预测为跳转，向前跳转的分支指令预测为不跳转，偏移量大的分支指令预测为不跳转，偏移量小的分支指令属于向后跳转的类型，可预测为跳转。不过，在编译时，编译器控制分支预测也是有可能实现的，这种技术较为灵活并且能够利用代码分析优势，编译器能够模拟特定代码在特定输入时的执行，然后确定代码中每一个静态分支的最好预测结果，通过在分支指令中加入一个额外位的方法将这个结果中的信息传递给硬件。

4.1.7 ILP 增强技术

静态流水线最主要的优点是硬件简化，相对于复杂硬件来说具有时钟频率上的优势。由于静态流水线简单，其性能也是可预测的，而且编译器能使用代码的全局信息来静态地优化性能。虽然基本块能够通过编译器来扩展，但静态流水线的性能优化只能通过发掘基本块内的指令级并行来实现。提高 ILP 的并行度可以通过下面的技术来实现。

1. 超流水线处理器和超标量处理器

通过对五级流水线进行扩展，便能够得到超流水线处理器以及超标量处理器。超流水线处理器主频比五级流水线要高，五级流水线中在某一级便可完成的操作在超流水线处理器中可能会被分为数个更小的操作，并使用多个流水级来完成。另外，一些更复杂的指令操作能够直接按照流水的形式送到处理器的执行单元。超流水线处理器的时钟比五级流水线中原有最长延迟流水级的时钟要快，且通过将五级流水线的每一级再流水化，可能还会提高指令吞吐率。

和超流水线处理器的细化流水不同的是，超标量处理器是指在一个时钟周期内取出并发射多条指令，这些指令可能包含不同的类型，如整型操作、浮点操作、访存操作等，保证指令之间不相关。超标量处理器要求编译器能够发现可同时发射的指令集合，实现简单，但可移植性相对较差。

2. 编译器 ILP

静态指令调度方法中，硬件没有动态识别代码执行顺序的机制，指令是按照编译器生成的顺序调度执行的。为了尽可能减少译码阶段因为指令相关而造成的阻塞，需要依赖编译器来做指令的调度。编译器可以在局部（基本块内）或全局（基本块间）范围内调度指令。

局部调度。在基本块内的调度称为局部调度，编译器在基本块内调度指令是安全的，因为在代码运行时，指令的执行不会导致不确定性的异常。由于分支指令每次都预测为不跳转，因此大多数情况下分支指令后的指令都被分支给冲刷掉（Flush）。一种解决办法是重构编译后的指令，使分支指令不跳转。另一种方法是采用延迟分支技术，该技术会延迟分支指令的影响。例如，分支被延迟两条指令，编译器就应当将两条指令移到延迟槽，这样一来，条件分支的代价就有且只有一个时钟周期。但是编译器也不是总能够找到有用的指令来填充延迟槽，此时编译器就需要在延迟槽中插入 NOP 指令。至少局部调度中的编译器能够在循环体内对指令进行调度。

全局调度。全局调度比局部调度功能更强大，因为相对于基本块内的编译优化方法，全局调度可以调度更多的指令。静态调度的一个主要优化目标就是循环体，循环体可以在源代码级进行识别，因此可以用于编译器优化。针对循环体的全局调度称为循环调度，循环展开和软件流水就是最著名的两类循环调度技术。非循环调度技术包含踪迹调度。

3. 指令调度技术

指令乱序完成。在五级流水线中，指令都是按照进程序开始及结束执行的，这是因为这些指令都是按照进程序依次通过流水线的每一级的。若不同指令在流水线中需要不同的时钟周期，则这些指令就可能不再按照进程序执行完成。一种增强技术是乱序完成流水线，在该流水线中有两条分别执行整型和浮点指令的流水线，其中一条用来处理 Load、Store、整数和分支指令，另一条用来执行浮点指令。处理器有两套分开的寄存器组：一组用于整型操作数；另一组用于浮点操作数。浮点指令的执行阶段需要 5 个时钟周期，并全部流水化，因此浮点指令执行完成时间可能会比在其之后进入流水线的整型指令要晚。这种流水线与五级流水线最大的不同是指令执行完成的顺序可能是乱序的。

指令乱序执行。静态流水线效率的提升主要依赖于编译器的优化。虽然编译器对代码非常熟悉并且能够很容易地识别出相应的特征，但编译器不能掌握某些只有硬件才能获取的动态信息，如内存地址等。为了提高指令级并行度，指令应该可以在满足相关性的前提下以任意顺序执行，而不是一定要按照程序序执行。支持动态调度的乱序 (Out-of-Order, OoO) 处理器不仅能够使用静态信息，还能够利用动态信息，这种乱序处理器可以极大程度地开发每一个线程中的指令级并行。对于这种指令乱序执行的流水线结构，需要解决数据相关、控制相关、结构相关以及异常情况等问题。其中数据相关问题尤为重要，目前，解决数据相关问题最常用的方法是使用 Tomasulo 算法，该算法将发射的指令保存在一个保留栈中，并在发射指令时动态检测指令之间的依赖关系，优化指令的执行顺序，保证每条指令的源操作数一旦就绪即可立即执行，减少流水线停顿次数。此外，保留栈中的部分字段可当寄存器使用，充分利用这些寄存器可显著缓解 WAR（读后写）和 WAW（写后写）冒险。

重排序缓冲区。Tomasulo 算法针对数据相关问题和名字相关问题给出了很好的解决方案，能够通过指令的乱序执行充分发掘指令级的并行性，然而它不能有效解决控制相关带来的问题，其乱序执行机制甚至无法保证程序执行的正确性。相比之下，重排序缓冲区（Reorder Buffer, ROB）技术能够很好地解决控制相关带来的问题，使得指令能够猜测执行。该技术在 Tomasulo 算法的基础之上通过重排序缓冲区允许指令乱序执行，但是保证“按序提交”。以上特性意味着即使分支指令还未执行结束，其后的指令也可被猜测执行，但并不立即提交结果，而是等到分支指令执行结束后，先判断猜测执行的路径是否正确，再提交结果。重排序缓冲区技术通常与分支预测技术联合使用，能够显著缓解控制相关带来的流水线停顿。

寄存器重命名。ROB 不仅可以控制指令的提交顺序，还能够支持寄存器的重命名。当然，也可以将寄存器重命名的功能放在物理寄存器堆中显式完成，而不再依赖于 ROB。物理寄存器的数量多于结构寄存器。结构寄存器动态映射到物理寄存器，一个寄存器可能需要多个物理寄存器来存储多个推测的值。一部分物理寄存器用来保存结构寄存器已经提交的数据，这样可以防止出现异常。另一部分物理寄存器用来保存结构寄存器最新的值。

从结构寄存器号到物理寄存器号的映射是通过两个寄存器别名表（Register Alias Table, RAT）的映射机制进行的。第一个映射表（前端 RAT）记录了每个结构寄存器到包含其最新值的物理寄存器的映射关系，第二个映射表（Retirement RAT）则记录结构寄存器到包含其最新提交值的物理寄存器的映射关系。这两个映射表的指针可能会一样，此时结构寄存器最新值也是其最近提交的值。

当一条写寄存器指令到达分发阶段时，目标结构寄存器的新值将会保存在从空闲寄存器链表中分配的一个新的物理寄存器中，前端 RAT 会通过查表来获取输入寄存器操作数的最新值。若值没有在后端等到，物理寄存器组中的值将会被发送到发射队列；否则，便将物理寄存器号发送到发射队列，再将操作数域置为未就绪。如果空闲寄存器链表是空的，分发单元将会暂停分发。在某个 retired 值被对应的同一结构寄存器的另一个 retired 值覆盖时，带有旧的 retired 值的物理寄存器便会被释放，并加入空闲寄存器链表。从分发计算这个值的指令开始，到对应相同结构寄存器的另一个新的物理寄存器被修改为止，物理寄存器在这整个过程中都是分配给这个值的。

4. 超长指令字技术

动态调度流水线有很多优点，但依然有一些不足的地方，这些不足限制了更宽的分发带宽。由于动态微结构试图每周期分发更多的指令，因此硬件结构也跟着变得更复杂，速度更慢，能耗也更高。超长指令字（Very Long Instruction Word, VLIW）技术是一种通过编译器从指令流序列中发掘可并行执行指令的技术。它将多条不相关的指令打包成一个指令包，指令包里每条指令占用一个独立的功能单元，如浮点运算单元、定点单元、访存单元等。每个指令包用一条“超长”的指令表示，长度可达 112~168 位。编译器在封装指令包时，尽可能让每个功能单元上有一条指令；如果找不到合适的指令，则填充 NOP。硬件只需根据封装好的指令包发射指令，无须做相关性检测。其缺点是对于不同的硬件平台，因为功能单元的设置可能不同，需要重新编译源代码。

4.2　线程级并行

本节主要讨论单芯片内的线程级并行。在单核内可以同时执行多个线程以提高资源利用率，这种方式称为核内多线程。

根据多个就绪线程中取指的方式和时机的差异，将核内多线程并行模式划分为三种类型：粗粒度多线程（Coarse-Grained Multithreading，CMT）、细粒度多线程（Fine-Grained Multithreading，FMT）以及同步多线程（Simultaneous Multithreading，SMT）。上述三种多线程并行模式的区别可以参见图4-3。

粗粒度多线程（CMT）又称为块式多线程，在 CMT 中，只有当处理器核上的某个线程遇到很长的延迟时，才切换到其他线程运行，这种模式在某种程度上类似于软件多线程，但是规模不一样。

细粒度多线程（FMT）又称为交错多线程，与粗粒度多线程同一时刻只有一个线程在运行不同的是，在 FMT 中，多个线程同时在处理器核上运行。处理器在连续时钟周期内能对来自不同线程的指令进行取指、译码和调度。因此，来自不同线程的指令可以以细粒度交错的方式执行。如果线程遇到长时间的延迟事件，像 Cache 失效这种，则会暂时挂起，通过每个时钟周期交错运行不同线程，即便某个线程中存在数据相关和冒险，处理器也有可能一直处于工作状态。

由于线程切换的开销太大，CMT 在推测乱序处理器核上的效果并不是很好。在 CMT 中，单个时钟周期内处理器核无法同时支持多个线程并行运行，新的线程必须在旧线程完全清空流水线后才能运行。FMT 适用于乱序处理器核，它的进一步延伸是同步多线程（SMT）。伴随复制的资源越来越多，假定处理器核每周期都能并行运行多个线程，那么线程就能进行细粒度的交错运行，就如同在简单处理器核上的 FMT 实现一样。

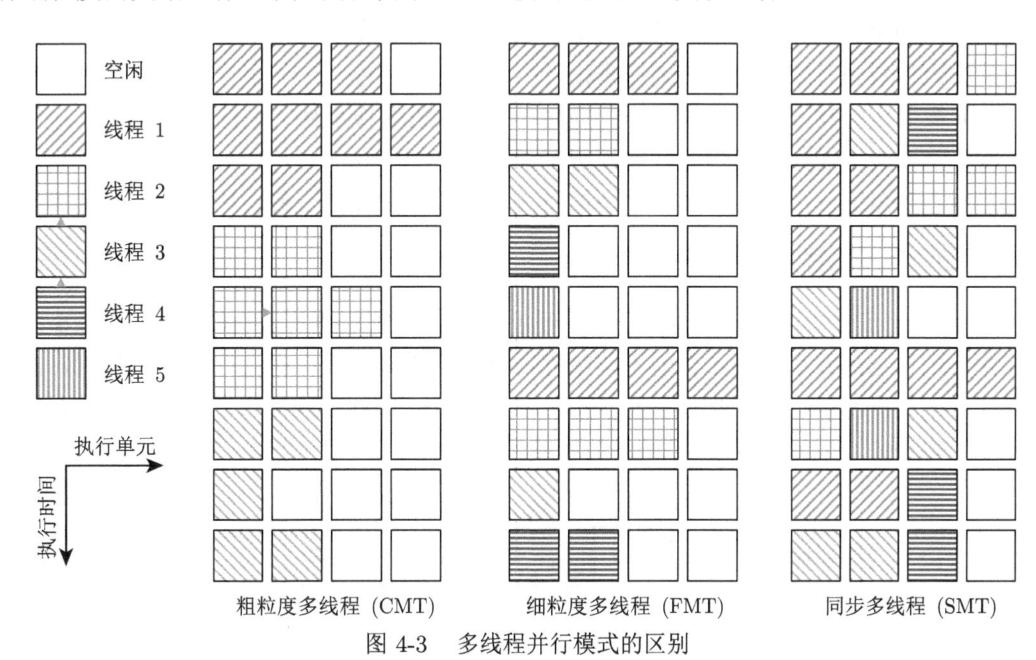

图 4-3　多线程并行模式的区别

与 CMT 不同，SMT 下的长延迟事件不被当作硬件异常来处理，而是将指令分发单元重定向到从其他线程开始分发指令，在这一情况下，流水线后端不会因为线程切换而清空，造成线程挂起的指令依然在流水线中，直到长延迟事件完成，该指令执行结束并退出流水线。

4.2.1　粗粒度多线程并行

CMT 是一种最简单的多线程并行技术，当某个线程正在运行并遇到较长时间的延迟时，如 Cache 失效或等待同步结束，会进行线程的切换操作，一直到原先的线程等待的操作完成后，才会切换回原线程。因此，当同一个线程的指令之间的延迟比较短时，线程不会切换。在同一个时钟周期内，只有一个线程发出指令，并且在线程被切换之前，该线程是能够全速运行的。下面以表4-3为例说明粗粒度多线程的切换。

表 4-3　粗粒度多线程切换实例

时钟周期	处理器执行
1	发出线程 A 的指令 A_1
2	发出线程 A 的指令 A_2
3	发出线程 A 的指令 A_3，发现 Cache 失效
4	线程切换，从线程 A 切换到线程 B
5	发出线程 B 的指令 B_1
6	发出线程 B 的指令 B_2

作为最简单的一种多线程并行技术，CMT 很容易在五级流水线中得到实现，但这种多线程并行会导致切换开销较大。这个较大的切换开销限制了导致线程切换的事件一定要是

长延迟事件。一般来说，处理器无法同时执行多个线程的指令，因此在进行线程切换操作时，必须先清空流水线中属于被切换的那个线程的所有指令。

清空流水线将带来两个方面的成本：

（1）需要按照线程中指令的顺序，提交在引起线程切换事件之前的所有指令；

（2）需要清空线程切换事件之后的所有指令。

通常在深度流水的处理器中，这个清空流水线的时间开销一般会超过 5 个时钟周期。

4.2.2 细粒度多线程并行

图4-4给出了在支持 FMT 的五级流水线上运行 3 个线程的具体操作情况。在每个时钟周期中，依次选择线程运行，以使不同线程占据不同的流水级。在运行 3 个线程时，由于同一线程的指令每隔一个周期便启动执行一次，因此，即使 Load 指令后紧跟一条有依赖的指令，也不会造成流水线阻塞。

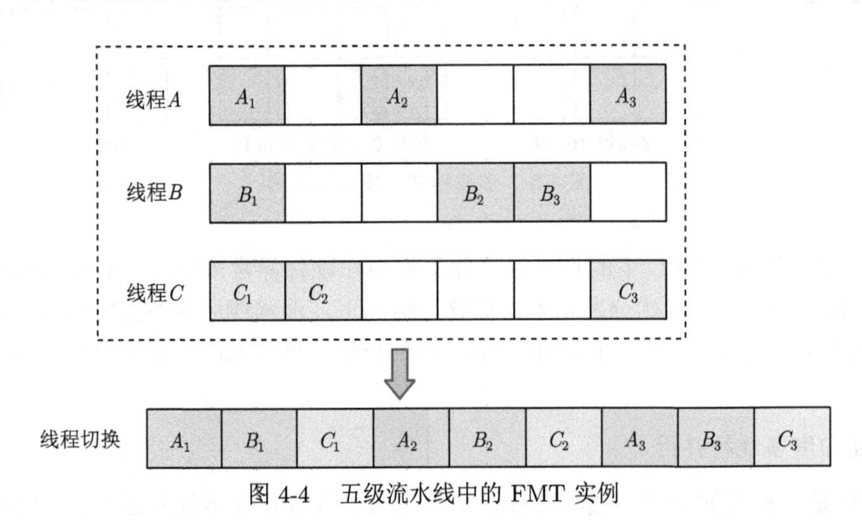

图 4-4　五级流水线中的 FMT 实例

支持 FMT 的五级流水线的基本结构与支持 CMT 的五级流水线的基本结构类似，然而在 FMT 中，不同的线程指令在流水线上是并发执行的，与 CMT 相比之下存在三个不同点。

（1）数据的前递是线程可感知的。这表明每一个前递值都需要携带目标线程的 TID 信息，并且只有在前递值携带的 TID 匹配上开始执行指令的 TID 的情况下，才可以把该值正确地前递给同一线程。

（2）流水级的清空是线程可感知的。在 WB 流水级接收到异常的情况下，不能直接清空 IF、ID、EX 和 ME 流水级中的数据，同样不能清空包含其他线程指令的流水级。同理，当出现分支跳转时也遵循这条规则。

（3）选择不同的线程算法。线程选择器在每个时钟周期都要选择一个不一样的线程，有很多种能使用的算法，一种很简单的算法即是以轮询的方式在运行线程集中选择下一个线程，在遇到长延迟事件时，当前线程会被线程选择器挂起，同时将它从运行线程集中删除，在长延迟事件完成后，线程选择器才会把该线程重新加入到运行线程集里。

五级流水线中的 FMT 能够消除流水线中的气泡，并且在发生长延迟事件和分支跳转的时候，相比五级流水线中 CMT 而言，效率更高。需要注意的是，在特殊情况下，也就是当单线程在多线程处理器上运行时，运行速度和在基本的单线程五级流水线上是一样的。

4.2.3 同步多线程并行

SMT 可用在同一个处理器上同时对两个应用程序进行调度，从而能够利用超标量处理器的结构性质。通过 SMT 技术，处理器可以动态地调整当前环境，不同线程有可能在同一时期执行各自不同的线程指令，处理器核因此能够共享 FMT 更细的粒度。在每个时钟周期中，不同线程的指令在最开始的时候就能够争夺共享的资源，这种方式有利于隐藏因短延迟操作和资源共享而造成的阻塞，因此硬件利用率和指令吞吐率能够得到提高。

SMT 一般还需要为每个线程复制队列，如取指队列、重排序缓冲区和 Load/Store 队列。数据的前递、指令的清空和指令的调度都需要是线程可感知的，在执行每条指令的过程中，线程上下文的 ID 需要被携带。

（1）数据的前递是线程可感知的。这个含义与 FMT 相同。

（2）流水级的清空是线程可感知的。在因为错误的分支预测或异常发生而导致流水线后端被清空时，并不需要清空来自其他线程指令的流水级。在流水级中的判断，是通过将指令的 TID 与导致清空操作的指令 TID 进行匹配来实现的。类似地，流水级前端的清空，也只在其与线程匹配时才会发生。

（3）指令的调度必须是线程可感知的。TID 标记必须是发射队列中的项，且当结果要读取发射队列中某一条指令的操作数时，该结果对应的 TID 必须与待发射的指令的 TID 相匹配。

对于超标量处理器，若在同一时钟周期可以从不同的线程进行取指、译码和调度操作，则硬件复杂度将会大大降低。假如只在超标量处理器上运行一个线程，则瓶颈就是在取指和分发这两个阶段。在取指时，同一个线程的一连串指令中可能会出现条件跳转，这将造成在同一个周期内无法对太多的指令进行同时取指。类似地，因为寄存器依赖存在于单一指令流中，若重命名大量的指令，那么会导致非常复杂的逻辑操作，此时需要大量地访问同一个重命名表。在取指、译码和重命名阶段的依赖检查会造成串行瓶颈，或导致处理器的时钟周期时间增加。

通过在同一时钟周期内交错地执行来自不同线程的指令，SMT 结构能够很好地消除上面提到的串行瓶颈。之所以 SMT 具有这种优势，是因为在同一个时钟周期内，SMT 能够用多个程序计数器对来自不同指令流的指令进行取指、译码和调度操作。

4.3 数据级并行

关于单指令流多数据流（SIMD）体系结构，人们总会思考一个问题：有多少应用程序拥有大量的数据级并行。实际上，在科学工程计算、多媒体数据处理等应用中，普遍存在可观的数据级并行。SIMD 结构的单条指令能够启动许多数据运算，而 MIMD 每进行一次数据运算都需要提取和执行一条指令，因此 SIMD 可能比 MIMD 在能耗效率方面更加高效。相比于 MIMD，SIMD 最大的优势在于数据操作是并行的，因此程序员即便使用顺序思维方式，也能够获得并行加速比。本节主要介绍当前正广泛使用的两种 SIMD 变体：SIMD 扩展指令集和图形处理器（GPU）。

4.3.1 SIMD 指令集扩展

20 世纪末，音频、图片、视频等多媒体应用在互联网的驱动下迅速崛起。为应对多媒体应用的计算需求，SIMD 扩展指令集逐渐被各大处理器厂商推入市场。对于多媒体应用程序而言，其指令所处理的操作数通常要比 32 位处理器直接处理的数据的位宽更窄。例如，图形处理程序中的 32 位图通常由 RGBA 空间构成，即先采用 8 位数据类型（如 unsigned int8）来表示 RGB 三原色中的每一种颜色，再用一个 8 位数据类型的 Alpha 通道来表示透明度（Transparency）。对于音频处理类应用程序，音频采样数据的位宽由其采样精度决定，8 位的采样精度表示音频采样数据中的每一个样本点使用 8 位无符号整型表示，这也是最常见的采样精度。近年来，人们对无损音乐的部分追求投射至对更高采样精度的音频数据的向往中，16 位、24 位甚至 32 位的采样精度的应用逐渐广泛。

为了高效地处理多媒体应用中的向量数据，一个长度为 N 位（如 128 位、256 位、512 位等）的 SIMD 处理器可以一次性将多个数据元素加载至向量寄存器中，通过一条 SIMD 扩展指令对向量寄存器中所有元素进行并行处理。这种并行处理方式非常适用于针对稠密数据做计算密集、相关性少的操作，如图像处理和音视频解码等。随着 SIMD 扩展指令集在多媒体领域取得巨大成功，目前通用处理器中普遍融入了 SIMD 扩展指令集。

1. SIMD 扩展指令集基本原理

SIMD 扩展指令集采用一条指令对一组数据执行同样的操作。典型的例子如将两个数组的元素分别相加并赋值给第三个数组。尽管向量指令一次能够处理多个数据，但本质上仍然是一条指令，在执行过程中仅需做一次相关性检测。执行向量指令时，只有在处理向量的第一个元素时存在存储器延迟，后续的数据访问中可通过流水技术将延迟隐藏。为了支持向量运算，在体系结构设计中必须融入以下部件或功能。

向量寄存器：相对于标量寄存器，向量寄存器是具有很大宽度的寄存器，其宽度一般为标量寄存器的整数倍。其类型与标量寄存器一样，也可分为定点、浮点等。

向量功能单元：在向量体系结构中，ALU 必须设计相应的向量功能单元。与标量单元一样，为了发掘指令集并行，也必须设计相应的转发、乱序执行等机制。

向量指令：除了标量计算中出现的算术逻辑运算以外，在向量指令中可能需要增加一种特殊的指令——数据重排指令。该指令根据一个向量寄存器中的值对另一个向量寄存器中的值进行重新排序，这一功能对很多应用至关重要。

向量访存：向量访存指令每次从内存中加载一组数据，这对内存的带宽提出了更高的要求。近年来，HBM（High Bandwidth Memory）技术发展迅速，在英特尔的 KNL、英伟达的 GPU 中广泛使用，能够配合向量体系结构显著提升计算性能。在向量访存指令读写内存中的数据时，这些数据最好是连续存放的，但并没有强制的要求。为了保证向量访存指令能够读写内存中不连续的数据，需要增加特殊的访存指令。例如，根据一个向量寄存器中给出的偏移，读取内存中不连续地址上的数据，并将其加载到另一个向量寄存器中。这种指令为程序设计带来了极大的灵活性，已被当前的向量体系结构广泛采用。

使用向量指令的技术要点包括以下几个方面。

（1）尽可能使向量寄存器满载。

向量指令在执行过程中并不要求对应的向量寄存器是满载的，但向量指令可加速计算的特性，主要来源于向量寄存器的装载能力。向量寄存器一次装载的数据越多，其加速处理的效果也就越明显。

（2）访问连续内存的速度较快。

虽然向量指令一般提供了对非连续内存的访问操作，但它们的效率要远远低于对连续内存的访问。因此，为了充分发挥向量指令的效能，有时需要对数据的排列和存储做专门的设计或者对访问内存的模式做适当的变换和调整，以达到将对非连续内存的读写转换为对连续内存的读写的目的。

（3）灵活地利用重排操作和混合操作。

如果数据本身或者处理过程中所生成的中间数据的排列顺序不满足后续的处理需求，可考虑是否能通过对向量寄存器中的数据进行重排或者混合来进行变换。灵活地使用重排和混合操作，有时可避免切换到标量模式来进行数据处理。

SIMD 指令集源于早期的向量体系结构超级计算机。向量体系结构为向量化编译器提供了一个简洁优雅的指令集，相比于向量体系结构，SIMD 扩展指令集增大了编译器生成 SIMD 代码的难度，也加大了用户使用 SIMD 汇编语言的编程难度，具体而言，其主要有以下三点不同之处。

（1）SIMD 扩展指令集允许细粒度划分向量寄存器及向量运算部件。

向量体系结构中，每个向量寄存器保存的元素个数及各元素宽度固定，例如，VMIPS 的每个向量寄存器保留 64 个 64 位宽的元素。而 SIMD 扩展指令集中允许按位划分向量寄存器与向量运算部件，这导致 SIMD 扩展指令集需要对每一个 SIMD 操作实现不同位宽划分方式下的版本，极大增加了 SIMD 扩展指令数目。

（2）SIMD 扩展指令集缺少向量长度寄存器。

当向量寄存器中的每个元素的位宽确定时，向量寄存器中的元素数目也随之确定。而在实际计算中，需要进行向量运算的元素数目可能小于向量寄存器中能够存储的元素数目。向量体系结构利用向量长度寄存器定义当前指令的操作数数目，可动态调整这些向量寄存器有效使用位的长度，轻松适应此类程序中的不同长度的向量。而 SIMD 扩展指令集中缺少向量长度寄存器，因而每一次 SIMD 扩展指令集体系结构的最大支持向量长度的增加都需要改变指令集，这也是 x86 体系结构下的 SIMD 指令集由最初的 64 位的 MMX 指令集，扩展至 128 位的 SSE 指令集，进而至 256 位的 AVX 指令集，直至如今 512 位的 AVX-512 指令集的内在动力之一。

（3）SIMD 扩展指令集缺少遮罩寄存器。

SIMD 扩展指令集一般不会像向量体系结构一样，为支持对向量中各元素的条件操作而提供专有的遮罩寄存器，而是利用通用的向量寄存器储存掩码，仅为数据的载入、移动、输出指令额外添加一个操作数，用于指明储存掩码的通用向量寄存器。这些指令将依据掩码值进行相应的数据移动操作。这样的实现模式将向量操作的条件执行转化为对向量操作正常执行前后的结果的遮罩处理，简化了 SIMD 处理器的设计。

但随着时代的发展，SIMD 扩展指令集也在逐步向向量体系结构靠拢。例如，x86 体系结构下的 AVX-2 指令集新增了一系列聚集（Gather）指令，增强了 SIMD 扩展指令集的复杂寻址能力；x86 体系结构下的 AVX-512 指令集新增的操作掩码寄存器（Opmask Register）及 ARM 体系结构下的 SVE 指令集中新增的谓词寄存器（Predicate Register）为两种遮罩寄存器的变体，在此基础上 SIMD 指令集得到进一步扩展。

2. 典型的 SIMD 扩展指令集

回首过往，x86 体系结构下的 SIMD 扩展指令集发展历史悠久。1996 年 Intel 为 x86 体系结构首次尝试增加 MMX（Multimedia Extensions）指令集，使用浮点数据读写指令来访问存储器，使得基本算术指令可以同时执行 4 个 16 位计算或 8 个 8 位计算。MMX 扩展指令集可以与其他各种专用指令结合在一起使用，包括并行 MAX 和 MIN 运算指令、各种遮罩和分支指令、数字信号处理专用指令以及多媒体应用专用指令等。

随着各类多媒体应用推陈出新，针对多媒体应用中的流式数据，1999 年 Intel 推出后续的流式 SIMD 扩展（Stream SIMD Extentions, SSE）指令集，主要扩展了 128 位的独立寄存器，使得基本算术指令可以同时执行 4 个 32 位计算、8 个 16 位计算或 16 个 8 位计算。基于 128 位独立寄存器，SSE 指令集通过独立的数据读写指令访问连续的多个操作数，可以并行执行单精度浮点运算（4 个 32 位单精度浮点数）。Intel 随后分别在 2001 年推出了 SSE2 指令集，2004 年推出了 SSE3 指令集，2007 年推出了 SSE4 指令集，持续增强 SIMD 扩展指令集的指令性能和功能，添加了双精度 SIMD 浮点数据类型，可以同时并行执行 4 个单精度浮点指令或 2 个双精度浮点指令，提高了 x86 计算机的峰值性能。

伴随着科学计算和数据分析等依赖于强大算力的应用的兴起，SIMD 扩展指令集不再仅着眼于多媒体应用领域。2008 年 Intel 在 SSE 指令集的基础上提出高级向量扩展（Advanced Vector Extensions, AVX）指令集，而后首次将其应用到 2011 年发布的 Sandy Bridge 微架构处理器中。AVX 指令集将寄存器的长度加倍为 256 位，使得算术指令的窄数据类型操作数的数目翻倍；允许指令中出现更多的操作数，减少了寄存器数据移动次数及代码长度；支持非对齐的访存模式，提高了编码的灵活性；使用 VEX 指令编码方式，降低了指令集复杂化和指令长度增加所导致的二进制冗余与译码开销。2011 年，Intel 提出 AVX-2 指令集，在 AVX 指令集的基础上扩展了更多的指令支持，例如，新增了融合乘加指令 FMA 及离散数据加载指令 gather 等。2013 年，Intel 提出 AVX-512 指令集，进一步将向量寄存器扩展至 512 位，引入了操作掩码寄存器。与前述指令集不同的是，AVX-512 指令集由 18 个 AVX-512 扩展指令集所组成。其中，AVX-512 基础（AVX-512 Foundation, AVX-512F）指令集扩展 SSE、AVX 和 AVX-2 指令以支持 512 位向量寄存器以及操作掩码寄存器；AVX-512 向量长度扩展（AVX-512 Vector Length Extensions, AVX-512VL）指令集使得 AVX-512 指令能够在 128 位的 XMM 寄存器和 256 位的 YMM 寄存器上执行。特别地，AVX-512 指令集中还包含了一系列深度学习指令扩展，如 AVX-512 4VNNIW、AVX-512 4FMAPS、AVX-512 VNNI、AVX-512 BF16 和 AVX-512 FP16，用以支持深度学习中的半精度计算以及深度学习算子的向量化计算。

总的来说，x86 体系结构下的 SIMD 扩展指令集的发展历史展现了 SIMD 扩展指令集的位宽加大及领域定制的两个发展脉络。由最初的 64 位的 MMX 指令集，扩展至 128 位的

SSE 指令集，进而至 256 位的 AVX 指令集，直至如今 512 位的 AVX-512 指令集的变化历程展现了 SIMD 扩展指令集在不使用向量长度寄存器的基础上，如何逐步扩展 SIMD 指令位宽；由多媒体专用的 MMX 指令集，到对融合乘加指令 FMA 的支持，再到 AVX-512 指令集中针对深度学习领域的指令扩展，表明 SIMD 体系结构也融入了计算机体系结构向领域专用体系结构进军的浪潮中。包括 AVX 在内的 SIMD 扩展指令集能够加快以矩阵计算为主的多媒体库函数的运行速度，但这些指令集不一定被主流高级语言编译器支持，难以直接将高级语言编译成扩展指令，从而直接来生成这些库。随着编译技术的发展，x86 体系结构的编译器逐渐支持自动生成高级向量扩展指令，如 GCC、ICC 等。虽然 SIMD 扩展指令集具有编程难度大、指令复杂等弱点，但是其针对浮点运算密集型应用程序的加速效果极其优异，这是其被应用开发者和使用者接受的原因。而对于体系结构开发者而言，SIMD 扩展指令集有以下优点：

（1）增加计算单元和寄存器等的设计成本与制造成本较低，易于实施和使用；

（2）与向量体系结构相比，不需要为指令的执行增加额外状态、上下文切换等寄存器。

3. SIMD 扩展指令集编程方式

由于 SIMD 扩展指令集的独特设计模式，为了使用其中的指令，程序员采用的最简单方法是标准函数库或利用汇编语言直接进行编写。虽然降低了 SIMD 编程的难度，但依然需要程序员在掌握 SIMD 编程原语的基础上，对原有标量运算程序进行向量化改写。在传统标量运算程序中进行向量运算通常使用这样的方式等价替代：通过循环语句遍历向量所对应的数组，并对数组中的每一个元素进行标量操作。可以考虑利用这一特性进一步简化 SIMD 编程。随着编译技术的发展，高级语言编译器中引入了自动向量化技术。该技术通过循环展开及循环依赖分析，实现编译器对循环语句的自动向量化改写。近年来新发布的 SIMD 扩展指令集变得更加规整，使得编译器能够更合理、更高效地将高级程序设计语言编译成 SIMD 指令。特别是基于最新的向量化编译器技术，高级语言编译器可以自动生成和优化 SIMD 指令。

4. 可视化屋顶线性能模型

SIMD 指令集显著提升了硬件的浮点运算性能，因而若要对比各种 SIMD 体系结构的性能，可对其浮点运算性能进行比较。一种典型的浮点运算性能比较模型为屋顶线（Roofline）性能模型，该模型将浮点运算性能与存储器性能通过运算密度联系起来，绘制在一个直角坐标系中。如图4-5所示，X 轴表示运算密度，Y 轴表示可实现的浮点运算性能。由于存储器带宽的约束，故在不同运算密度下可实现的浮点运算性能不同，从而产生了图中的斜线部分。而受硬件浮点运算性能的限制，最终会呈现一条直线，表示可以到达的理论峰值性能。斜线部分与直线部分结合起来形似屋顶，故称此曲线为屋顶线。值得说明的是，该图基于对数坐标系给出，故不同向量处理器的屋顶线的斜线部分在图中呈一簇斜率为 1 的平行斜线簇。理论峰值性能通常由硬件厂商给出，或通过硬件规范求出。运算密度等于浮点运算次数与存储器访问量的比值，而存储器访问量通常以字节为单位。对于一个特定程序而言，其运算密度可通过程序执行期间的总浮点运算次数除以读写存储器数据的总字节数求得。

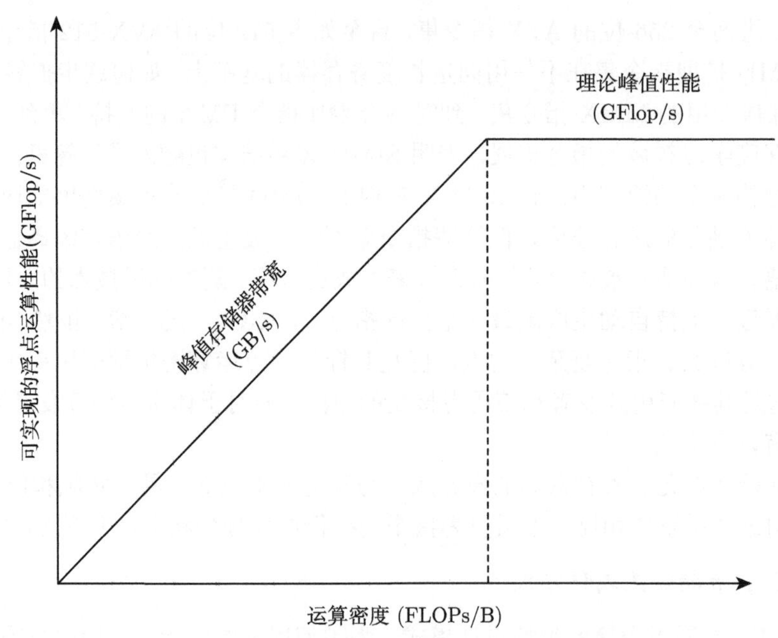

图 4-5 向量处理器上的 Roofline 性能模型

对于一个计算程序，可以根据它的运算密度在 X 轴上找到对应的点，通过该点画一条垂线，目标计算程序在该计算机上的性能应该处于该垂线上的某一位置。依据该计算机的最大浮点运算性能，可以绘制一条水平线（代表理论峰值性能）。因为受限于硬件的理论峰值性能，实际计算程序的实测峰值性能不可能高于该水平线。图4-5中 X 轴为运算密度（Floating point operations/Byte，FLOPs/B），Y 轴为可实现的浮点运算性能（GFlop/s），峰值存储器带宽（GB/s）代表的是图中斜率为 1 的斜线，显示在该计算机的存储器带宽限制下，给定运算密度的计算程序在该计算机上所能获得的最大浮点运算性能。图4-5中屋顶线性能模型对应的理论化公式如下：

$$\text{可实现的浮点运算性能 (GFlop/s)} = \min\{\text{峰值存储器带宽} \times \text{运算密度，理论峰值性能}\}$$

屋顶线性能模型的水平线和斜线位置及应用程序的运算密度决定了对应程序的浮点运算性能上限，而不同的应用程序往往有着不同的运算密度。对于一台特定计算机而言，由于峰值存储器带宽与理论峰值性能一定，其屋顶线性能模型便一定。因而任意给定一台计算机的屋顶线性能模型，用户可以重复将其用于判定不同应用程序的可实现的浮点运算性能，并且通过屋顶线性能模型的斜线和水平线交汇点位置可以进一步了解这台计算机的性能。例如，在屋顶线性能模型中，如果应用程序所对应的运算密度位于交汇点左侧，则该程序受限于峰值存储器带宽，如果应用程序所对应的运算密度位于交汇点右侧，则该程序受限于计算机的理论峰值性能。

4.3.2 图形处理器

GPU 比向量处理器具备更多的“集中-分散”数据传送和遮罩寄存器，能够更灵活地处理数据级并行问题。但是因为缺乏标量处理器，GPU 需要在运行时通过特定的硬件部件实现复杂的逻辑功能。另外，GPU 虽然使用高性能的多线程计算单元隐藏访存的额外延迟，但其计算能力仍远远超出其访存能力。因此，开发者为了写出高效的 GPU 程序，还需要考虑借助其他优化手段进一步提高总体性能，如 SIMD 操作分组等。

SIMD 处理器都是具有独立程序计数器（PC）的处理单元，开发者在其上进行开发时均以线程为基本单位。而 GPU 本身是一个由多线程 SIMD 单元组成的处理器，其运行包含多个层级，如网格、线程块、线程等。线程块由多个线程组成，网格包括多个线程块。线程块与网格内部采用一维、二维与三维的组织形式。这些层级的组织设置参数决定了每个程序所占用的 GPU 计算资源数量。在程序运行时，线程块是 GPU 调度的基本单元。GPU 将不同的线程块依次分配到不同的计算单元上同时运行，从而完成计算任务。

具体而言，GPU 以线程为单元，每个线程通过 SIMD 的运行方式在硬件上进行创建、管理、调度以及执行等操作。每个线程拥有各自的 PC、寄存器、栈等用于辅助程序运行。为了能够正确高效地调度数量众多的不同线程，GPU 通过计分板机制记录每个线程的运行状态及数据准备状况。当一个线程当前所需的数据全部准备就绪时，GPU 将会加载该线程的上下文及数据，并通过线程调度器启动该线程。GPU 的线程粒度调度方法与传统多线程处理器（如 CPU 等）一致，均是对每个使用 SIMD 指令的线程进行调度。GPU 使用的调度方法可以分为两个层级。

（1）线程块调度方法：GPU 以线程块为基本单位进行任务分配与资源分配，在每个线程块对应的计算单元及访存单元中均拥有该线程块运行所需的上下文及数据。

（2）SIMD 计算单元内的线程调度方法：GPU 以线程为单元在每个计算单元中分配其运行时间。

在 GPU 运行时，为了最大化 SIMD 计算硬件的性能，每个线程均通过 SIMD 指令进行数据访存与计算。这些 SIMD 计算硬件具有多个称为 SIMD 车道的并行计算单元。在不同架构中的 GPU 中，计算硬件的 SIMD 车道组织方式及数目均有所不同。每个 SIMD 指令线程仅在开始时进行调度，在锁定步骤运行。因为 SIMD 指令的线程是独立的，调度程序可以选择任何已经准备就绪的 SIMD 指令线程开始运行，但是这也对 GPU 如何管理每个线程所需资源（如寄存器等）提出了挑战。在当前常用的 GPU 中，线程所需的寄存器常在其被创建时被同时分配，然后在其退出时被释放。

1. NVIDIA GPU 指令集体系结构

CUDA 是 NVIDIA GPU 提供的高级语言级别的编程模型。如同 C 语言被编译器编译为中间表示（IR）再到特定的 CPU 的汇编指令，CUDA 也会被编译器编译为可以被 GPU 硬件识别的 SASS 汇编指令。SASS 汇编与 GPU 硬件架构有直接对应的关系，一旦 GPU 硬件设计完成，其 SASS 汇编的格式就固定下来不再改变。为保证各代 GPU 的兼容性，NVIDIA 提供了其更高一级的抽象 PTX（并行线程执行），它是一种低层的并行线程执行虚拟机及指令集架构，属于 CUDA 到 SASS 的中间表示。实际上，CUDA 代码编译时先转换为 NVVM-IR（LLVM-IR 的特例），然后转换为 PTX，最后转换为 SASS。

PTX 指令的格式为：

```
opcode.type d, a, b, c;
```

其中，d 是目标操作数，a、b 和 c 是源操作数，具体类型如表4-4。源操作数为 32 位或 64 位整数或常量，目标操作数为寄存器，存储指令除外。

表 4-4 PTX 操作数类型

类型	类型区分符
无类型 8 位、16 位、32 位和 64 位	.b8, .b16, .b32, .b64
无符合整数 8 位、16 位、32 位和 64 位	.u8, .u16, .u32, .u64
有符合整数 8 位、16 位、32 位和 64 位	.s8, .s16, .s32, .s64
浮点 16 位、32 位和 64 位	.f16, .f32, .f64

PTX 有详细的说明文档和完善的工具链，也可以在驱动 API 中载入，甚至支持 CUDA C 中内敛 PTX 汇编；而 SASS 这层只非常简略地介绍 SASS 指令集以供参考，虽然其中也提供了一些工具（如 nvdisasm 和 cuobjdump）以进行一些分析，但也非常局限。如果说 SASS 要像 x86 那样必须完全支持先前版本的所有二进制程序，那其势必背上沉重的历史包袱，功能更新和迭代速度上显然会受到极大的限制；而 PTX 的存在则在保证各代 GPU 兼容性的同时隔离了各自架构的细节，使得 NVIDIA 可以快速迭代其硬件架构。本书将主要关注 PTX，它充分体现了现代 GPU 的基本特征。

2. GPU 中的条件分支

与向量体系结构类似，GPU 在处理条件分支语句时主要使用内部遮罩、分支同步栈和指令标记来控制线程的运行。可以看到，前者主要依赖软件进行分支控制，而后者主要依赖硬件实现。

条件分支在 PTX 汇编层面表现为 branch、call、ret 等控制流指令，以及用于管理分支同步栈的特殊指令。GPU 为每个 SIMD 线程提供一个 1 位的谓词寄存器，在执行条件分支语句时，满足分支条件的 SIMD 线程的谓词寄存器值会被置为 1，不满足分支条件的谓词寄存器值则置为 0。GPU 为每个 SIMD 线程提供了私有的栈，栈中元素包含标识符、分支跳转的目的地址和标记当前活跃线程的遮罩。PTX 汇编指令集中的特殊指令能够对栈进行 push、pop 操作，以及利用栈中元素中含有的指令地址和活跃线程遮罩在条件分支中指定特定的线程执行特定的指令。

在执行 IF-THEN-ELSE 条件分支语句时，PTX 汇编指令集中的 SETP 指令首先将那些满足谓词条件的 SIMD 线程的谓词寄存器值设为 1，THEN 分支中的指令将被广播给所有 SIMD 线程，但只有谓词寄存器值为 1 的线程将会真正执行指令并保存计算结果，谓词寄存器值为 0 的线程则空转；对于 ELSE 分支，PTX 指令允许翻转 SIMD 谓词寄存器值，先前活跃线程的谓词寄存器值翻转为 0，而空转线程的谓词寄存器值则翻转为 1，新的活跃线程则执行 ELSE 分支中的指令。

PTX 汇编器会在指令流中插入上述用于管理栈的特殊指令进行分支控制。在执行 THEN 分支中的指令前，push 指令会将当前 SIMD 线程的谓词寄存器作为遮罩压入栈中，SETP 指令计算新的活跃线程遮罩并将其存储在谓词寄存器中，谓词寄存器值为 1 的线程将执行 THEN 分支中的指令。PTX 汇编器将在 THEN 分支结尾插入用于翻转谓词寄存器值，当 THEN 分支中的指令执行完成后，翻转后的谓词寄存器值将使得先前空转的线程执行 ELSE 分支中的指令。PTX 汇编器还将在 ELSE 分支结束的位置插入 pop 指令，用于将先前压入的活跃线程遮罩从栈中弹出，并恢复到 SIMD 的线程寄存器中。

与向量处理器不同，GPU 可在运行时对条件分支的特殊情况进行处理，若所有 SIMD 线程的谓词寄存器值均为 1，则可跳过 ELSE 分支中指令的执行，反之则可以跳过 THEN 分支中指令的执行。IF 分支可以嵌套，而使用多层嵌套可能会导致一个 SIMD 处理器中大部分线程处于空转状态。假设 THEN 和 ELSE 分支中指令执行时间相同，使用单层分支嵌套的执行效率为 50%，双层分支嵌套则为 25%，而三层分支嵌套仅为 12.5%。因此，SIMD 线程执行条件分支语句时的分支程度决定了 GPU 的执行效率。

4.4　本 章 小 结

本章主要讨论高性能处理器的并行计算技术，分别介绍了指令级并行、线程级并行和数据级并行。本章首先讲解了 ISA 指令和操作数类型，然后给出指令格式，再引入经典五级流水线；介绍了经典的 RISC 流水线的 5 个阶段，以及指令间的相关性，并根据相关性介绍了数据冒险、控制冒险和结构冒险；讨论了处理冒险的技术以及对精准异常的处理方法，介绍了分支预测；介绍了指令级并行增强技术，包括超流水线处理器和超标量处理器、编译器 ILP、指令调度技术、超长指令字技术（VLIW）以及重排序缓冲区等。

本章还介绍单芯片内的线程级并行技术，首先讨论的是粗粒度多线程（CMT），分别介绍了五级流水线上的 CMT、乱序处理器核上的 CMT，并介绍支持 CMT 的处理器实例；之后介绍的是细粒度多线程（FMT），同样讲解了五级流水线上的 FMT 并给出支持 FMT 的实例；最后讨论的是 FMT 的延伸，即同步多线程（SMT），同样介绍支持 SMT 的实例。

本章最后介绍的是数据级并行技术，主要介绍 SIMD 的两种变体：SIMD 指令集扩展以及图形处理器。对于 SIMD 指令集扩展，本章介绍了相关概念以及可视化模型。对于图形处理器，本章介绍了 NVIDIA GPU 指令集体系结构、GPU 中的条件分支等相关技术。

课 后 习 题

4.1 请简述并行和并发的区别。

4.2 请简述在向量体系结构中处理稀疏矩阵的方法。

4.3 向量遮罩寄存器技术是主要用来处理什么的？

4.4 NVIDIA GPU 采用什么样的指令集体系结构？

4.5 请简述经典五级流水线的工作流程。

4.6 数据冒险是什么？有哪些类型？

4.7 指令级并行存在哪些相关性？

4.8 以下循环程序存在哪些相关（Dependence）？

```
for(i=0;i<100;i++) {
A[i] = A[i] * B[i] ; /* S1 */
```

```
B[i] = A[i] + c ; /* S2 */
A1[i] = C[i] * c ; /* S3 */
C1[i] = D[i] * A1[i] ; /* S4 */
}
```

第 5 章　高性能计算机的存储层次

冯·诺依曼体系结构是现代计算机的基础，存储是其中的核心部件之一。存储和计算之间的性能差距导致的“访存墙”问题，使得存储一直是计算机的瓶颈。基于计算机程序的局部性原理，存储系统往往采用层次式的设计方法来缓解“访存墙”问题，使得程序经常访问的数据被存储在速度更快的存储器中，不常访问的、更大的数据存储在容量较大的存储器中。

5.1　存储层次结构

目前主流的存储主要分为寄存器（Register）、缓存（Cache）、主存（Main Memory）、磁盘（Magnetic Disk）、光盘（Optical Disk）、磁带（Magnetic Tape）等层次。它们的存储速度依次减慢、容量依次增大、价格依次降低，如图 5-1所示。构建存储系统时，依据一定的层次结构组织速度、容量和价格不同的存储介质，为程序提供满足性能和容量需求的复合存储系统。

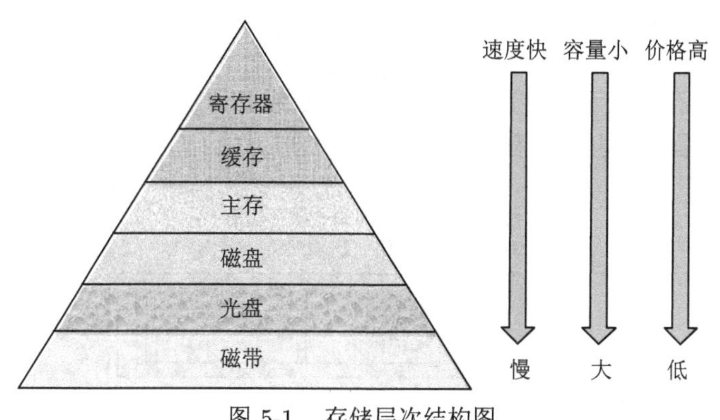

图 5-1　存储层次结构图

在 CPU 访问数据或存取指令时，都具有局部性原理（Principle of Locality）。程序运行的局部性原理如下。

（1）时间局部性（Temporal Locality）：一个存储单元被程序访问以后，在较短的时间内，该存储单元可能会被再次访问，即同一个存储单元在短时间内可能会被访问多次，这是因为程序中通常会存在大量循环操作。

（2）空间局部性（Spatial Locality）：程序访问一个存储单元以后，在较短的时间内，又访问了邻近的存储单元，即一段时间内程序所访问的存储单元在空间上可能是邻近的，这是因为指令通常是顺序存放和执行的，数据一般是以向量、数组和表等形式簇聚存储的。

利用局部性原理来构建储存结构层次，核心思想是：从高层到底层，以速度更快、容量更小、价格更高的存储设备作为速度更慢、容量更大、价格更低的存储设备的缓存。换句话说，每一层的缓存来自较低一层存储器的数据对象，以此类推，直到最小的缓存——CPU寄存器。在构建存储层次结构（$M_1, M_2, \cdots, M_n$）时，应满足以下三个性质。

（1）局部性（Locality）：存储层次是基于程序运行的局部性原理构建的。

（2）内含性（Inclusion）：最开始，所有的信息项都存储在第 M_n 层。之后处理的过程中，M_n 的子集被复制到 M_{n-1} 层，这样依次复制直到第 1 层。因此，$M_i(i \geqslant 1)$ 层存储的数据可以在更高阶的层找到相同的副本，如 M_{i+1}、M_{i+2} 层。

（3）一致性（Coherence）：同一信息项的副本在存储层次的不同层中应该保持一致。如果某层的值发生变化，那么其他更高阶的层的存储内容也应该立即更新。

5.2 缓存一致性

从存储层次结构可知，每一层的存储设备均可选取高一层的存储设备作为其缓存，以协调两者之间速度的差异。缓存一般以块的形式进行管理，块在相邻层之间进行传输，同时需要处理好内容的一致性问题。可以使用软件、硬件或两者相结合的方法管理缓存。本节只讨论对软件透明的硬件实现的缓存一致性机制。

处理器高速缓存（Cache）的作用是利用局部性原理，减少处理器访问主存的次数。Cache 空间被分成多个组，每个组由若干缓存行（Cacheline）组成，一个缓存行大小一般是 32 字节或 64 字节，从主存向 Cache 迁移数据是以 Cacheline 为单位进行的。Cache 结构如图 5-2所示，缓存行中的有效位表示该缓存是否是内存的一个有效的副本，标记位用于与内存地址相匹配，缓存块表示存储的数据。缓存通过组相联的方法将内存地址映射到固定的一组缓存地址中，图 5-3表示主存与缓存的地址映射方式。

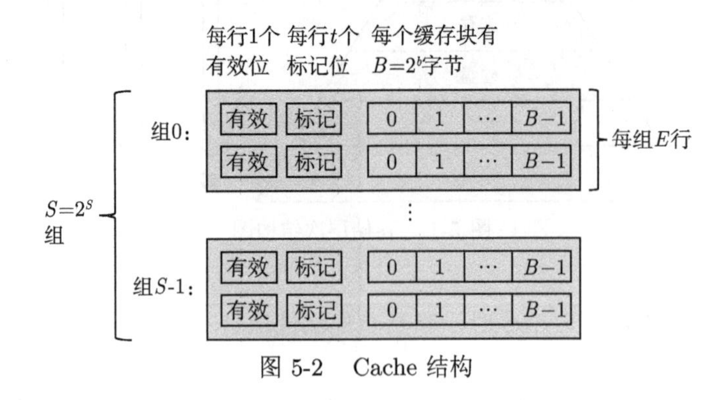

图 5-2 Cache 结构

现代多核高性能处理器中，每个处理器核心会有自己私有的 L1 Cache 和（或）L2 Cache，使得同一个内存地址可能会在私有 Cache 中有多个副本，对副本数据的读写操作使得不同的处理器核心可能观测到同一个内存地址空间有不同的值，这就是多核处理器的缓存一致性问题。举个例子，内存 0x48 处的数据为 0x20，处理器 0 和 1 都从 0x48 处读取内存数据到自己的 Cacheline 中，然后处理器 0 写自己的缓存把 0x48 处的数据更新为

0x10，处理器 1 读地址 0x48，在自己的缓存中命中，返回数据 0x20，出现两个处理器读到的内存数据不一致的情况，如图 5-4所示。如果不能保证缓存一致性，就可能造成程序的错误结果。

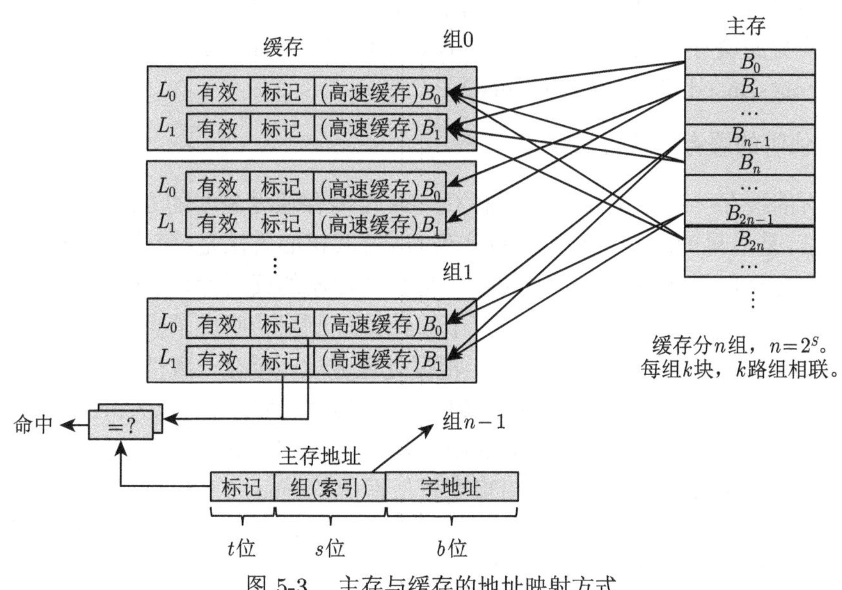

图 5-3　主存与缓存的地址映射方式

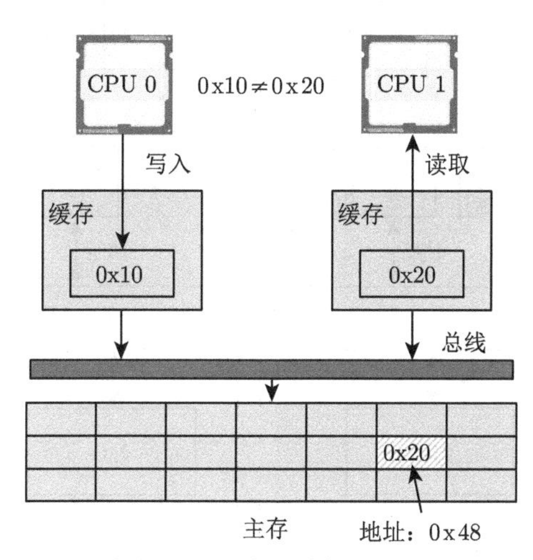

图 5-4　缓存一致性的例子

缓存一致性的定义是当一个共享存储器满足以下性质时，则可以认为该系统是缓存一致的（P1、P2 分别代指不同的处理器）。

（1）写广播（Write Broadcast）：处理器 P2 对地址 X 写入新值后，处理器 P1 对该地址的读取应该返回 P2 刚刚写入的值，前提是两次操作在时间上是可区分的且这中间没有其他处理器写入 X。

（2）写串行化（Write Serialization）：对同一个地址的写操作是串行的，即多个处理器

写入地址 X 的结果应与它们的指令发出顺序一致。例如，对于地址 X，处理器 P1 写入 1，处理器 P2 写入 2，所有处理器在看到 X 的值为 2 之前应先看到 X 值为 1。

写广播是为了将新写的数据块广播给所有含有此数据副本的处理器；写串行化是为了从所有处理器视角，实现同一存储位置不同写操作顺序的一致性。这两种性质的实现方式主要有基于侦听的缓存一致性（Snooping-Based Cache Coherence）和基于目录的缓存一致性（Directory-Based Cache Coherence）。

5.2.1 基于侦听的缓存一致性协议

基于侦听的缓存一致性协议将处理器 Cache 与内存通过总线的方式互连，并采用广播机制进行通信，是最早的缓存一致性协议实现方式。其核心方法是，每个计算核的 Cacheline 状态会根据内存访问操作进行相应的转换。每个处理器的读写操作根据 Cacheline 的状态产生相应的消息，此消息在总线上广播，每个 Cache 控制器侦听此消息，根据自己 Cacheline 的状态，进行相应的处理，如图 5-5所示。根据处理方法，缓存一致性协议可分为写更新和写失效两种协议。当处理器写入 Cache 块时，广播此写消息，其他 Cache 侦听到消息之后，基于写更新协议，会更新自己 Cache 中的数据副本，写失效协议中会把自己 Cache 中的数据副本标记为无效状态。写更新和写失效是维护 Cache 一致性的策略，它与通过写穿透 (Write Through) 或者写回策略维护 Cache 与主存之间的一致性没有必然的关系。下面针对多处理器/多核的缓存情况进行讨论。

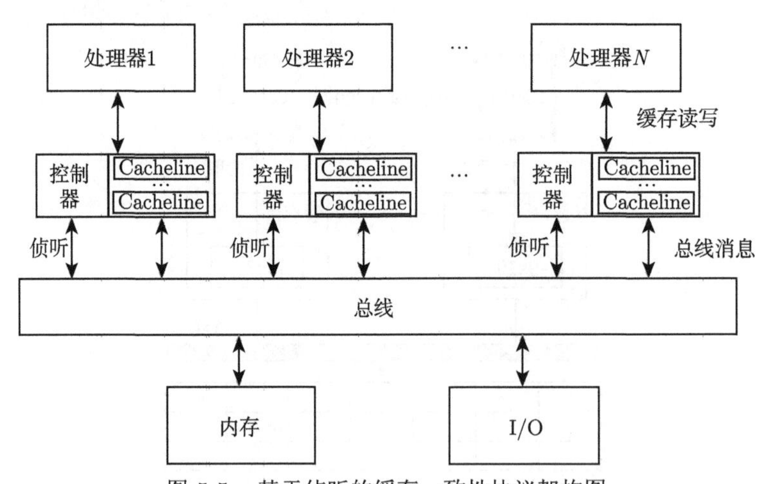

图 5-5　基于侦听的缓存一致性协议架构图

写更新协议通过总线向所有 Cache 广播写入数据，它比写失效协议产生更大的总线流量，这种方法并不常用。最为经典的基于侦听的缓存一致性协议是采用写失效的 MESI 协议，也称作伊利诺伊协议 (Illinois Protocol)，在 x86 中，ARM 和 Power 处理器有具体实现。MESI 是 Modified、Exclusive、Shared、Invalid 这 4 个单词的首字母，这 4 个字母分别代表每个 Cacheline 的 4 个状态，每个 Cacheline 会维护一个 2 位的状态 tag 标记状态。

（1）M：Modified（已修改），数据已被修改，且仅存在于当前 Cache 中，Cache 数据与内存数据不一致。

（2）E：Exclusive（独占），数据仅存在于当前 Cache 中，且未被修改，Cache 数据与内存数据一致。

（3）S：Shared（共享），数据可能存在于其他 Cache 中，且未被修改，Cache 数据与内存数据一致。

（4）I：Invalid（无效），此 Cacheline 无效。

MESI 协议的核心就是每个 Cache 控制器根据本地 CPU 核的内存读写操作，或者其他 CPU 核的内存读写操作所产生的消息，修改自己 Cacheline 中的 tag 标志位，实现 Cacheline 的状态在 Modified、Exclusive、Shared、Invalid 之间的转换，以此保持 Cache 一致性。MESI 协议中用一个有限状态机来表示 Cache 的状态流转，图 5-6给出了 MESI 的有限状态机。

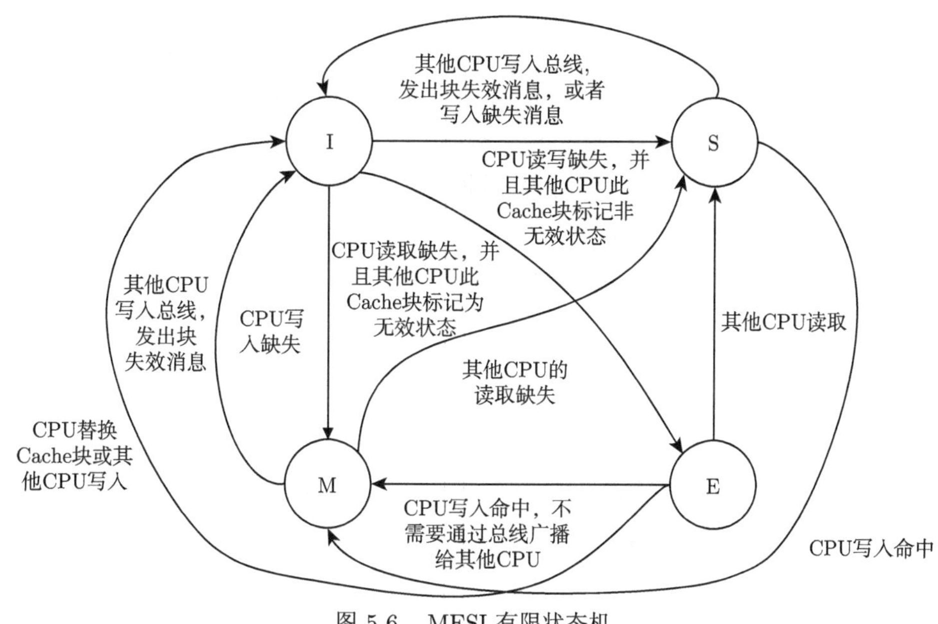

图 5-6　MESI 有限状态机

对于 Invalid 状态的 Cacheline，本地读此地址的数据时，发生读缺失，根据此地址数据是否存在于其他核的 Cache 中，读结束后，Cacheline 状态变成 Shared 或 Exclusive；写缺失时，状态变为 Modified。

对于 Shared 状态的 Cacheline，本地读时会命中，不会发生状态变化；写命中时，状态会被修改为 Modified。如果其他核写入数据，此 Cache 控制器侦听到此地址的失效消息，将 Cacheline 状态修改为 Invalid。

对于 Exclusive 状态的 Cacheline，本地读不会改变其状态；写命中时，状态会被修改为 Modified；如果其他核写入数据，此 Cache 控制器侦听到此地址的失效消息，将 Cacheline 状态修改为 Invalid。

对于 Modified 状态的 Cacheline，本地读写都不会改变其状态；其他核读时会发生读缺失，读结束后，数据在其他核中也会存在，本地 Cacheline 的状态会被修改为 Shared；其他核写入数据时，此 Cache 控制器侦听到此地址的失效消息，将 Cacheline 状态修改为

Invalid。

MESI 协议中，每个计算核的 Cache 读写操作，在不同的 Cacheline 状态下，会产生不同的消息，这些消息通过总线向所有计算核广播，其他的 Cache 根据侦听的消息，结合自己的 Cacheline 状态进行相应的处理。MESI 协议中消息类型分为请求消息和响应消息两大类，具体分为六类。

（1）Read：请求消息，用于请求读指定物理地址上的 Cacheline 数据。

（2）Read Response：响应消息，用于回应 Read 消息的请求数据，数据来源于内存或者其他处理器 Cache。

（3）Invalidate：请求消息，用于将指定物理地址的 Cacheline 数据作废。

（4）Invalidate Acknowledge：响应消息，回复 Invalidate 消息，当处理器 Cache 发现本地 Cacheline 含有 Invalidate 消息中指定物理地址的数据时，会将本地 Cacheline 数据置为无效，并回复 Invalidate Acknowledge 消息，表明对应的 Cacheline 已经作废。

（5）Read Invalidate：请求消息，是由 Read 和 Invalidate 组成的复合消息，请求 Cacheline 数据并使其他处理器相应的 Cacheline 数据失效。

（6）Writeback：响应消息，用于将新数据写入指定物理地址的内存。

给出一个例子对 MESI 的有限状态机进行说明。图 5-7中有两个 CPU，主存中有一个变量 $X = 0$，下面就介绍 CPU A 和 CPU B 读写 X 的过程。

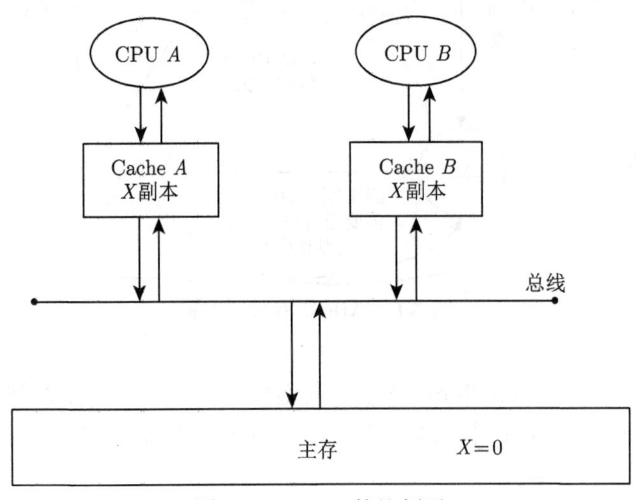

图 5-7　MESI 协议例子

（1）初始状态，Cache A 和 Cache B 中都没有 X 的副本，CPU A 发起 Read 请求，产生 Read Miss，Cache 控制器会向总线发送这个 Read 请求消息，内存会向总线发送 Read Response，之后 CPU A 将 Cache A 的状态更改为 E。

（2）CPU B 发起 Read 请求，产生 Read Miss，此时 CPU A 和 CPU B 同时侦听总线，CPU A 发现有其他 CPU 读相同地址的数据，将 Cache A 的状态更改为 S，CPU B 收到 Read Response 之后，状态设置为 S。

（3）假如这时 CPU A 要修改变量 X 的值为 1，CPU A 先发起 Invalidate 请求，当 CPU

B 侦听到该请求之后，会将 Cache B 的状态更新为 I，之后回复 Invalidate Acknowledge，当 CPU A 收到 CPU B 发送的 ACK 之后，才会更改变量 X 的值为 1，并将 Cache A 的状态更新为 M。

（4）如果此时 CPU B 要读取变量 X，发现自己缓存的状态为 I，则会发起 Read 请求，CPU A 侦听到 Read 请求，会将 Cache A 中的 X 的值刷新回内存，然后将自己的状态更新为 E，并且 CPU A 会将 X 的值同步给 CPU B，之后两者的状态都更新为 S。

MESI 协议在多核处理器下保证了缓存的一致性，使每个 CPU 在读取数据时读到的都是最新的数据，也遵守了 SWMR(单写多读）策略，写的时候只能有一个 CPU 被总线仲裁成功。协议中每个请求都必须广播到系统的所有节点，这会引发大量的通信流量，使得总线带宽必须随着系统变大而增长，不利于处理器节点数量的扩展。为了避免广播带来的带宽浪费，接下来介绍基于目录的缓存一致性协议，其能够有效解决基于侦听的缓存一致性协议的带宽瓶颈。

5.2.2　基于目录的缓存一致性协议

基于目录的缓存一致性协议的核心优化，通过缓存目录（Directory）保存所有缓存行状态信息，将基于侦听的缓存一致性协议中的广播消息优化为一对多的通信。基于目录的一致性协议中，Cache 块副本信息被保存在称为目录的结构中。当处理器写入 Cache 块时，不会向所有 Cache 广播请求，而是先查询目录以检索具有该副本的 Cache，再将请求发送到特定的处理器。因此，与基于侦听的缓存一致性协议相比，基于目录的缓存一致性协议可以节省大量总线流量。

图 5-8给出了基于目录的缓存一致性协议的架构图，每个目录条目对应一个缓存行，每个目录条目包含脏位（Dirty Bit）和存在位（Presence Bit）。脏位表示该行是否在某个处理器中被修改且未写回内存，P 个存在位，标识包含该 Cacheline 的处理器，如果有 P 个处理器，那么每个条目中含有 P 个存在位。接下来，将每个处理器定义为一个节点，一个 Cacheline 的家节点为存储该 Cacheline 的节点，请求节点为请求该 Cacheline 的节点。存储 Cacheline 的节点称为共享者，最新修改 Cacheline 的节点称为占有者。

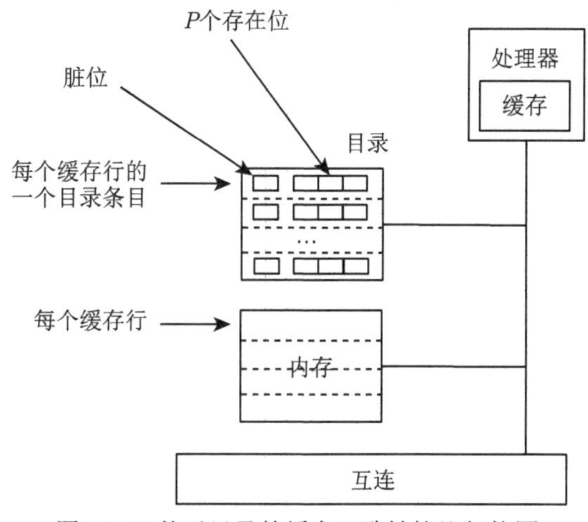

图 5-8　基于目录的缓存一致性协议架构图

缓存控制器在本地缓存发生读写缺失时，根据目录条目中记录的 Cacheline 信息，判断数据在其他处理器的分布情况，根据分布情况，可以和数据的共享者/占有者所在的处理器进行点对点通信，然后，通过基于目录的缓存一致性协议与其他处理器同步读写操作。读写的过程为节点间消息请求、响应的过程。下面以三个例子展示同步读写的过程。

场景 1：假设节点 0 请求获取家节点为 1 的某一个“干净行”的数据，操作步骤如下。

（1）请求节点 0 发送读缺失消息给家节点 1。

（2）家节点检查目录条目中的脏位，如果该位为 OFF，则回复节点 0 内存中的缓存行数据，并设置 presence[0] 为 true(标识这个数据被节点 0 缓存)。

场景 2：假设节点 0 请求获取家节点为 1 的某一个“脏行”的数据，最新数据存储于节点 2 中，如图 5-9所示。操作步骤如下。

（1）请求节点 0 发送读缺失消息给家节点 1。

（2）如果目录条目中的脏位为 ON，家节点必须告诉请求节点数据位于哪里，响应消息中提供数据占有者的身份信息 (从处理器 2 中获取)。

（3）请求节点发送请求消息给占有者。

（4）占有者回复请求节点 0 缓存行的数据，并将缓存状态设为共享状态。

（5）占有者回复数据给家节点 1，“家节点”清除脏位，更新存在列表以及内存。

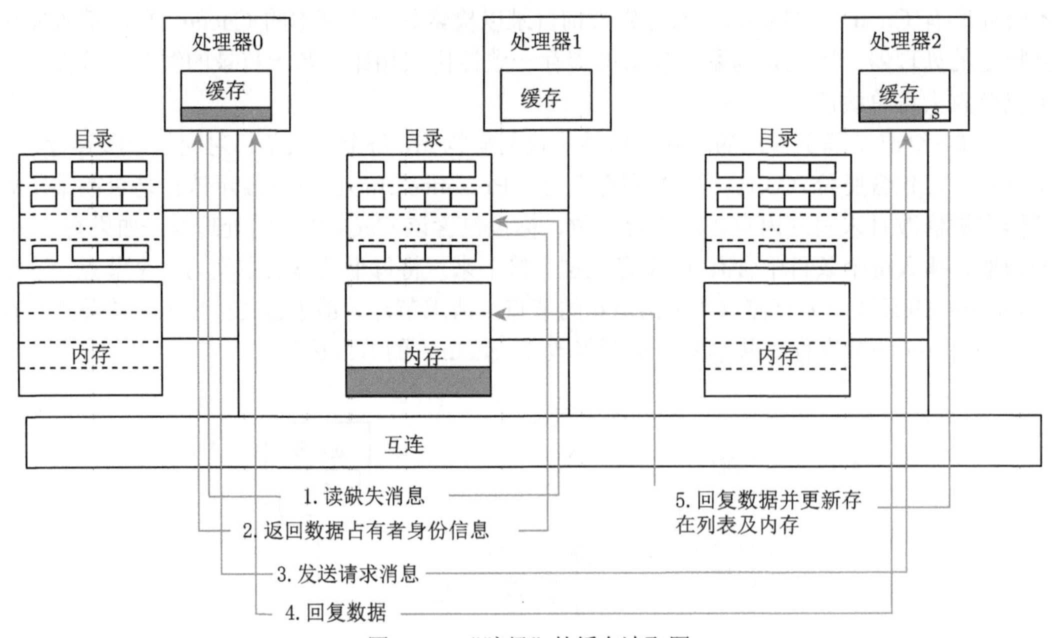

图 5-9　“脏行”的缓存读取图

场景 3：假设处理器 0 要写入数据，本地的缓存是“干净”的，数据在处理器 1 和 2 的 Cache 中，如图 5-10所示。操作步骤如下。

（1）节点 0 发送写缺失消息给家节点 1。

（2）家节点 1 回复共享者的 ID 和数据。

（3）节点 0 分别对共享者发出缓存行失效的消息。

（4）共享者对节点 0 回复失效确认消息。

（5）接收到 2 个节点的确认消息后，节点 0 可以执行写入操作。

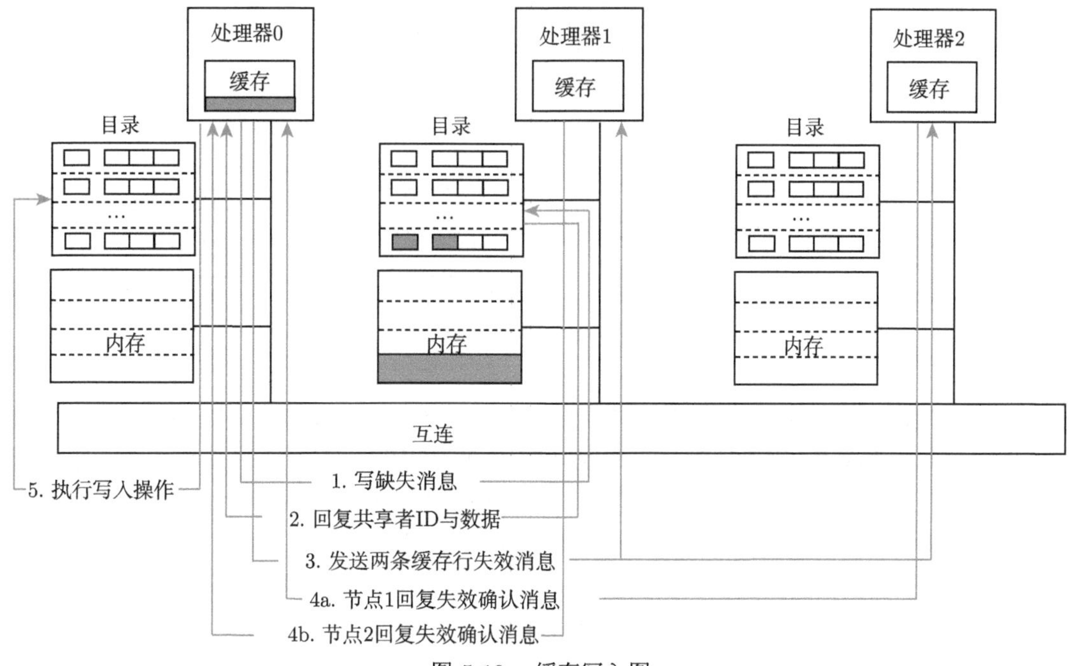

图 5-10　缓存写入图

基于目录的缓存一致性协议中目录的存储开销和节点数量以及缓存行大小直接相关，假设节点数量为 P，每个节点有 M 个缓存行，则总的存储大小为 $P \times M$。当节点规模或缓存行较大时，目录的存储开销将成为协议的重要瓶颈，为了降低存储开销，可以增大缓存行的大小（减小 M）或将多个处理器组合成一个节点（减小 P）。常用的两种优化方法如下。

（1）缩小标记容量：在大多数情况下，共享者的数量都不会很多。可以将 P 值设置为一个比较小的数目，每个标记位指向共享者的地址。

（2）稀疏目录：将共享者通过链表串联起来，如图 5-11所示。当缓存行失效时，将该链表从缓存目录中剔除。

5.2.3　一致性的伪共享现象

高性能多核处理器中使用一致性保证了程序的正确性，且硬件实现的一致性协议对于程序是透明的。然而，由于缓存一致性协议针对的最小单元是 Cacheline，当不同处理器核上的线程写同一个 Cacheline 的不同变量时，一致性协议会使其他核上的 Cacheline 失效，并产生写回操作，这会对程序性能产生较大影响，这种现象称为伪共享（False Sharing）现象。

伪共享现象是指多个 CPU 核上的多个线程同时修改位于同一个 Cacheline 里的不同变量，这些变量虽然不同，但是存储位置相邻。

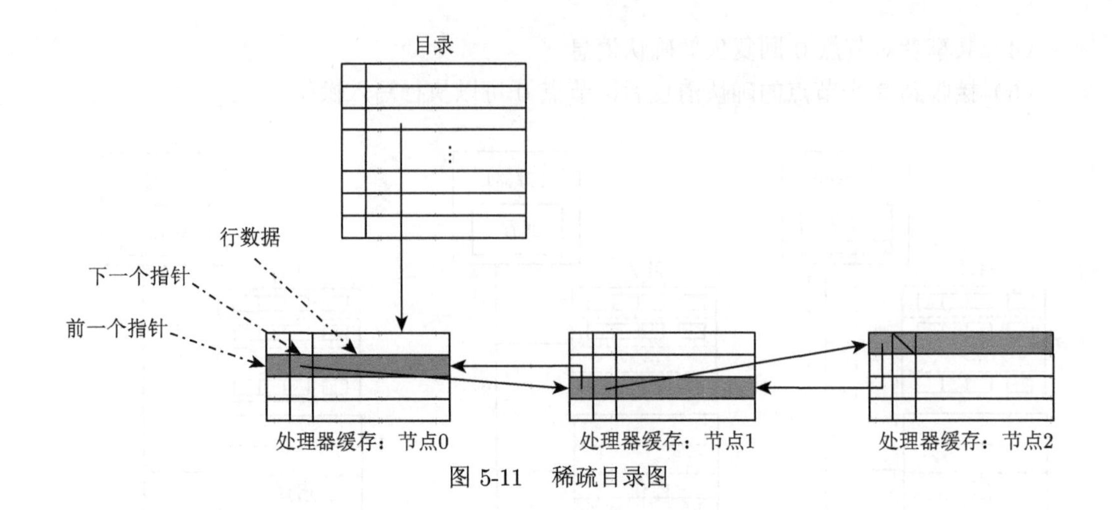

图 5-11　稀疏目录图

图 5-12给出了两个线程之间的伪共享现象的示例图，图中数据 X、Y 被加载到处理器核的同一 Cacheline 中，CPU 0 上的线程 0 修改 X，CPU 1 上的线程 1 修改 Y。假设线程 0 首先发起写操作，根据 MESI 协议，线程 0 执行写操作，CPU 0 上的 Cacheline 由 S 状态变成 M 状态，然后通知 CPU 1，将对应的 Cacheline 变成 I 状态；线程 1 执行写操作，CPU 0 将数据写入内存，Cacheline 由 M 状态变成 I 状态，CPU 1 从内存读取该地址数据，Cacheline 由 I 状态变成 E 状态，执行修改 Y 的操作，Cacheline 由 E 状态变成 M 状态。多线程操作同一 Cacheline 中的不同变量，互相竞争同一个 Cacheline，使得不同线程间的数据访问相互影响，降低了并发性，对程序性能影响较大。可以通过代码优化的方法避免伪共享现象，消除伪共享现象的方法如下。

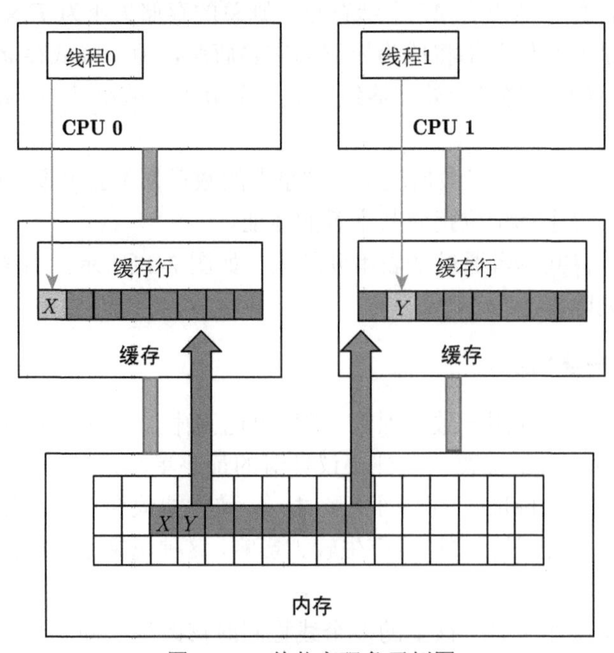

图 5-12　伪共享现象示例图

（1）字节对齐：多个处理器 Cache 里面的数据块尽量不要共享。上述的例子中，如果 CPU 0 只有 X 数据块，CPU 1 只有 Y 数据块，那么就不会存在伪共享现象。对于变量和结构体，可以把变量或者结构体在声明时扩展成 Cacheline 大小字节，这样就不会发生伪共享现象，不过会造成一定的空间浪费。

（2）结构体填充：类似字节对齐的方法，程序员手动填充数据块，使得两个变量之间的间隔足够大，以保证它们属于不同的 Cacheline。

（3）数据线程私有化：把可能产生伪共享现象的数据块对每个线程复制一份，并重新命名，作为每个线程私有的东西，并在线程的最后一步同步到主线程中。

5.3　内存一致性问题

完整的一致性模型包括高速缓存一致性及内存一致性（Memory Consistency）两方面，且两者是互补的：高速缓存一致性定义的是同一个存储地址在不同的高速缓存中副本的一致性问题；而内存一致性模型是在多个处理器中对不同存储地址并发读写操作时，每个进程看到的这些操作被完成的顺序的一种约定。内存一致性模型规定了对操作顺序的若干约束，针对性是多处理器和编译器优化导致存储访问操作被多个处理器观察到的顺序不一致的问题，对于程序员可见，而缓存一致性对程序员来说是透明的。本节重点讨论多处理器共享内存结构下程序执行顺序引发的内存一致性问题。

现代高性能处理器采用高速缓存、乱序执行等技术提升指令执行效率，使得程序代码中的语句序列经过编译器优化以及 CPU 的乱序执行，会和程序的原有序列发生变化。单核处理器上重排序会遵循严格一致性原理：对于同一个内存地址，读指令总是得到上一次写指令写入的值。这个原理并不阻止系统对不同内存地址读写指令进行重排序。如图 5-13所示，单核处理器 P0 的情况下，A 和 R 的计算结果为 3 和 1。CPU 进行重排序时，语句（c）可以移到（a）和（b）之前，对结果不会产生影响，但（a）和（b）的顺序不能交换。对于单核处理器 P1，指令（d）和（e）的顺序可以交换。

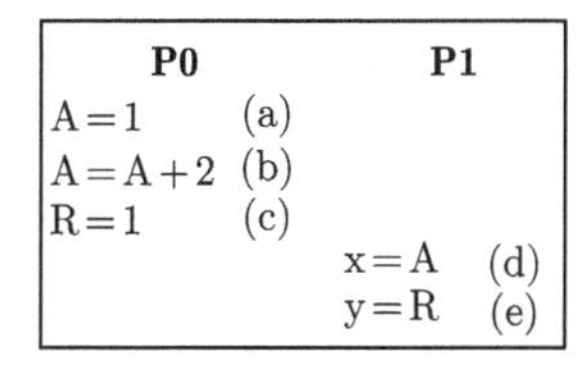

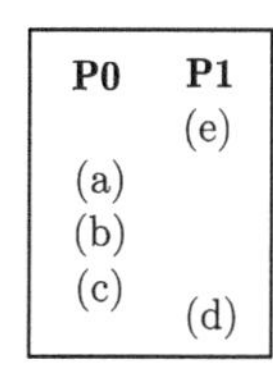

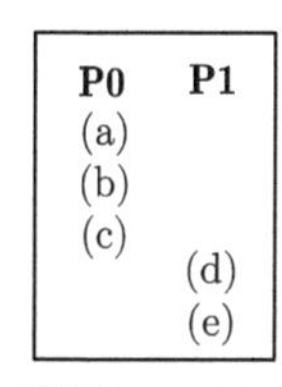

变量初始化为0　　场景1：x=0, y=0。场景2：x=3, y=0。场景3：x=3, y=1。

图 5-13　程序读写内存顺序图

CPU 重排序并未定义多处理器的情况，当 P0 和 P1 同时执行时，结果可能有多种，以 x、y 为例，可能有 (0,0)、(3,0)、(3,1) 等。缓存一致性体现在，P0 对 A 和 R 变量的赋值，可以通过基于侦听或基于目录的缓存一致性协议对 P1 可见。共享内存多处理器的内存一致性模型并没有指明哪种结果是正确的，它提供了一个面向程序员的内存系统行为的正式规范，使得硬件、CPU 和编译器按照这种规范来构建，避免程序员预期结果和系统实际结果之间的不同。一致性模型主要分为顺序一致性（Sequential Consistency，SC）和松弛一致性（Relaxed Consistency，RC）两大类。

5.3.1 顺序一致性

顺序一致性（SC）是由图灵奖获得者 Leslie Lamport 在 1979 年发表的论文 *How to Make a Multiprocessor Computer That Correctly Executes Multiprocess Programs* 中提出的。顺序一致性的两个核心特点：① 没有局部重排序，每个硬件线程按照程序执行指令，每条指令执行完成后，才会开始执行下一条指令；② 每个写操作对其他线程都是同时可见的。定义程序序（Program Order）为每个处理器的代码执行顺序，如图 5-13中 P0 的（a）～（c）；内存顺序（Memory Order）为全局的代码执行顺序，如图 5-13中 P0 和 P1 的（a）～（e）。用 < p 表示程序序上的先后关系，< m 表示内存序上的先后关系。SC 可形式化定义为：

（1）所有处理器核心的内存读写操作的最终结果和某种按顺序执行的结果一样；

（2）一个处理器核心的内存读写操作的最终结果和程序序执行的结果一样。

如图 5-14所示，左边表示某个处理器中的程序序在最终的内存序中保持一致，右边表示在一个处理器内部，四种类型的程序序在内存序中不能改变。如图 5-13中，初始时 P0 的（b）语句对变量 A 写入在（c）语句对变量 R 读取之前，那么重排序后内存序中（b）语句必须在（c）语句之前，符合图 5-14中写后读的程序序和内存序。SC 定义确保对每个共享内存中变量的读取肯定是该变量在内存中最近写入的值，例如，图 5-13中 P0 处理器所执行的（b）语句中对 A 的读取必须是内存中最新写入的值，这里是（a）语句执行结果。如果有其他处理器最新写入 A，则读取的是最新写入的值。

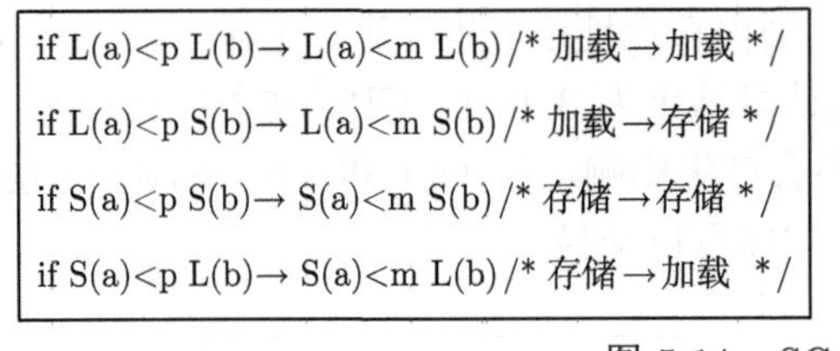

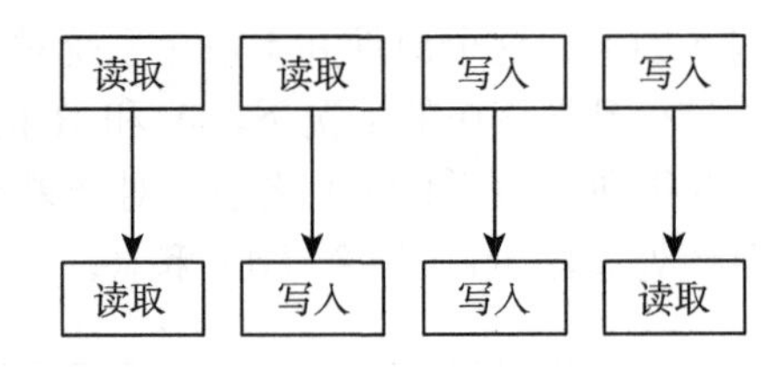

图 5-14　SC 定义图

SC 中重排序后各个处理器之间的语句执行顺序可以相互交换，但单个处理器内部的语句顺序应与原始顺序保持一致。以图 5-13举例，场景 1 和 3 符合顺序一致性，场景 2 不符合。虽然场景 1 和 3 中 P0 与 P1 的语句相互交换了，即内存序改变了，但各自内部的语句顺序保持不变，即程序序不变，符合 SC。场景 2 中 P1 的（d）和（e）语句顺序改变了，即程序序发生改变，不符合 SC。在 SC 模型中，程序员可以认为内存操作是原子的，且是按程序序执行的，但是对于硬件层面来说，不一定必须原子地、按程序序地执行指令。

图 5-15是 SC 模型提供给程序员的抽象视图，处理器和内存之间的抽象接口，像一个“多口开关”，在不同处理器间进行切换，从而保证每个处理器以原子的方式处理不同的内存操作。SC 的优势是对程序员友好，由于遵循顺序一致性，程序员可以确定地推测程序的执行结果。但是，SC 的严格性制约了硬件系统的一些优化方法，从而限制了程序在硬件上执行所能获取的性能。

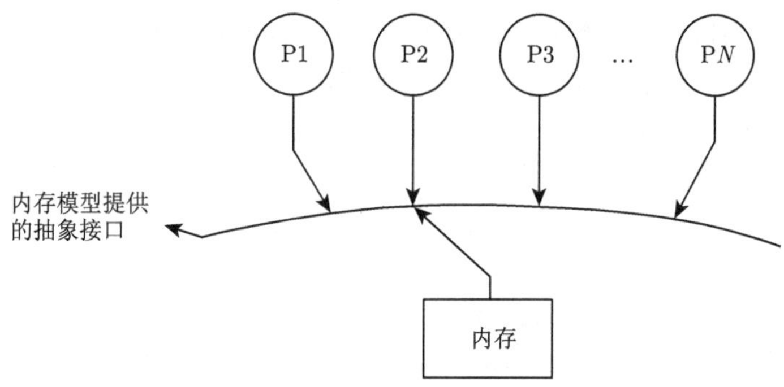

图 5-15　SC 的程序员视图

5.3.2　松弛一致性

为了获取更高的程序执行性能，现代计算机往往都不采用 SC 模型，而是使用松弛一致性模型 (Relaxed Consistency Model)，其相对于 SC 模型做了一些松弛，给微体系结构的优化留出空间。这些优化对于单线程代码或遵循传统锁规则并且（除了在锁的实现中）无竞争的程序通常是观察不到的，但一般并发代码可以观察到非 SC 行为。松弛一致性模型主要根据两个关键特征进行分类：如何松弛程序序的要求以及如何松弛写原子性的要求。

对于程序序，基于是否允许松弛三类读写顺序来区分松弛一致性模型：写后读、写后写、读后读或写。上述三类情况下，松弛都仅适用于对于不同地址的读写操作。对于写原子性，根据是否允许读到写后的值区分松弛一致性模型：一个处理器的写操作，是否允许在所有缓存副本收到这个处理器写操作产生的无效或更新消息之前，被其他处理器读到，即在写操作对所有其他处理器可见之前，是否允许被部分处理器读到。图 5-16总结了上面讨论的松弛方法。

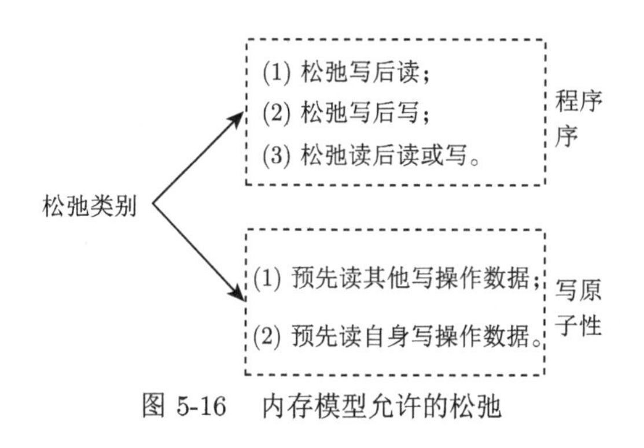

图 5-16　内存模型允许的松弛

表 5-1概述了松弛一致性模型的基本分类，列出了有效利用程序序或写原子性的松弛直接实现的模型。

最常见的 x86 体系结构遵循的是 TSO(Total Store Order) 模型：允许发生不同地址的读后写的程序序（store-load 操作重排序，即 Load 操作可以在 Store 前完成）的内存模型。在允许 Store-Load 重排序的松弛条件下，系统设计者利用 Store Buffer 对系统进行优化，Store Buffer 是一个先进先出（FIFO）的缓冲区，位于 CPU 核心和 Cache 之间，用于在 Store 操作时把写操作缓存到其中，如果在 Store Buffer 刷新到 Cache 时发生了 Cache Miss，则会触发缓存一致性协议，此时 Load 操作不会因为 Store 操作发生 Cache Miss 而阻塞，而是会继续执行，所以 Load 的访存可能会在 Store 之前完成，这种松弛一致性协议整体上减少了内存写操作带来的延迟，提高了速度和性能。图 5-17给出了一个并发程序示例，TSO 模型下，由于存在 Store Buffer，S1 和 S2 的 Store 写指令会被放在 Store Buffer 中，然后处理器会继续执行之后的 Load 读指令。Store Buffer 中的写操作可能还未完成，读操作已经完成了，这时 R1 和 R2 都为 0 的情况就出现了。从例子中可以看出，Store Buffer 被引入之后，内存一致性模型从 SC 模型演变为 TSO 模型，出现了 Store-Load 的乱序，这导致了代码实际执行逻辑与预想逻辑不相同的情况。

表 5-1　松弛一致性模型的基本分类

松弛类别	写后读顺序	写后写顺序	读后读写顺序	读其他写操作数据	读自身写操作数据
IBM 370	✓				
TSO	✓				✓
PC	✓			✓	✓
PSO	✓	✓			✓
WO	✓	✓	✓		✓
RCsc	✓	✓	✓		
RCpc	✓	✓	✓	✓	✓
Alpha	✓	✓	✓		✓
RMO	✓	✓	✓		✓
PowerPC	✓	✓	✓	✓	✓

初始化 A=B=0	
Thread1	**Thread2**
S1: Store A=1;	S2: Store B=1;
L1: Load R1=B;	L2: Load R2=A;

图 5-17　并发程序示例

允许 Store-Load 重排序的常见内存模型除了 TSO 模型之外，还有 IBM 370 模型以及 PC（Processor Consistency）模型，这三种模型的区别是读操作何时返回写操作的值。IBM 370 模型是最严格的，读操作需要写操作对所有人可见之后，才能返回写入的值。因此，本地处理器的读操作需要阻塞到同一地址的本地写操作对所有处理器可见。TSO 模型部分松弛了上述要求，允许本地处理器的读操作可以返回本地处理器写入的值，即使这个写操作还未被所有的处理器可见。然而，TSO 模型和 SC 模型一样，读操作返回另一个处理器写入的值，需要等到这个写操作对所有处理器可见。PC 模型则松弛了这两个约束，读操作可以返回任何写入的值，写入序列化之前或对其他处理器可见。图 5-18通过一个例子程序解释了 IBM 370 模型、TSO 模型和 PC 模型的区别，TSO 模型和 PC 模型下可以允许图 5-18(a) 中程序的结果，因为这两种模型都允许在同一地址的写操作对所有处理器可见之前，本地处理器的读操作可以返回写入的值。图 5-18(a) 中的结果说明 register1 和 register3 返回的是本地处理器的写入结果，P1 和 P2 中 A 的写入都未对全局可见，因此，flag1 和 flag2 也未全局可见，register2 和 register4 的读操作返回初始值，register2 和 register4 返回 0。图 5-18(a) 的结果在 IBM 370 模型下不可能的，因为在每个处理器上的 A 的读取需要 A 的写入全局可见，而 IBM 370 模型中写后写的程序序是保证的，P1 或 P2 中的 A 写入完成，说明 flag1 或 flag2 的写也是全局可见的，因此 register2 和 register4 的值不可能同时为 0。图 5-18(b) 中程序的结果只可能是 PC 模型下的结果，PC 模型允许 P1 中 A 的写入在 P3 可见之前，P2 中的读 A 操作可以返回 P1 的写入值。

初始化 A＝flag1＝flag2＝0

P1	P2
flag1＝1	flag2＝1
A＝1	A＝2
register1＝A	register3＝A
register2＝Flag2	register4＝Flag1

结果：register1＝1, register3＝2
register2＝register4＝0

(a)

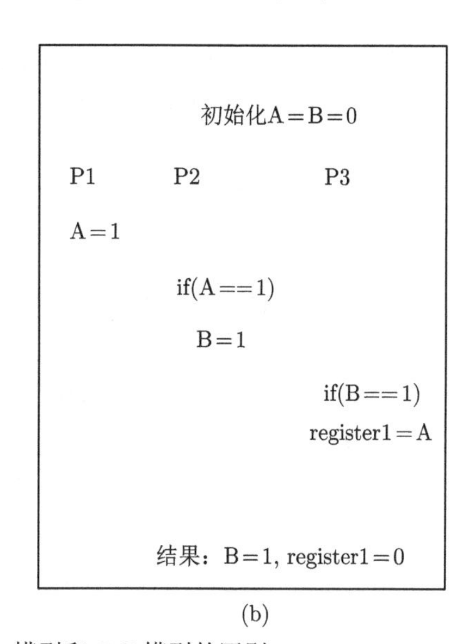

(b)

图 5-18　IBM 370 模型、TSO 模型和 PC 模型的区别

在 TSO 模型的基础上，可以继续松弛内存访问，允许处理器以非 FIFO 的方式来处理 Store Buffer 缓冲区中的指令。处理器只需保证存在地址依赖的指令在 Store Buffer 中以 FIFO 的形式进行处理即可，其他的指令则可以乱序处理，这种模型称为部分存储顺序（PSO）模型。通过一个示例程序说明 PSO 模型，图 5-19中，S1 与 S2 是两条地址无关的 Store 指令，处理器会将其写入并不保证它们以 FIFO 的方式执行完成的 Store Buffer 中，即 S2 有可能在 S1 之前执行完成。这时，可能的一种执行顺序：Core 1 的 S1 语句执行之前，S2 已经执行完成，使得 Core 2 中 R2 最终的结果会为 0，而不是期望的 NEW，由此可见，PSO 模型的 Store-Store 乱序会使程序的结果产生不确定性。

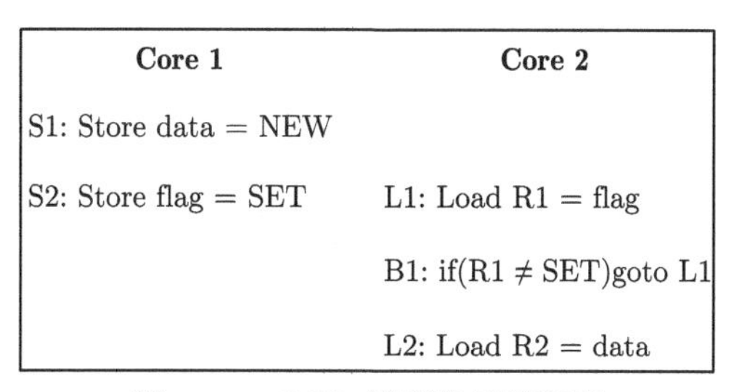

图 5-19　PSO 模型的示例程序

松弛一致性模型为体系结构设计者带来了性能优化的空间，但是也引入了多线程情况下的软件逻辑问题，一个处理器中对变量的写修改操作，对于其他处理器，并不是立即可见的。为解决此问题，程序员需要显式地在程序中使用内存屏障等指令来保证并行程序的确定性。

5.4　内存屏障方法

内存屏障 (Memory Barrier) 是用于保证内存操作顺序的同步方法，处理器或编译器对同步指令前后的内存操作强制执行排序约束，确保哪些操作在屏障之前执行，哪些操作在屏障之后执行。内存屏障使系统中的每个部分（各个 CPU、DMA 控制器、设备等）对内存都有一致性视角。内存屏障主要分为编译器内存同步、CPU 内存同步和无锁同步三类方法。

5.4.1　编译器内存同步

编译器内存同步只是一个通知的标识，告诉编译器在看到此指令时，不要对此指令的上下部分做重排序，在编译后的汇编中，编译器内存同步并不存在，CPU 无法感知到编译器内存同步的存在，这是其与 CPU 内存同步的不同之处。对于 GCC 及 clang 编译器而言，可以使用图 5-20中的指令来显示地阻止编译器产生乱序。

```
1 #define barrier() __asm__ __volatile__("":::"memory") // Linux
2 #define barrier() _ReadWriteBarrier()                 // Win
```

图 5-20　编译器内存同步指令

图 5-20中，内嵌汇编指令中的 volatile 主要用来防止编译器优化，使嵌入式汇编的代码分成三块：嵌入式汇编之前的代码块、嵌入式汇编代码块以及嵌入式汇编之后的代码块。memory 的作用是通知 GCC 编译器，程序在汇编代码中修改了内存的内容，这条指令前后的代码块所见的内存并不相同，对内存的访问不能依赖嵌入式汇编之前代码块中的寄存器内容，必须重新从内存中读取数据。barrier() 的核心是指示编译器不要将该指令之前的 Load-Store 操作移动到该指令之后执行，如图 5-21所示，加入 barrier() 的作用就是使得 GCC 不会把变量 b 的 Store 操作提前到变量 a 的 Store 操作之前。

```
1 int foo()
2 {
3     a = b + 1;
4     barrier();
5     b = 0;
6     return 1;
7 }
```

图 5-21　编译器内存同步程序示例

5.4.2　CPU 内存同步

在高级语言中，一些语句不一定是原子操作的，如 i++，编译后的指令实际为 Load、Add、Store，因此在并行编程中仍可能发生一致性问题，例如，在 Add 之后还未写入其他处理器就加载了该变量。可以通过加锁 lock/unlock 来限制变量或代码的访问，也可以通过内存屏障来进行同步。内存屏障分为读屏障（Load Barrier）和写屏障（Store Barrier）。读屏障插入在指令前，使高速缓存中的数据失效，重新从主存中读取数据；写屏障插入在指令后，将缓存中的最新数据更新写入主存中，并对其他线程可见。

CPU 内存同步是通知处理器，执行阶段不要交换两条内存操作指令的顺序，CPU 内存同步是一条实际的 CPU 指令，位于实际生成的汇编代码中。内存同步在约束 CPU 行为的同时，也约束了编译器的行为，CPU 和编译器都不能重排序，可以理解为内存同步隐含了编译器同步的语义。CPU 提供相应的指令以实现内存同步，以 Intel x86 为例，图 5-22给出了相应的指令来实现内存同步。lfence 指令对应 Load Barrier，确保 Barrier 前后的 Load 操作不会发生乱序；sfence 指令对应 Store Barrier，确保 Barrier 前后的 Store 操作不会发生乱序；mfence 对应 Full Barrier，确保 Barrier 前后的内存操作不会发生乱序。

```
1 #define LOAD_BARRIER() __asm__ __volatile__("lfence")
2 #define STORE_BARRIER() __asm__ __volatile__("sfence")
3 #define FULL_BARRIER() __asm__ __volatile__("mfence")
```

图 5-22　x86 内存同步指令

同时，任何带有 lock 操作的指令以及某些原子操作指令均可以当作隐式的 Barrier，如图 5-23所示。也可以将编译器内存同步和 CPU 内存同步通过一条指令来实现，如图 5-24所示。

```
1 __asm__ __volatile__("lock; addl $0,0(%%esp)");
2 __asm__ __volatile__("xchgl (%0),%0");
```

图 5-23　隐式同步指令

```
1 #define ONE_BARRIER() __asm__ __volatile__("mfence":::"memory")
```

图 5-24　一条指令实现编译器同步和 CPU 同步

图 5-25给出了内存屏障效果图，不允许读写操作跨越内存屏障。

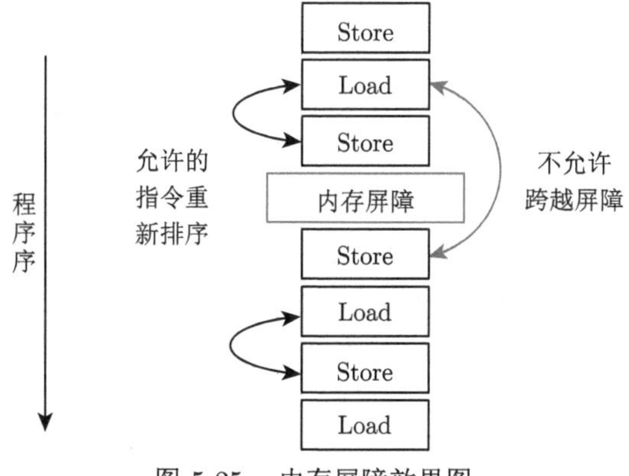

图 5-25　内存屏障效果图

两个特殊的内存屏障是 Read Acquire 和 Write Release。Read Acquire 用于修饰内存读取指令，Read Acquire 语义会禁止它后面的内存操作指令被提前执行，即后续内存操作指令重排时无法向上越过屏障。Write Release 用于修饰内存写指令，Write Release 的写指令会禁止它上面的内存操作指令被滞后到写指令完成后才执行，所有被 [Read Acquire, Write Release] 包含的区域，即构成了一个临界区，临界区内的指令，确保不会在临界区外执行。因此，Read Acquire 又称为 Lock Acquire，Write Release 又称为 Unlock Release。不同的体系结构以及语言模型下，这两种内存屏障都有相应的实现。

5.4.3　无锁同步

锁是实现并发同步的比较简单的方式，但锁的实现存在一些不足。第一，锁的范围比较难控制，当锁的范围较大时，操作比较简单，但性能较低。当锁的范围较小时，变量控制更精确，但容易造成逻辑错误。第二，线程占有锁，常处于独占状态，这样其他线程就会被挂起，处于阻塞状态。第三，由于线程需要经常进行阻塞状态和运行状态转换，所以会发生上下文切换，增大开销。

因此，实现一些无锁（Lock-Free）的非阻塞算法可以使得线程一直运行。CAS 是一种常用的无锁算法，是基于 cmpxchg 原子指令实现的。CAS 的基本过程：对于内存值 V、预期值 A（旧值）和更新值 B，当预期值 A 和内存值 V 相同时，内存值 V 将被修改为更新值 B，反之亦然。

如图 5-26所示，P0 和 P1 同时要修改地址为 X 的变量，P0 指令更“早”，比较旧值后修改为 7。当 P1 在执行 CAS 操作时，发现 X 的值 7 与已有的旧值 6 不符合，则不进行修改。这时 P1 把 7 更新为旧值，进入下一轮 CAS。

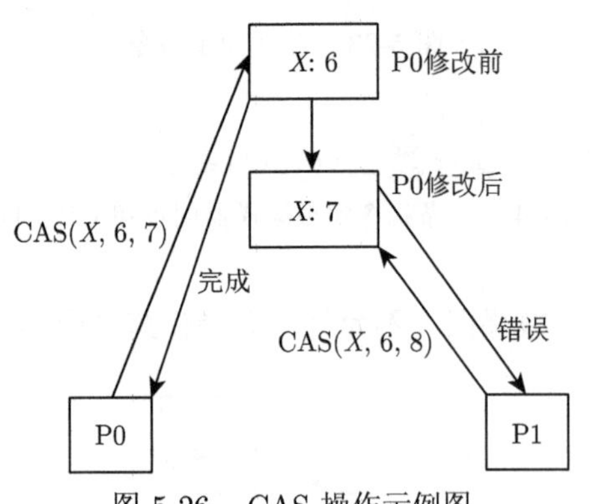

图 5-26　CAS 操作示例图

采用 CAS 同步的代码如图 5-27所示。如果在读取旧值和进行 CAS 操作之间，有其他处理器改变了 addr 所在地址处的值，则 CAS 不会修改成功，重新进入下一轮循环。CAS 会出现“ABA”问题，例如，X 的值为 6，处理器 P0 读到了该值。此时处理器 P1 将 X 的值改为 7，接着处理器 P2 读取 7 并把 X 的值改为 6。处理器 P0 进行 CAS 操作时，会认为没有发生修改，从而将值改为 8。这样，CAS 虽然会更新成功，但是中途加入的处理器操作对于该处理器是不可见的。解决的办法是为每一次操作，加上时间戳或增加修改次数的变量等。

```
1 void access(*addr, new_val){
2     do{
3         old_val = *addr; //读取 addr 所在地址处原有的值
4     }while(!CAS(addr, old_val, new_val));
5 }
```

图 5-27　采用 CAS 同步的代码

5.5　本章小结

本章主要讨论了高性能计算机存储层次结构下的高速缓存、缓存一致性协议以及内存屏障等内容。5.1节讨论了现代处理器的存储层次结构。5.2节讨论了高速缓存下不同数据副本之间的一致性问题，阐述了基于侦听和目录的缓存一致性协议。5.3节讨论的是多处理器针对不同内存地址的读写操作，由于指令顺序引发的内存一致性问题。一致性模型主要分为顺序一致性和松弛一致性两大类。松弛一致性给微体系结构的优化提供了空间，但是需要通过内存屏障解决并行程序的执行结果确定性问题。5.4节介绍了内存屏障的分类及其相应机制。

课后习题

5.1 什么是内存屏障？它的作用是什么？

5.2 如何判断一个存储系统是否具有一致性？

5.3 请简述 cmpxchg 指令的作用。

5.4 CAS 可能会出现什么问题？有哪些解决方案？

5.5 请简述使用虚拟内存的好处。

5.6 CPU 执行一段程序时，Cache 完成 1000 次存储的操作，主存完成 200 次存储操作，假设 Cache 存取周期为 50ns，主存存取和缓存更新周期为 250ns，请问平均访问时间是多少？

5.7 缓存可以看作一种过滤器，假设有一个大小为 2MB 的缓存，每 1000 条指令有 20 条无法命中，那么该缓存的 MPKI（每千条指令未命中数）为 20。假设有以下数据（缓存/延迟/MPKI 值）：32KB/1/100、128 KB/2/80、512 KB/4/50、2 MB/8/40、8MB/16/10。其中延迟的单位是时钟周期数，访问片外存储器系统平均需要 200 个时钟周期。对于以下缓存配置，计算一条指令访问存储层次结构所花费的平均时间（用时钟周期表示）。

（1）32KB L1 / 2MB L2 / 8MB L3。

（2）128KB L1 / 512KB L2 / 2MB L3。

（3）32KB L1 / 128KB L2。

5.8 观察题 5.7 的计算结果，可以获得什么启发？

第 6 章　高性能计算机的互连网络

高性能并行计算系统中的各个部件（如处理器、存储器、I/O 设备等）之间都需要通过互连网络来交换信息。例如，多核处理器中每个核心通过互连网络连接共享内存，多核之间通过核间通信网络进行通信。由于当代高性能并行计算系统的规模日益庞大，如何高效解决处理器、处理单元与存储模块之间的通信问题成为一个关键问题，而互连网络的性能直接影响到整个并行计算系统的性能和可扩展性。本章将对高性能计算机的互连网络进行具体介绍。

6.1　基本定义和评价指标

互连网络是指连接计算机系统内部多个处理器或者不同功能部件（如存储模块、缓存器、I/O 设备等）的网络。从逻辑上看，互连网络是使用通道（或链路）互连的节点的图结构（图 6-1），图中每个顶点代表一个节点，节点是互连网络连接的组件。节点又进一步分为终端节点（Endpoint）和交换（Switch）节点，终端节点是消息起源和终止的点，交换节点是将消息从输入端口转发到输出端口的点；图中的边代表链路（Link）或通道（Channel），路径（Path）是连接源节点和目的节点的一系列边。注意，对于分布式内存系统，终端节点配备有网络接口（Network Interface），其负责代表终端节点向网络中发送数据和从网络中接收数据。

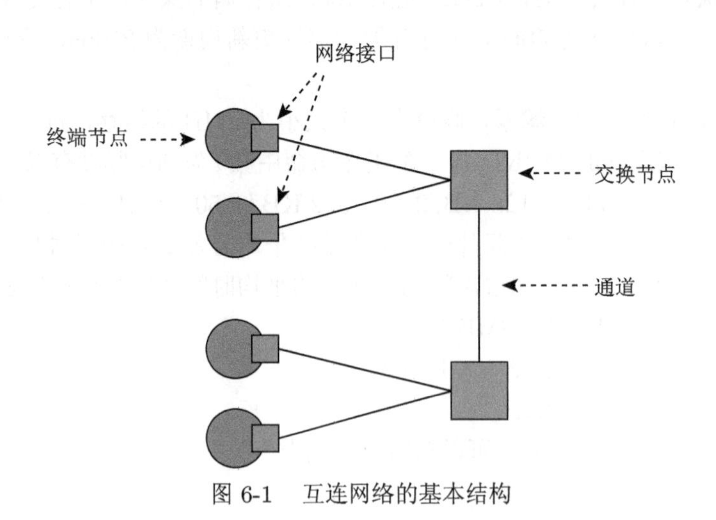

图 6-1　互连网络的基本结构

互连网络的性能指标是由图的概念延伸出来的，利用图的有关参数可以定义互连网络的性能参数。主要和图属性相关的指标如下。

（1）节点度 (Degree)：连接到一个节点的所有边的数目。如果是有向图，节点度还可以进一步分为出度和入度，分别表示以该节点为起点和终点的边数。

（2）节点距离（Distance）：两个节点之间相连的所有路径中，最短的那条路径上的边数。

（3）网络直径（Diameter)：互连网络中任意两节点之间距离的最大值。

互连网络传输方面的性能指标主要如下。

（1）传输带宽（Bandwidth)：互连网络传输消息的最大速率，常用的单位是每秒传输的比特数（Bits Per Second，bps)。

（2）吞吐量（Throughput)：互连网络中的链路实际情况下每秒传输的比特数，吞吐量不可以超过链路带宽，而且会随着时间波动变化（图 6-2)。

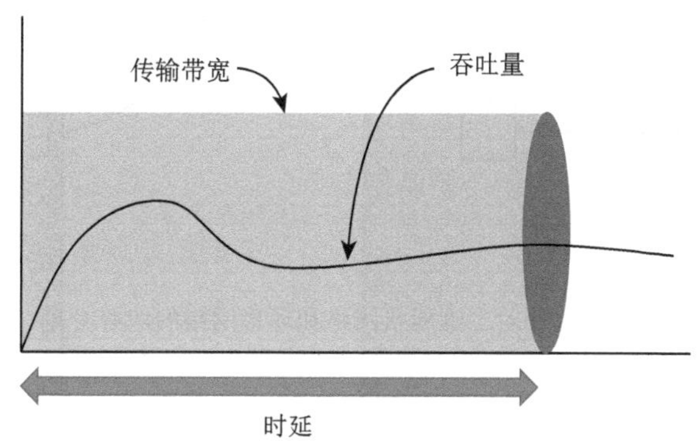

图 6-2　网络传输带宽和吞吐量

（3）时延（Latency)：包括传播时延、传输时延、处理时延、排队时延等。其中，传播时延是指从源节点开始发送第一个比特，到目的节点收到该比特所需的时间，而传输时延是指从源节点开始发送数据块到数据块完整发送完所需的时间。传播时延由传输距离和传输介质决定，传输时延由传输的数据块大小和带宽所决定。处理时延是指节点在处理数据包时所花费的时间，如进行路由查找、包头部分析等。排队时延是指在网络传输时，数据包在传输路径上路由节点的输入队列中，由于排队等待转发所导致的时延。总的时延是上述四种时延的总和。

另一个重要的指标是二分带宽（Bisection Bandwidth)。首先，通过一个截面将互连网络进行对等分割，划分为对等的两个子网，满足两个子网中节点数目相同，沿截面的边数目最小。在图 6-3中，给出了针对二维网状网络和环形网络的对等分割，其中虚线代表截面。对等分割后，通过截面的所有边的传输带宽总和称为二分带宽。

图 6-4给出了一个计算二分带宽的具体示例。在图中的网络拓扑下，虽然实线截面也将网络分割成了两个对等子网，然而通过实线截面的边数并不是所有对等分割中最小的，而通过虚线截面的边数才是所有对等分割中最小的。假设 n 为总的节点数量，b 为通道带宽，则二分带宽为 $\sqrt{n} \times b$。

互连网络是根据拓扑结构、流控机制、路由算法和交换策略等四种特征进行分类的。拓扑结构是指网络中通道和节点的静态排列结构；流控机制为消息包分配网络资源（通道、缓冲区等）以及管理资源竞争；路由算法确定消息/数据包的路径集合；交换策略是定义消息/数据包沿着路径传输的方法，主要分为包交换和线路交换。由于互连网络的交换策略和传统因特网上的交换策略类似，本书中将着重介绍互连网络的前三个方面特征，即拓扑结构、流控机制、路由算法。

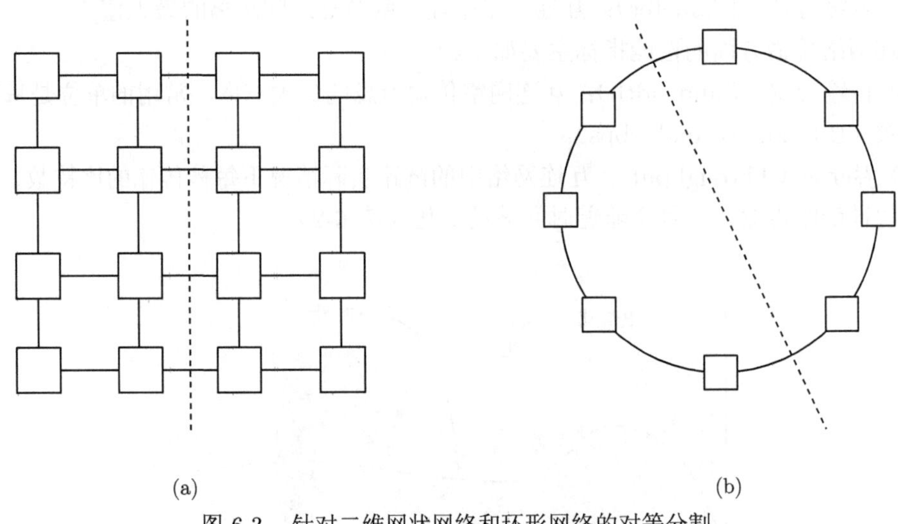

图 6-3　针对二维网状网络和环形网络的对等分割

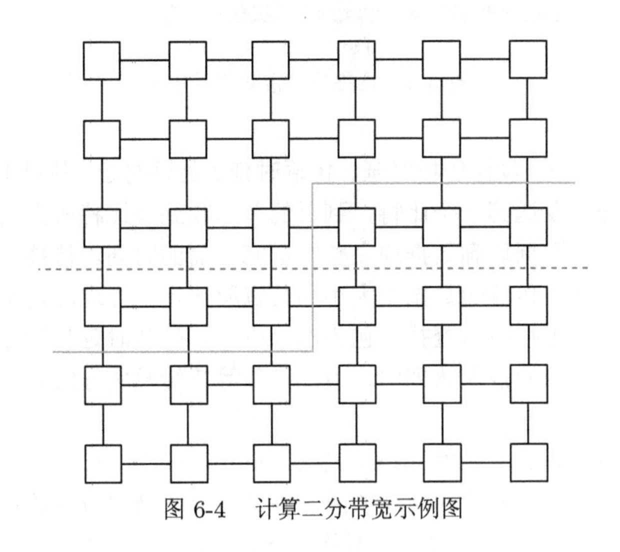

图 6-4　计算二分带宽示例图

6.2 拓 扑 结 构

互连网络的节点和节点之间的连接可以是任意的，因此，产生了各种不同的拓扑结构。拓扑结构可以用有向图或者无向图来表示。拓扑结构直接决定了互连网络的一些性能参数，如网络直径、二分带宽、交换度数等。根据互连网络的连接是固定不可变的，还是可以动态建立的，把互连网络划分为两类：静态网络和动态网络。具体分类见图 6-5，下面将具体介绍各类互连网络。

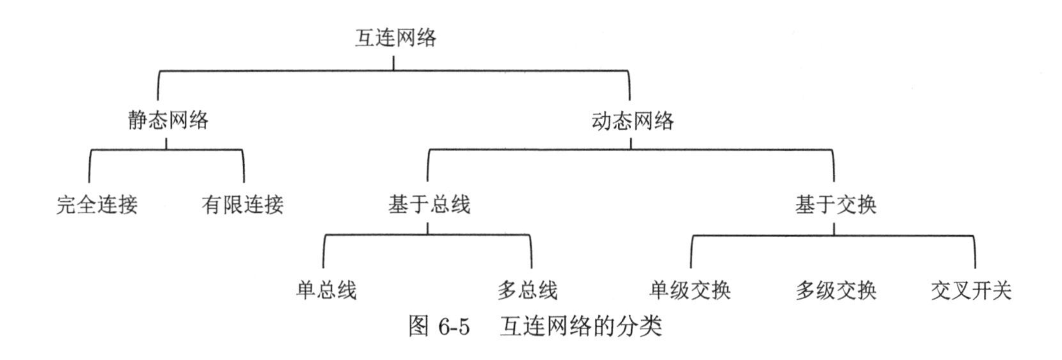

图 6-5　互连网络的分类

6.2.1　静态网络

在静态网络中，并行系统的各个元件（如处理器、存储器）之间的互连是基于固定连接的，如果不对系统进行物理重新设计，就无法对其进行修改。静态网络可以有许多种不同的结构，如一维结构（如线性结构、管道）、二维结构（如矩阵、环、环面、树、星等）、超立方结构等。静态网络也称为直接互连网络，因为网络中每个交换节点都与一个终端节点直接连接。

静态网络可以按照拓扑结构是否是完全连接来进行分类，可以进一步分为完全连接互连网络和有限连接互连网络。在完全连接互连网络中，每个节点都连接到网络中的所有其他节点，保证消息可以从任何源节点快速传递到任何目的节点（只需穿越一条链路）。由于每个节点都连接到网络中的其他节点，因此节点之间的消息路由成为一项简单的任务。但是构建完全连接的互连网络，所需的链路数量非常多。随着网络节点数的增加，这种缺点所带来的代价越来越难以承受。有限连接互连网络不提供从每个节点到网络中其他每个节点的直接链路。相反，一些节点之间的通信必须通过网络中的其他节点进行路由。其节点之间的路径比完全连接互连网络要长。典型的有限连接互连网络拓扑结构包括树、网状、环面、超立方等。

在树形网络拓扑结构中，计算系统的节点以从根节点到叶节点的层次结构设置。树形网络拓扑结构具有一个根节点以及众多子节点，同时，一个根节点会连接些许子节点，并且每个子节点都会关联一个不相交的子节点集合，树形网络拓扑结构的最大特点在于其不存在环路。树形网络拓扑结构分为平衡树以及非平衡树，平衡树表示树形网络拓扑结构中每个叶节点到根节点的距离都相同。图 6-6给出了树形网络拓扑结构示意图。传统二叉树的主要问题之一就是通向根节点的通信瓶颈问题，这是因为根节点的通信最忙，树形网络的二分带宽都为 1。

为了解决树形网络拓扑结构中网络直径过大，通往根节点的数据过多导致的通信瓶颈问题，胖树（Fat-Tree）网络拓扑结构被提出，如图 6-7所示。为了解决通信瓶颈问题，胖树网络拓扑结构从下往上对应的通道宽度逐渐增加，可以减轻根节点的流量负载。假设有一棵 k 级树，有 2^k 个叶节点，如果左边子树上的所有叶节点都试图与右边子树上的节点通信，就有 2^{k-1} 条消息通过一条线进入根节点，同样也通过一条线出去，而胖树网络拓扑结构每一级都有相同的总带宽，避免了树形网络拓扑结构的根节点拥堵。

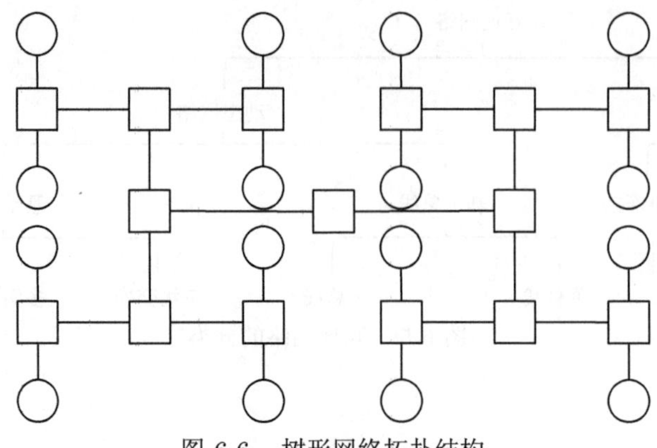

图 6-6　树形网络拓扑结构

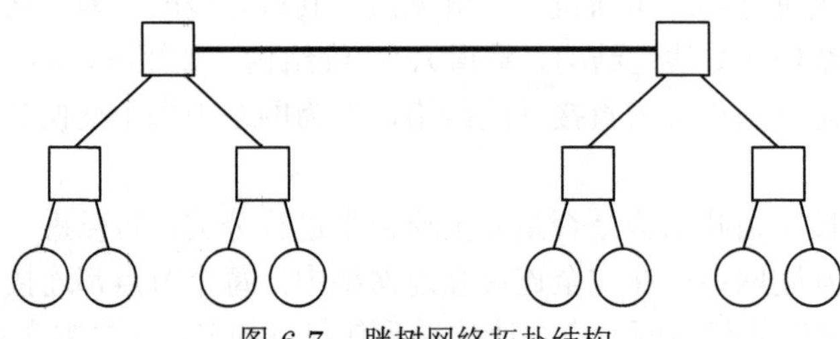

图 6-7　胖树网络拓扑结构

网状（Mesh）网络拓扑结构（图 6-8）是一种多节点到多节点的相互连通的网络拓扑结构，各节点至少连接其他两个节点，所有节点形成一个网状结构。

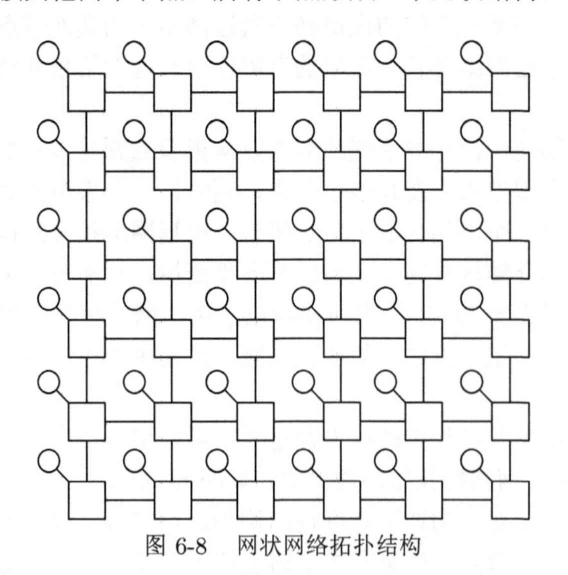

图 6-8　网状网络拓扑结构

环面（Torus）网络拓扑结构是一种广泛使用的网络拓扑结构，为完全连通图，在其部分连接或节点失效时，剩余子图仍是完全连通图，在子图中仍可以完成任意节点间的路由。环面网络中每个节点度都是相同的，任一节点在每一维都和相邻的两个节点直接相连，环面网络拓扑结构的每行和每列都是一个环。图 6-9中给出了一个环面网络拓扑结构示意图。Torus 网络拓扑结构是完全对称结构，从每一个节点的角度来看，整个结构都是相同的，使得 Torus 网络拓扑结构能够更好地实现负载均衡，能够更加简化路由算法的设计和实现，但是 Torus 网络拓扑结构具有更多的回路，在死锁问题上更加复杂。

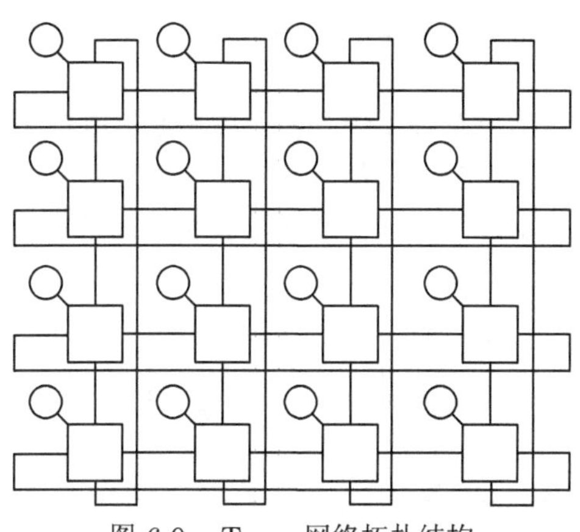

图 6-9　Torus 网络拓扑结构

在超立方（Hypercube）网络拓扑结构中，节点之间的连接对应于 n 维立方体的边。图 6-10给出了一个四维超立方网络拓扑结构。通常，网络直径决定了在网络最远节点之间发送数据所需的中间传输次数。超立方网络拓扑结构的网络直径非常小，等同于普通立方体。因此，超立方网络拓扑结构适用于节点众多的大型系统，在现有的并行计算系统中是非常流行的互连网络。

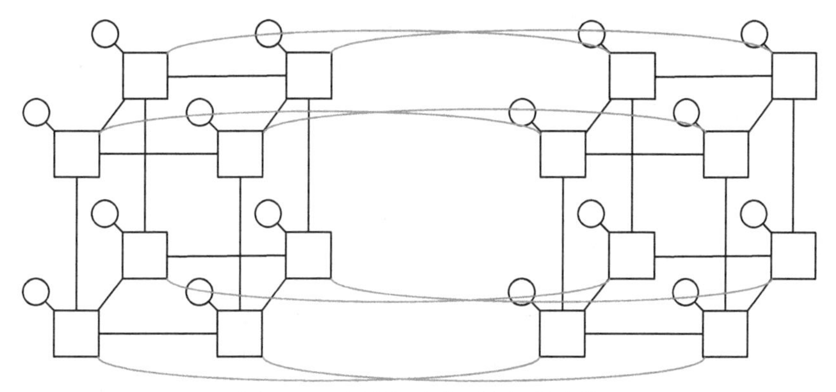

图 6-10　四维超立方网络拓扑结构

6.2.2　动态网络

在动态网络中，输入和输出之间的互连模式可以通过交换元件节点连接改变。动态网络不使用固定连接，而是使用交叉开关、交换机或仲裁器来动态配置连接。根据交换元件类型的不同，动态网络可以进一步划分为基于总线的互连网络和基于交换机的互连网络。动态网络也称为间接互连网络，因为各个终端节点是通过交换设备来间接连接的。

1. 基于总线的互连网络

总线（Bus）是指一组用于连接多个功能部件（如处理器、存储器、I/O 设备）的导线和插口，可以实现多个功能部件之间的互连，但是在同一时刻只能实现一个源节点和一个目的节点之间的数据传输。当有多组不同的节点对同时请求使用总线进行数据传输时，会产生总线争用的问题，这种情况下需要进行总线仲裁。总线的拓扑结构非常简单，实现成本低。

基于总线的动态网络包括单总线系统、多总线系统。单总线系统（图 6-11）一般由 N 个处理器组成，每个处理器都有自己的缓存，通过共享总线连接。所有处理器都与一个共享内存通信。实际系统规模由每个处理器的通信量和总线带宽决定。

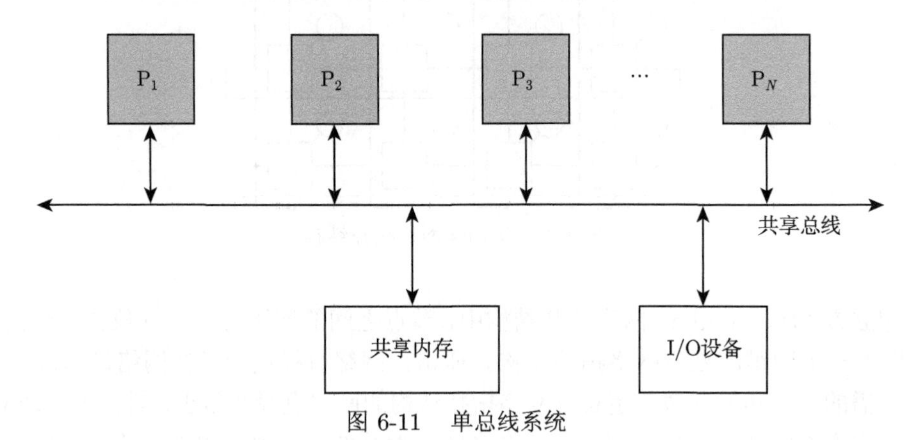

图 6-11　单总线系统

多总线系统（图 6-12）使用多条并行总线来互连多个处理器和多个内存模块。可以为多个不同功能设置专门的总线，也可以为相同功能重复设置多条总线。相对于单总线系统，多总线系统可以提升总线传输的带宽，更为可靠，并且易于扩展。但是当总线数小于内存模块数（或处理器数）时，总线上的竞争会加剧。

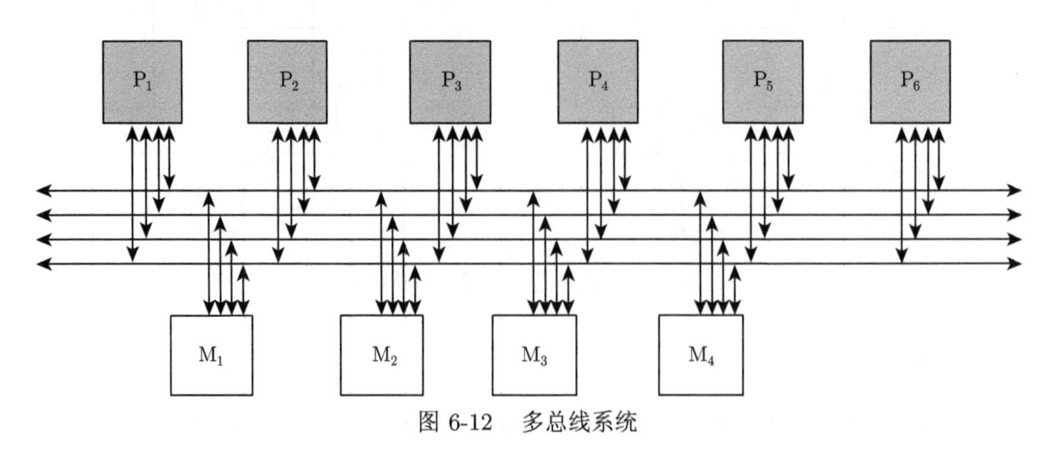

图 6-12　多总线系统

图 6-13 展示了一个典型的基于总线的动态网络，整个计算机系统采用了一种层次式的多总线结构，不同的部分也拥有自己的总线，所有的总线通过专用逻辑接口相连接。实际

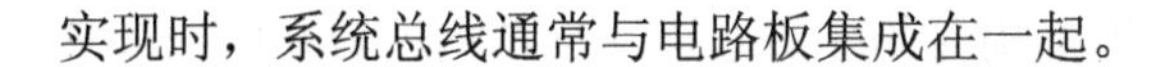

实现时，系统总线通常与电路板集成在一起。

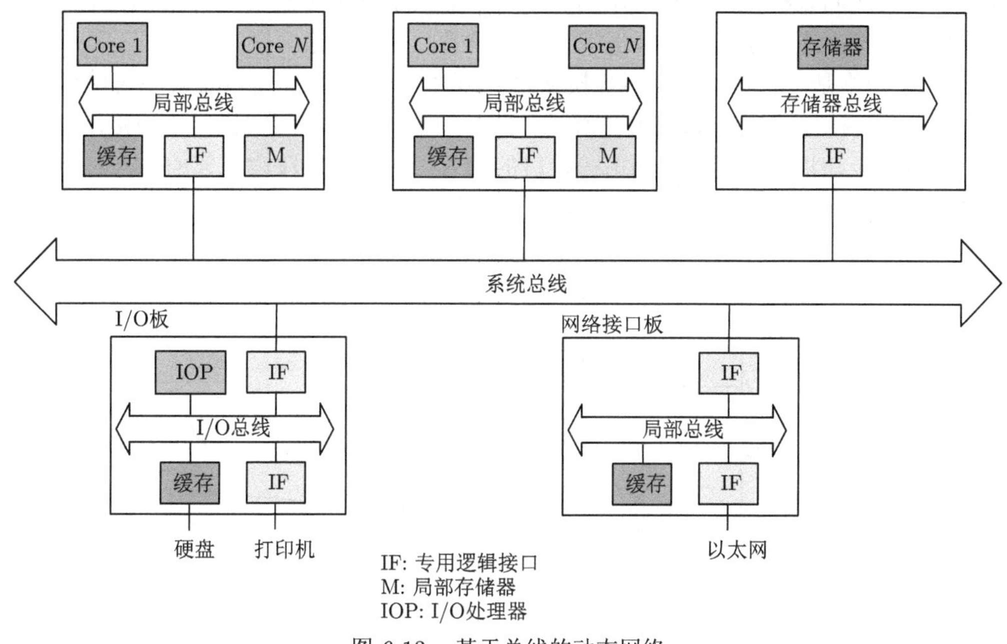

图 6-13 基于总线的动态网络

2. 基于交换的互连网络

在基于交换的互连网络中，处理器和内存模块之间使用交叉开关阵列来实现互连。根据拓扑结构的不同，其可以分为单级交换网络、多级交换网络和交叉开关网络。

单级交换网络使用最简单的开关模块形成单级互连。一个由 a 个输入和 b 个输出组成的开关模块，称为 $a \times b$ 的开关模块。图 6-14 展示了一种最简单的 2×2 开关模块。

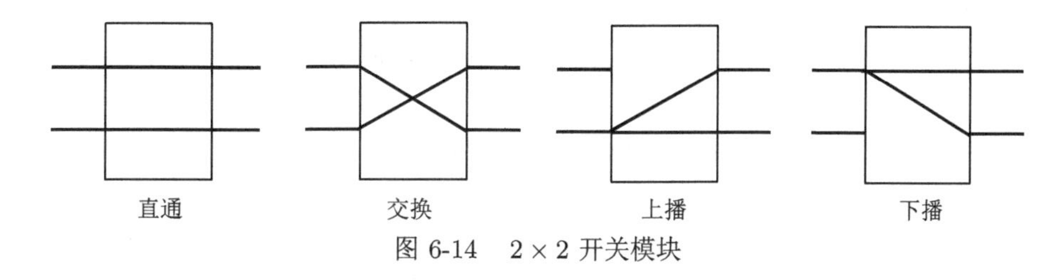

图 6-14 2×2 开关模块

表 6-1 展示了不同开关模块的构成，其中一个输入可以与一个及以上的输出相连接，但是在输出端不能发生冲突。

表 6-1 不同开关模块的构成

模块大小	状态数量	置换连接数量
2×2	4	2
4×4	256	23
8×8	1677216	40320
$n \times n$	n^n	$n!$

多级交换网络是一种由开关模块和级间连接构成的多级互连网络结构，旨在解决处理器和内存模块之间只有一条路径可用的问题，其提供了许多传输路径。各阶段通过级间连接模式相互连接，连接模式可以为洗牌交换、蝶式、立方体等。

Omega 网络是一种典型的多级交换网络（图 6-15），常用于并行计算系统中作为互连网络。Omega 网络使用完全洗牌互连算法，所有的节点使用多级交换模块连接，每个阶段的输出通过完全随机洗牌后，作为下一阶段的输入。在每个阶段，相邻的输入对都连接到一个简单的交换元件，可以直连，也可以交叉连接。

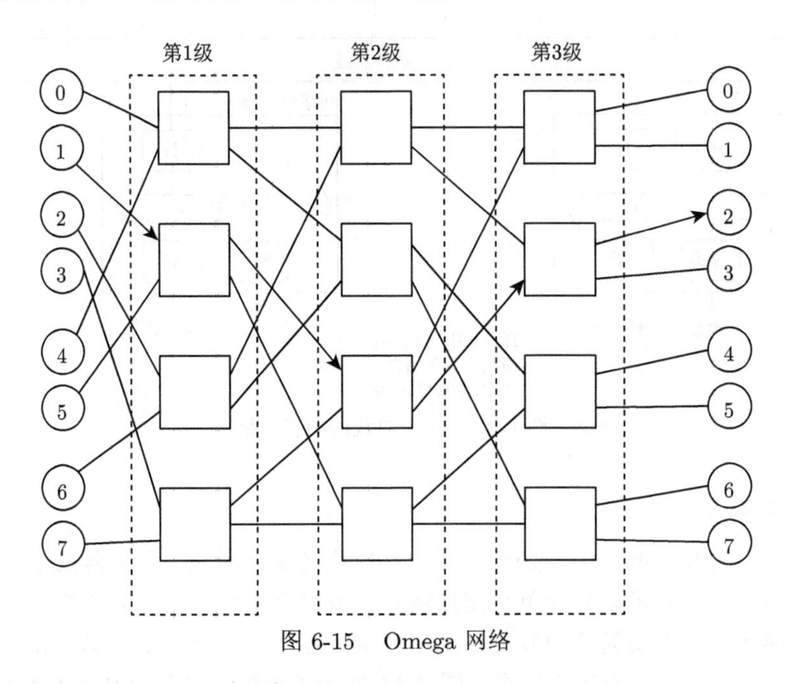

图 6-15 Omega 网络

最广泛使用的是第三种，即交叉开关网络，下面将重点介绍。交叉开关（Crossbar）是一种可以实现并行计算系统中多个系统元件之间同时互连的电路，通常包括输入数据引脚、输出数据引脚和控制引脚。交叉开关交换机比传统总线系统更为强大，通过将线性连接切换为矩阵连接，可以显著提升系统的通信容量，减少了延迟和瓶颈。它有多条输入线和输出线，形成交叉的互连线模式，通过闭合位于矩阵元素每个交叉点的开关，可以建立连接。图 6-16给出了交叉开关网络示意图，交叉开关是让 n 个输入映射到 n 个输出的一种方式，交叉开关的优点是任意输入和输出都可实现无阻塞，缺点是开关元素数量和节点数的平方相关。

Clos 拓扑是一种典型的交叉开关网络。例如，3 级 Clos 网络中一般包含输入级、中间级和输出级。输入级交叉开关的出度与输出级交叉开关的入度相等，输入级交叉开关的入度与输出级交叉开关的出度相等。3 级 Clos 拓扑可以记为 $C(m,n,r)$，其中 m 是输入级交叉开关的出度，n 是输入级交叉开关的入度，r 是中间级交叉开关的入度和出度。图 6-17给出了一个 3 级 Clos 拓扑的示意图。

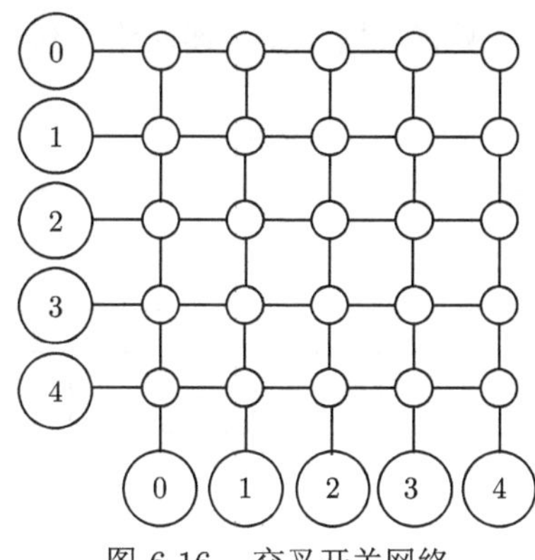

图 6-16　交叉开关网络

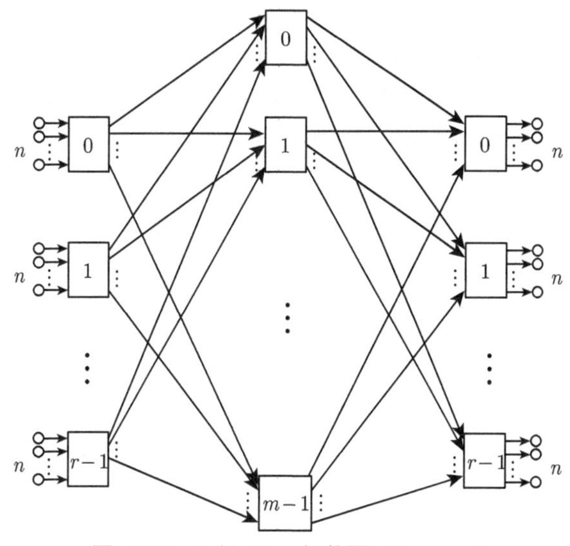

图 6-17　3 级 Clos 拓扑图 $C(m,n,r)$

6.3　流 控 机 制

在互连网络中，需要为消息的传输和路由分配各种资源，其中包括通道（或链路）、缓冲区、控制状态等。流量控制主要解决互连网络中资源分配的问题，用于为数据包在路由路径上传输时分配通道和缓冲区资源，避免资源的竞争和冲突。流量控制算法直接影响到互连网络的吞吐量以及时延。

图 6-18给出了互连网络上传输的消息格式。通常，互连网络中节点之间进行通信的基本逻辑单位是消息 (Message)，消息是不定长的，一条消息通常由若干个包 (Packet) 组成，包的大小通常是固定的，一条消息中包的数量是变化的，每个包的前面几字节组成标识该包的包头。包可以进一步划分为固定长度更小的数据片 (Flit)，片通常分为 3 种类型：寻径信息 (R)、顺序号 (S)、数据片 (D)。在物理层，数据片会被划分为一组 phit 块进行实际的物理传输，phit 块是物理层传输单位。交换技术是以数据片为单位进行处理的，数据

片是最小流控单位，同一个包的所有数据片在互连网络上传输遵循同样的路径。

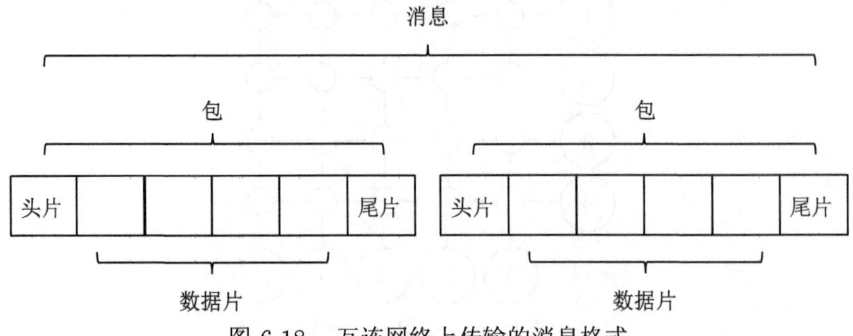

图 6-18　互连网络上传输的消息格式

图 6-19给出了消息格式的粒度划分，流控机制根据消息、包、片分为三类：基于消息的流量控制 (Message-Based Flow Control)、基于包的流量控制 (Packet-Based Flow Control) 以及基于片的流量控制 (Flit-Based Flow Control)。针对链路层的流量控制主要是基于信用量的流量控制 (Credit-Based Flow Control)。

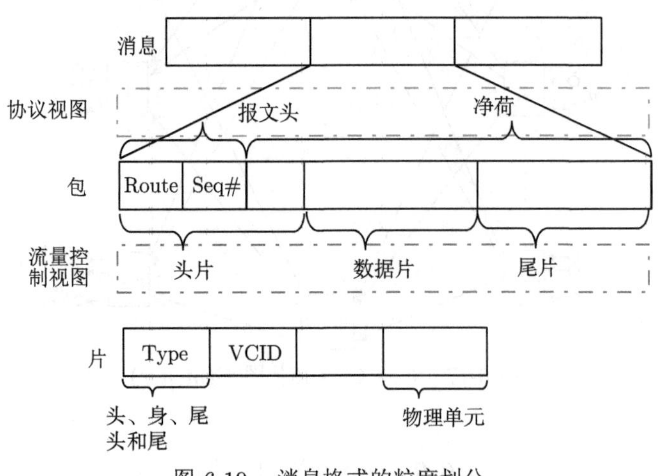

图 6-19　消息格式的粒度划分

6.3.1　基于消息的流量控制

基于消息的流量控制是一种粗粒度的流控机制，主要基于线路交换。在传输消息之前，首先要在源节点和目的节点之间建立一个物理传输通道，该通道的建立需要预定物理传输通道上所有需要的开关端口以及整条路径，一旦路径和端口都预定成功，所有的消息包就可以从源节点高速传至目的节点。图 6-20给出了线路交换示意图。

线路交换方式适用于动态的大规模并行处理数据传送的情况，可以实现较小的传输时延。在包传递的过程中，能够实现无竞争全速传递。其缺点在于在传输前必须预留资源，使用效率不高，同时，如果两个节点之间传递的数据包较小，频繁地建立物理传输通道的成本会很高。

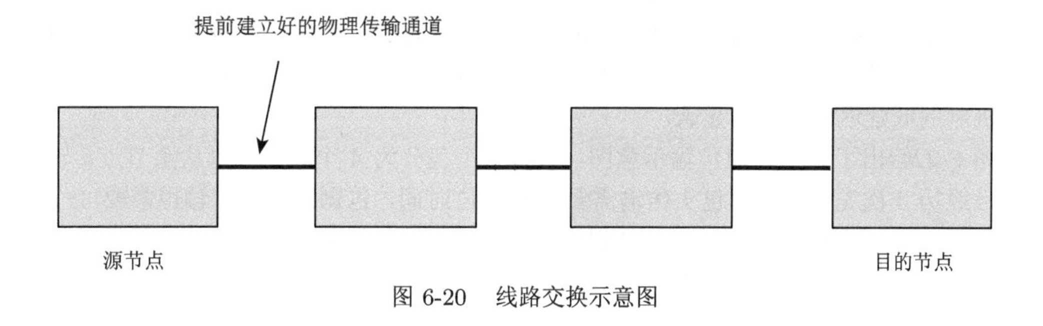

图 6-20　线路交换示意图

6.3.2　基于包的流量控制

基于包的流量控制中，包是信息传递的基本单位，通常情况下消息都会被切割为多个包，包从源节点经过一系列中间节点到达目的节点，从而实现信息的传递。基于包的流量控制需要通过每个节点的缓冲区来存储传输中的数据包，缓冲区至少有一个完整的包大小，流量控制主要有存储转发（Store and Forward）以及虚拟直通（Virtual Cut Through）两种实现机制。

1. *存储转发*

对于存储转发机制，一个包在传输过程中，首先会被放入发送节点的缓冲区，当发送节点的输出通道空闲，且接收节点的缓冲区可用时，发送节点才会将包传递给接收节点。对于一个包而言，其在被转发之前，是完全缓存在每个发送节点中的。存储转发技术中，由于整个包是完整转发的，在包头达到转发节点，而后续包还在物理通道中传输的情况下，包头只能进行等待，这将在每一跳都产生延迟。

图 6-21给出了存储转发传输示意图。假设一个包分为 4 个单元，包从源节点传递至目的节点经历 3 次完整传输，每次传输都需要完整传输 4 个单元，每个单元的传输需要 1 个单位时间，那么在存储转发机制下，总传输时间为 12 个单位时间。存储转发传输的优点在于占用物理通路的时间比较短，同时不需要提前进行资源的预留，因此通道的使用效率非常高；缺点是为了避免包丢失，每个节点需要提供一定容量的包缓冲区，同时，传输时延与节点间距离成正比，导致时延通常较大。

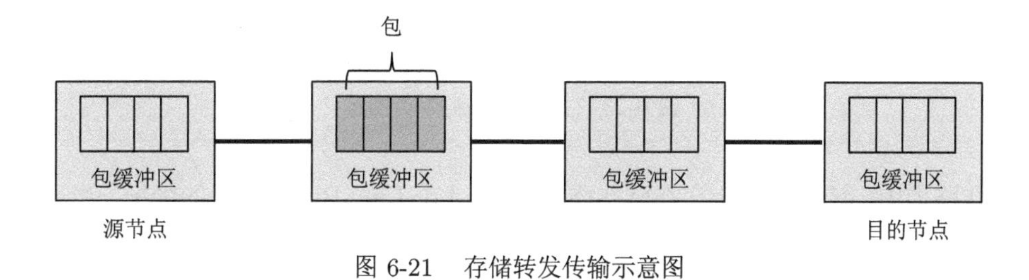

图 6-21　存储转发传输示意图

2. *虚拟直通*

虚拟直通传输的目的是降低存储转发传输过程中的高延迟。不同于存储转发机制，虚拟直通技术下，一个节点在接收到包头时，就开始路径选择，而不必等到接收到全部的包后才进行路径选择，这样可以显著降低转发过程中的延迟。网络负载较为重时，虚拟直通机制和存储转发机制的性能类似；网络负载较轻时，各个节点可以做到无阻塞转发，虚拟直通机制的低延迟优势比较显著。

图 6-22给出了虚拟直通传输示意图。假设一个包分为 4 个单元，包从源节点传输至目的节点经历 3 次完整传输，包头传输需要 3 个单位时间，包剩余数据传输也需要 3 个单位时间，因此共花费 6 个单位时间。理想情况下包的传输可以完全流水起来，最坏的情况则退化为存储转发。

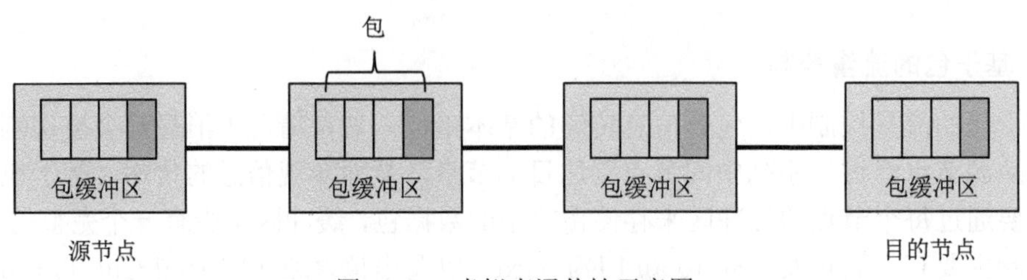

图 6-22　虚拟直通传输示意图

6.3.3　基于片的流量控制

基于片的流量控制以片为粒度，将包划分为固定长度的片进行传输，主要有两种实现技术：虫孔（Wormhole）路由以及虚拟通道（Virtual Channel）。

1. 虫孔路由

虫孔路由中每个包被划分成更小的片，地址信息只存储在头片中，交换节点在接收到头片时，根据其所包含的地址信息，立刻转发此片，同时物理通道保持被此包所使用的通道占用状态，直到传输完最后一个片，同一个包中所有的片都在节点中顺序传输。这种后续数据片以跟随方式在头片后面移动的方式，像一个包在网络中蠕动一样，因此称为虫孔路由。图 6-23给出了虫孔路由流控时空图。

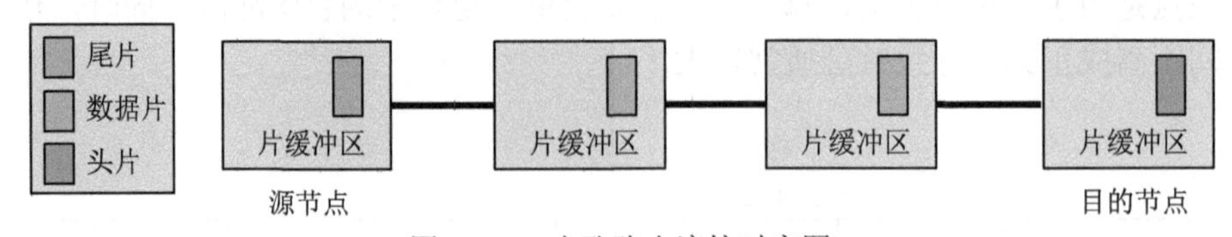

图 6-23　虫孔路由流控时空图

虫孔路由中，包的传输会存在队头阻塞（Head-of-Line Blocking）的情况。当一个头片由于所选择的通道忙或目的节点的片缓冲区满，暂时无法立即进行转发时，必须在目的节点的片缓冲区中进行等待，这时其他后续数据片也必须在源节点上等待，因此产生了队头阻塞问题。

虫孔路由流控的单位是片，因此，缓冲区大小可以降低到片级别，通过流水方式来实现高吞吐量和高带宽利用率。虫孔路由中，新旧链路的建立与释放是同步的，这意味着一旦有新的链路建成，必然伴随着一条旧链路的释放；虫孔路由允许片被路由器复制并且可以从多条输出链路中输出，便于实现选播和广播通信。虫孔路由的缺点是一旦包中的一个片被阻塞，那么整个包中的全部片都将被阻塞，同时这个包还占用着节点资源，直至包中的片不再阻塞。

2. 虚拟通道

为了解决虫孔路由中的队头阻塞问题，在交换节点的输入输出端设置片缓冲区，在不同的片对之间建立虚拟通道。虚拟通道是一种逻辑上的通道，通过分配源节点的片缓冲区、目的节点的片缓冲区，以及共享两个节点之间的物理通道来实现。虚拟通道传输如图 6-24所示，图中包含 2 条虚拟通道和一条共享物理通道。

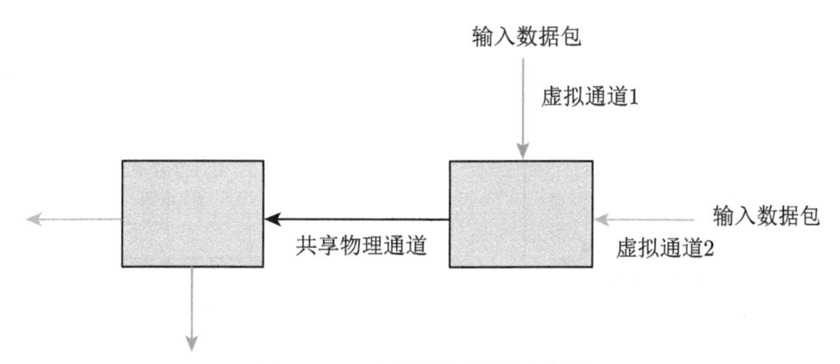

图 6-24　虚拟通道传输示意图

源节点的缓冲区存放的是待使用的片，而目的节点的片缓冲区存放的则是刚通过物理通道传递而来的片。不同虚拟通道中的片可以传输，避免阻塞唯一的物理通道。虚拟通道机制可以和任何流控机制结合，例如，可以和虫孔路由进行结合，提升虫孔路由的通道利用率。

虚拟通道可以分为单向虚拟通道和双向虚拟通道。双向虚拟通道的优点在于可以增加通道利用率，增大通道的带宽；缺点在于与单向虚拟通道比起来更为复杂，处理不当容易增加延迟以及成本。

表 6-2给出了不同流控机制的特征总结。虫孔路由或虚拟通道的流控机制由于需要的缓冲区较小，在片上网络中广泛使用；虚拟直通可以实现较低的延迟，因此，在高性能计算网络中使用较为普遍。

表 6-2　流控机制总结图

流控机制	链接	缓冲区	特点
线路交换	消息	缓冲区不是必要的	消息传递前必须预留资源
存储转发	包	包	每个节点需要提供一定容量的包缓冲区
虚拟直通	包	包	一旦接收到包头，即可进行路由决策
虫孔路由	包	片	存在队头阻塞问题
虚拟通道	片	片	利用片缓冲队列解决队头阻塞问题

6.3.4 基于信用量的流量控制

互连网络中，如果发生缓冲区溢出，包就会被丢弃。为了避免这种情况的发生，上游路由节点需要知道下游路由节点的缓冲区可用性。一种常用的方法是基于信用量的流量控制方法，它是实现虚拟通道流量控制的有效方法，工作流程如下：上游路由节点存储每个下游路由节点虚拟通道的信用量，在通过通道发送数据之前，发送端需要接收端通过虚拟通道发送信用量，说明接收端可用的缓冲区大小。当接收到信用量后，发送端就根据信用量发送数据到接收端，每次发送端发送数据后，相应的信用量减少，这样可以有效减少失败重传造成的网络阻塞。基于信用量的流量控制的工作原理如图 6-25所示，可以将每次的请求、确认握手看成在源节点和目的节点之间传输的信用量，在目的节点的输入缓冲区容量未满的时候，就将信用量传递给源节点，源节点就可以通过由目的节点传送的信用量进行数据传输。

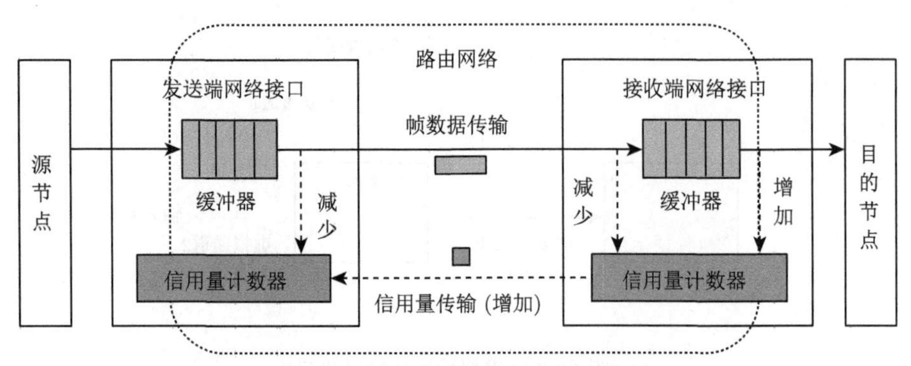

图 6-25 基于信用量的流量控制工作原理

在基于信用量的流量控制中，接收端控制传输过程中的发送速率，而发送端则被动地调整速率以与接收端同步。因此，基于信用量的流量控制也称为基于反压（Backpressure）机制的流量控制，反映了由下游控制上游的核心思想。基于信用量的流量控制的思路适用于任何流量控制方案。实际上，各种软硬件系统，都有类似的机制。例如，从硬件中的总线技术 PCI Express、Intel QPI（Quick Path Interface），到 RDMA 网络协议，再到流式计算系统 Flink，都采用基于信用量的流量控制机制。

6.4 路由算法

路由算法是用来确定源节点到目的节点之间的包传输路径的方法。路由算法通常是根据互连网络的拓扑结构的特征设计的，主要目的是实现数据传输的低时延以及负载均衡，避免死锁的同时具备容错能力。

6.4.1 路由死锁问题

互连网络传输数据的过程中，数据包由于等待被其他报文占据的资源而阻塞，因此产生了网络中的相关。当占据某个资源 r_a 的包正在等待另一个资源 r_b 时，称为网络中有 r_a 到 r_b 的相关。相关可以用有向图来表示，如图 6-26所示。图 6-26(a) 中表示的是三个资源 r_1、r_2、r_3 之间存在相关，如果 p_1、p_2、p_3 分别为占据资源 r_1、r_2、r_3 的包，则图 6-26(a) 可以称为图 6-26(b) 的资源等待图。从图 6-26(b) 中可以看出，此种情况下，资源之间的等待形成了一个环，如果环上每个占据资源的包都不主动释放资源，所有包都无法获取资源，这种情况称为死锁。

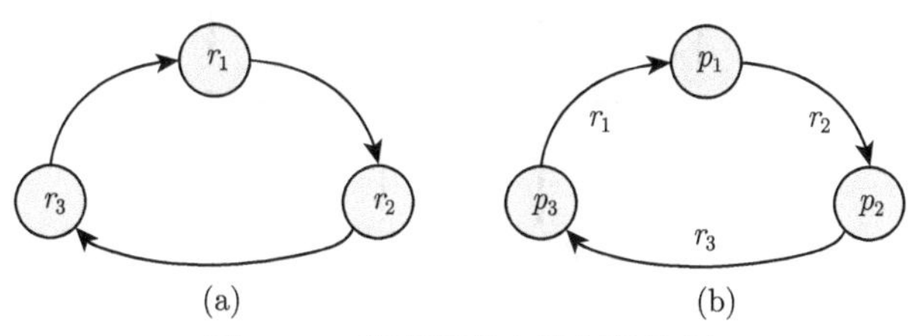

图 6-26　资源相关和资源等待图

死锁问题是互连网络路由算法中最具挑战性的问题之一，解决死锁问题的方法主要有死锁恢复和死锁避免两种。死锁恢复在网络资源分配时不进行任何检查，分配完之后通过某种机制检测死锁的发生，一旦发生死锁，就释放某些资源并将其分配给其他包，通常在释放资源的同时会进行包的丢弃。死锁避免的策略是包通过网络时请求资源，但是只有当分配资源不破坏全局安全状态时，即不形成资源等待环时，包才可以获得资源。互连网络中一个路由算法是无死锁的，当且仅当由这个路由算法产生的通道相关图中无环路。

6.4.2　路由算法的分类

路由算法的分类方法有多种，本节主要介绍确定性路由、显式路由和自适应路由等三类路由算法。

1. *确定性路由*

确定性路由（Deterministic Routing）：表明源节点和目的节点之间只有一条路径可选，无论选择路径上是否有通道出现阻塞，包都将沿着确定的选择路径进行传输。该算法实现简单，但当发生拥塞或路径有故障时，无法改变路径，没有路径多样性，因此可能会引起资源争夺。确定性路由中由于没有循环的资源分配，所以是无死锁的。确定性路由主要有 3 种，即算术选路法、源选路法和查表选路法。

算术选路法的典型代表是维度顺序路由（Dimension-Order Routing）算法，即先在 X 轴方向上确定路由路径，再在 Y 轴的方向上确定路由路径，也称为 XY 路由（XY Routing）方法。XY 路由算法主要用于二维互连网络，假设包从任一源节点 S 到任一目的节点 D，则一般是从 S 开始，先沿 X 方向后沿 Y 方向前进到 D。采用 XY 路由算法寻径不会出现死锁现象。图 6-27所示为在 16 个节点的二维网格网络进行 XY 路由，从节点 3 到节点 5 需要先沿 X 方向前进至 1，再沿 Y 方向前进至 5。XY 路由算法可以在源节点和目的节点之间建立一条距离最短的路径，但有时为了减少网络流量和避免死锁，只能通过该算法得到非最短路径。对于环形网络，采用该算法无法得到最短路径。

源选路法是指源节点为包路由建立一个头部，其中包含选择路径中包含的所有交叉开关的输出端口，包路由路径的各个交叉开关从包头中读取端口号并将包路由传递到相应的通道。源选路法可以采用相对简单的交叉开关设计，通用性较好，但是需要设计较大的包头。

查表选路法是另一种方法，通常为每个交叉开关构建并维护一张选路表，通过把包头的选路域作为索引来在选路表上进行查询，得到输出端口。查表选路法的不足是选路表可能比较大，查询代价和时延较高。

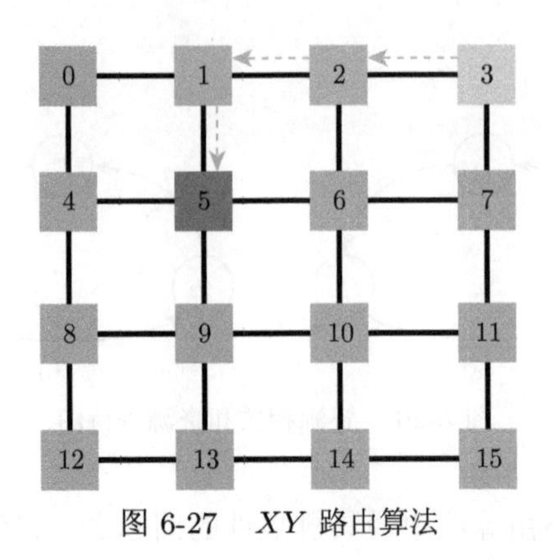

图 6-27 *XY* 路由算法

2. 显式路由

显式路由（Oblivious Routing）是为一类流量需求寻找一个鲁棒的路由，从而有能力处理峰值流量。显式路由的一个潜在缺点是，当流量可预测且稳定时，优化最坏情况下的性能可能会带来很高的成本，这可能会占用大部分时间。与自适应路由不同，显式路由在设计路由的通路时并不会考虑网络的状态。显式路由中最常见的算法是 Valiant 路由算法。Valiant 路由算法的核心思路是随机选择一个中间地，先路由到它，然后从中间地路由到最终目的地。图 6-28给出了常见的 Valiant 路由算法实现。Valiant 路由算法（暴力随机）是一种无关路由，一个包从源地址发到目的地址，会随机选择一个中间地址，这样可以实现负载均衡，但是会破坏本地性，如图 6-28(a) 所示，随机选择中间节点会破坏本地性，并且极大增加跳步数。Valiant 路由算法可以限制为只支持最短路径路由，如图 6-28(b) 所示，限制只能在最短路径之选择中间节点，共有三条可选路径，图中只标志出了一条。Valiant 路由算法在源目标到中间目标的路由过程中可以和 *XY* 路由算法结合使用，避免死锁，该算法相比确定性算法，可以使网络的负载更为均衡。

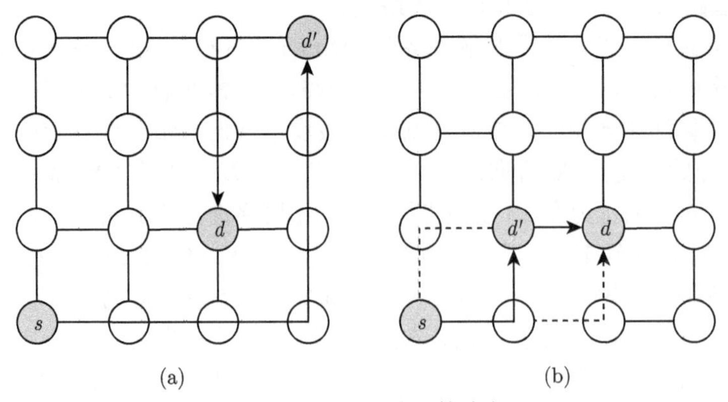

图 6-28 Valiant 路由算法实现

3. 自适应路由

自适应路由（Adaptive Routing）是指路由通路每次都要根据资源和网络状态来选择。该算法可以避开失效的或拥堵的节点，使网络负载更为均衡，提高了网络的吞吐率和链路的利用率。同一拓扑结构的互连网络有很多自适应路由选择实施方案。自适应路由的链路选择是由节点上的寻径器根据寻径中碰到的流量动态决定的。如果所希望的输出端口之一被阻塞或失效，寻径器可以选择一个替代链路送出数据包。

自适应路由的算法实现较为复杂，按照自适应的程度分为两类：最小自适应（Minimal Adaptive）和非最小自适应（Non-Minimal Adaptive）。最小自适应是路由器根据网络状态（如下游缓冲区占用）来选择将数据包发送到哪个有效输出端口（Productive Output，使数据包更接近其目的地的端口），该算法能针对局部堵塞进行优化并且可提高链路利用率。最小自适应寻径仅沿着到达目的节点的最短路径引导数据包，每一次寻径都必须缩短到达目的节点的距离。允许使用所有最短路径的自适应算法称为完全自适应算法，否则就是部分自适应算法。非最小自适应算法会根据网络状态，将经过错误路由的数据包转发到非有效输出端口（Non-Productive Output），相比最小自适应算法，可以实现更高的网络利用率和更好的负载均衡，但需要保证活锁自由。非最小自适应寻径的一种做法是：寻径器从不缓冲数据包，如果一个以上的数据包指向同一个输出链路，寻径器只将其中的一个包送往其目的节点，而将其他的包传送到别的链路，而不管它们经过这些链路传送后是否会离目的节点更近。

目前使用广泛的自适应算法有 Face-Routing、FTDR-H、Maze-Routing 等，其中 Maze-Routing 是近些年实验效果较好的一种。在该算法中每个数据包会有四段数据，其中两段数据用于保证数据的传递，另外两段数据存储已经失效或者无法到达的节点，该算法将节点间的数据传递分为了多个模式，正常情况下有正常的数据传递模式，当数据陷入局部循环无法传递至目的节点时，会进入循环模式，将数据包回退，选择其他方向继续传递数据。相比于多数的自适应算法，Maze-Routing 在失效节点较多的情况下仍具有鲁棒性，可以检查出网络中的孤立子图，也不需要中心节点来进行控制，在新的失效节点出现之后也不需要进行复杂的重新配置。

6.5　InfiniBand 高性能互连网络

InfiniBand（缩写为 IB，全称为无限带宽技术）由 IBTA（InfiniBand Trade Association）协会制定规范，它是一种开放标准的高带宽、低延迟网络互连技术，广泛应用于高性能计算以及存储系统中。当前全球超算系统性能排行榜 TOP500 中，有接近 50%的高性能计算系统都是采用 IB 网络构建的。

IB 的核心目的是建立大规模的二层网络，避免传统以太网的 VLAN、ARP 机制的广播风暴和环网破坏等问题，同时通信过程通过 RDMA 实现，无须 CPU 参与。InfiniBand 的二层网络内通过子网管理器来配置网络内每个节点的 ID（LID、LocalID），然后通过控制面统一计算路由路径信息，配置在交换机中，组成二层网络无须做任何配置即可完成，可以实现数万台服务器节点互连的超大二层网络。IB 的优势有以下几点。

（1）低延迟：InfiniBand 的通信延迟低，可以实现 μs 级的低延迟。

（2）无须 CPU 参与：InfiniBand 原生支持 RDMA 网络传输协议，通过内核旁路、通信协议卸载、零拷贝等技术实现无须 CPU 参与的网络数据传输。

（3）数据完整性：通信时，网络中的每个节点与端到端都配置了 CRC（循环冗余校验）

进行验证，确保数据在传输过程中的完整性和正确性。

（4）网络整合：InfiniBand 可以实现计算网、管理网和存储网的融合，不仅便于管理，同时降低运营成本以及数据中心的整体能耗。

6.5.1 InfiniBand 层次结构

图 6-29给出了 InfiniBand 的层次结构，从上至下共分为 5 层：应用层、传输层、网络层、链路层以及物理层。IB 网络采用有序数据包传递和基于信用量的流量控制的方法，目的是建立大规模的二层网络。

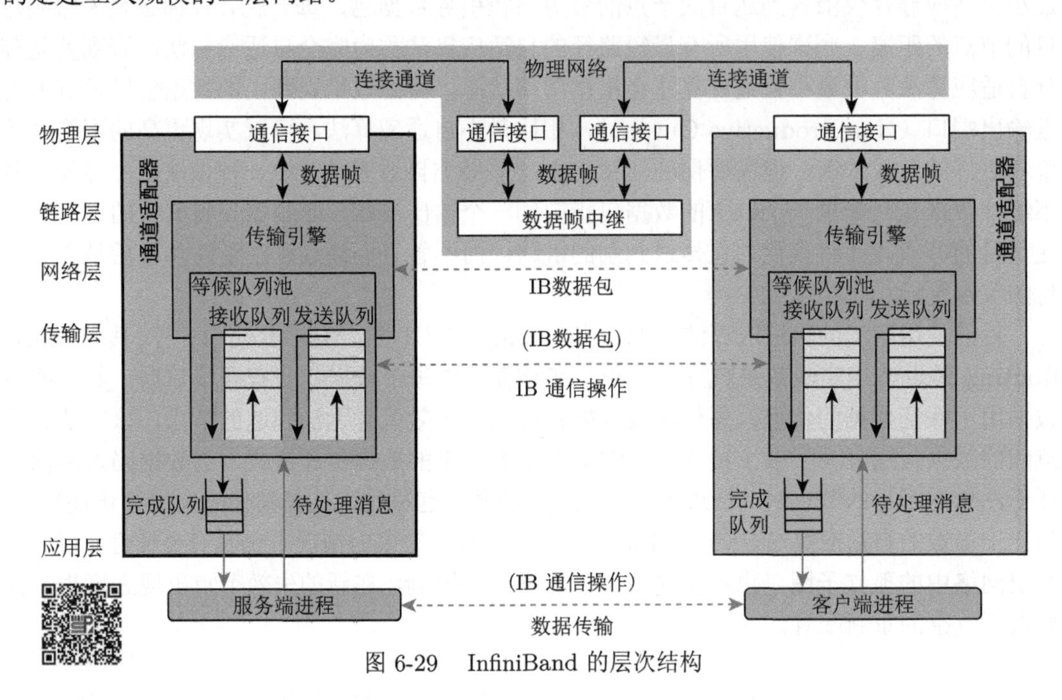

图 6-29 InfiniBand 的层次结构

1. 物理层

InfiniBand 为 I/O 系统提供了机械和电气两种特性，主要包含光纤、插座电缆等。实际的 IB 设备中通常包括多条链路，物理层定义链路的速度。IB 使用串行数据流进行数据传输，可以实现全双工连接。

2. 链路层

InfiniBand 链路层的主要功能是实现数据包的有序传输，以及基于信用量的流量控制，防止链路传输的拥塞。链路层也定义了数据包格式、协议规范等。通过链路层的基于信用量的流量控制，确保了出现拥塞时，链路层内无包丢失。链路层的数据包分为管理包和数据包两种类型。

下面对链路层涉及的重要概念进行具体介绍。

1）包

管理包主要用于对链路进行配置和维护，协商链路相关操作参数（如链路宽度、传输速率等）。数据包是实际传输的数据，每个数据包内的有效负载不超过 4096 字节。

2）交换

链路层负责处理子网内的包转发和交换。为了方便寻址，每个子网中的设备均被分配一个 16 位的本地标识 LID，数据包通过 LID 来进行寻址。通过进行链路交换，可以把数据包转发到本地路由标头 (Local Route Headers，LRH) 内目标 LID 所指定的设备节点上。

3）服务质量

InfiniBand 通过虚拟通道 (Virtual Lane，VL) 支持 QoS。每个虚拟通道都是相对独立的通信链路，多个虚拟通道可以共享同一个物理链路。通常，一个物理链路可以支持不超过 15 个标准虚拟通道（标记为 VL0∼VL14）和一个管理虚拟通道（标记为 VL15）。管理虚拟通道具有最高优先级，负责传输管理包（如信用量信息）。VL0 的优先级最低，一般情况下，必须至少支持 VL0 和 VL15，而其他虚拟通道是可选择支持的。当在子网上传输数据包时，可以通过定义服务级别（Service Level，SL）来定义每个虚拟通道的优先级，该优先级体现了其服务质量（Quality-of-Service，QoS）级别。传输路径上的每个链路可以使用不同的虚拟通道，通过服务级别的设定，可以为每个链路提供对应的通信优先级。对于每个交换机（或路由器），都存在一个从服务级别到虚拟通道的映射表，该映射表由子网管理器来维护设置。

4）基于信用量的流量控制

流量控制用于管理点对点链路之间的数据流，基于每个 VL 进行处理，表示接收方在此 VL 上可接收的数据包的数量，VL15 不受流量的控制。每个链路上的接收方向链路另一端的发送方发送信用量。发送方只有在接收方表明它有空间的时候才会发送数据包。

5）数据完整性

链路层的每个数据包使用可变 CRC（Variant CRC，VCRC）和不变 CRC（Invariant CRC，ICRC）保证数据的完整性。VCRC 大小为 2 字节，对整个数据包进行校验，并在每一跳都需计算，提供两跳之间的链路级数据完整性；ICRC 大小为 4 字节，用于传输过程中对数据包不变的部分进行校验，从源地址到目的地址时一直保持不变，提供端到端数据完整性。

3. 网络层

网络层实现跨子网间的数据包传输协议。为了方便寻址，子网之间发送的数据包包含了一个全局路由标头 (Global Route Header，GRH)。在全局路由标头中包含了源地址和目的地址。路由器基于 GRH 中的路由信息来转发数据包，同时也会修改 GRH 中的一些内容。每个设备用一个 64 位全局标识 GID(Global ID) 来表示，其由每个子网唯一的子网前缀标识符和唯一的端口 GUID 组合而成。GUID 的值在数据包传输过程中是固定不变的。

4. 传输层

传输层协议负责数据包的有序传输，并提供各种类型的传输服务，包括可靠连接、可靠数据报、不可靠连接、不可靠数据报、原始数据报等。数据包将被传输到指定的队列对 (Queue Pair, QP) 中。当传输的消息大于通道的最大传输单元 (MTU) 时，传输层要对复杂消息进行分块，将其划分为若干较小的包进行传输，而接收方会对这些较小的包进行重组，还原为消息。传输层的数据包格式中包含基本传输包头 (Base Transport Header，BTH)，BTH 中指定目标队列、操作码、包序列号以及分区信息。

5. 应用层

InfiniBand 支持多种不同的上层协议，如 SDP、SRP、iSER、RDS、IPoIB 和 uDAPL 等，并为这些协议的某些管理功能提供了消息和协议扩展。

图 6-30给出了一个完整的 IB 数据包格式，其由实际传输的数据和不同网络层次的包头等组成。

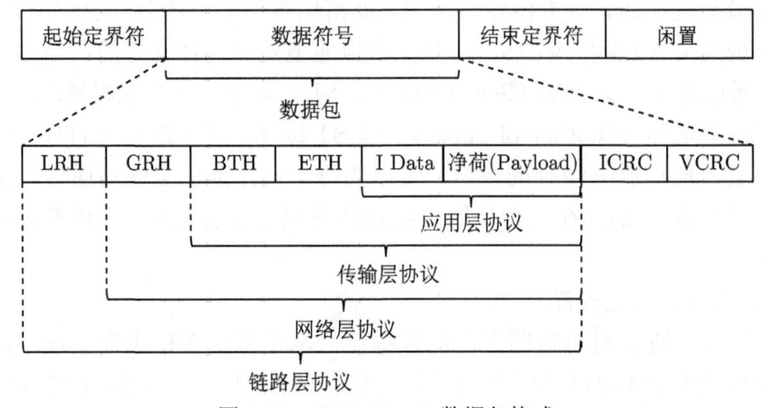

图 6-30　InfiniBand 数据包格式

6.5.2 InfiniBand 网络架构

InfiniBand 的网络架构如图 6-31所示，其中包括目标通道适配器、IB 链路、交换机、路由器和子网管理器。子网管理器负责配置和维护链路。对于一个子网中的每个端节点，必须至少配备一个通道适配器。每个通道适配器和交换机中有一个子网管理代理 (Subnet Management Agent，SMA)，负责与子网管理器通信，并处理管理数据包。

1）通道适配器

通道适配器分为两种类型，一种是主机通道适配器 (Host Channel Adapter，HCA)，另一种是目标通道适配器 (Target Channel Adapter，TCA)。主机通道适配器为主机设备提供接口，而目标通道适配器提供与 I/O 设备 (如网卡、SCSI 控制器) 的连接，并将 I/O 设备的数字信号打包发送给主机通道适配器。两者都具备可编程 DMA 的能力。

2）网线与连接

InfiniBand 的链路通常指连接主机通道适配器和目标通道适配器的光纤，InfiniBand 网络架构可以支持不同厂商采用不同数量的光纤。

3）交换机

交换机拥有多个 InfiniBand 端口，可以根据 LID 地址将数据包从一个端口转发到另一个端口。交换机转发的数据包的类型可以是单播或者多播的。

4）路由器

路由器实现数据包子网间转发的功能，也不消费或生成数据包。路由器根据 GRH 的 IPv6 网络层地址实现数据包转发，需要在下一个子网中使用适当的 LID 重建每个数据包。

5）子网管理器

子网管理器负责管理子网中所有的交换机和路由器，并在链路故障或新链路加入时进行子网重配置。一个子网中可以有多个子网管理器，但是活跃的子网管理器只能有一个。如果活跃的子网管理器出现故障，其他备用子网管理器会替代该子网管理器，以此来实现高可靠性。

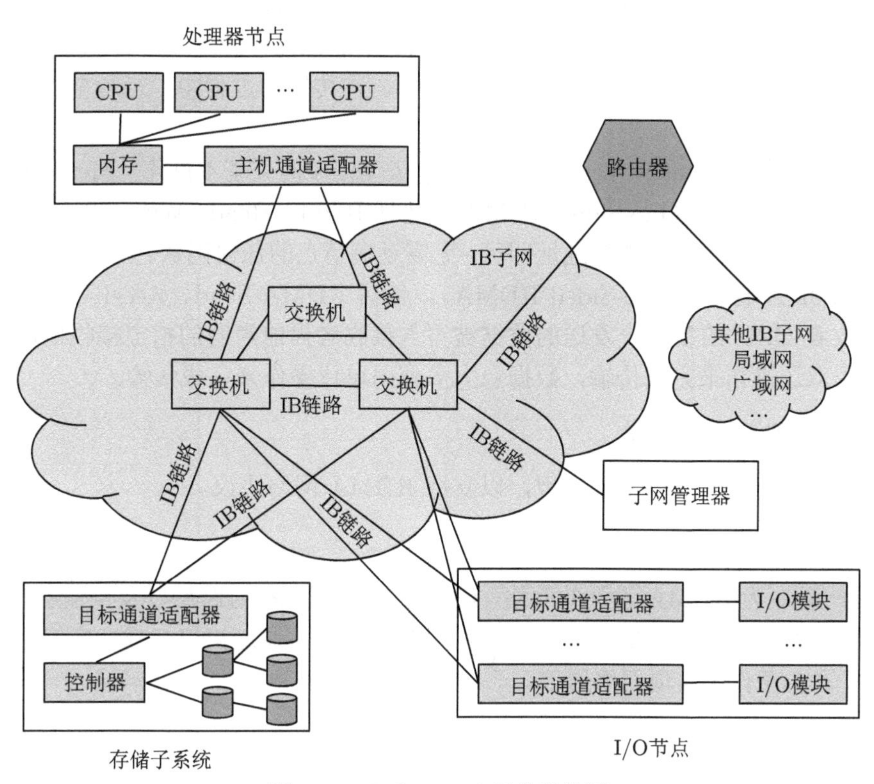

图 6-31　InfiniBand 网络架构图

6.6　RDMA 协议

远程直接存储器访问 (Remote Direct Memory Access，RDMA) 技术允许应用程序在多个节点的内存空间之间直接做数据传输，可以降低数据传输和处理的延迟，广泛用于高性能计算系统中。

RDMA 的核心特点主要如下。

1）零拷贝技术

零拷贝（Zero Copy）技术可以实现应用程序直接将数据发送到网络设备的缓冲区或者直接从缓冲区里读取数据，从而避免了网络层的数据复制。

2）内核旁路技术

内核旁路（Kernel Bypass）技术可以实现直接在用户态进行数据传输，例如，在进行RDMA 读写操作时，可以将数据直接从用户态发送到本地网卡，然后传输至远程网卡。而传统情况下，需要先从用户态切换到内核态，才能够访问本地网卡进行数据传输，传输完毕后再从内核态返回用户态。这种内核态与用户态之间的切换是有代价的，而 RDMA 可以大量减少上下文切换时间和次数，从而提高数据传输处理的效率。

3）协议卸载

RDMA 技术是指使用专用硬件收发数据，通过在硬件中部署可靠以及高性能的传输协议，从而实现无 CPU 干预的通信过程，通过此技术降低远端 CPU 的占用率。在进行RDMA 远程内存读写操作时，RDMA 消息中有远程虚拟内存地址。对于远程节点，其应用程序要在自己的网卡上先注册相应的内存缓冲区。在传输的过程中，远程节点的 CPU 不参与操作。

RDMA 主要有 Memory Verbs 和 Messaging Verbs 两类基本操作。Memory Verbs 也称为单边 RDMA 操作（One-Sided RDMA），包括 RDMA Read、Write 和 Atomic 等，这类操作只需提供访问远端的虚拟地址即可，无需远端节点的任何确认。Messaging Verbs 也称为双边 RDMA 操作（Two-Sided RDMA），包括 RDMA Send、Receive 操作，这类操作需要接收者 CPU 的参与，发送的数据被写入接收者提前声明的指定接收地址。控制类包大多使用双边操作来完成传输，数据包大多使用单边操作来完成传输。

6.6.1 常见的 RDMA 技术

目前主要有三种不同的硬件实现，以支持 RDMA 网络协议。

1. InfiniBand

IB 是一种专为 RDMA 设计的网络，IB 硬件中实现无损链路层以及传输层的功能，在硬件级别保证可靠传输。InfiniBand 具备协议卸载技术，通过协议卸载，应用层可以在没有 CPU 干预的条件下实现网络通信。

2. RoCE

RoCE（RDMA Over Converged Ethernet）是一种基于以太网的 RDMA 协议实现。RoCE 需要网卡必须是支持 RoCE 的定制设备。通过 RoCE，可以在标准以太网交换机上使用 RDMA 技术。RoCE 协议包括 RoCEv1 和 RoCEv2 两个版本，其中 RoCEv1 是基于以太网链路层实现的 RDMA 协议，而 RoCEv2 扩展了 RoCEv1，提供了基于以太网 UDP层实现，并实现了三层网络的路由。

3. iWARP

iWARP(Internet Wide Area RDMA Protocol) 是一种广域互联网上的 RDMA 协议。iWARP 基于 TCP 层来实现 RDMA。iWARP 支持使用普通的以太网交换机，但是网卡必须是支持的 iWARP 的网卡，否则需要通过软件来实现 iWARP 的协议栈，会丧失 RDMA本身带来的性能优势。

6.6.2 RDMA 与传统协议对比

图 6-32给出了 RDMA 与 TCP/IP 的对比。相对于 TCP/IP 协议，RDMA 协议可以在节点间进行数据的直接传输，避免了内核操作和大量的内存移动，从而实现超低延时的数据传输和处理。同时，它也降低了远程节点 CPU 的工作负载。

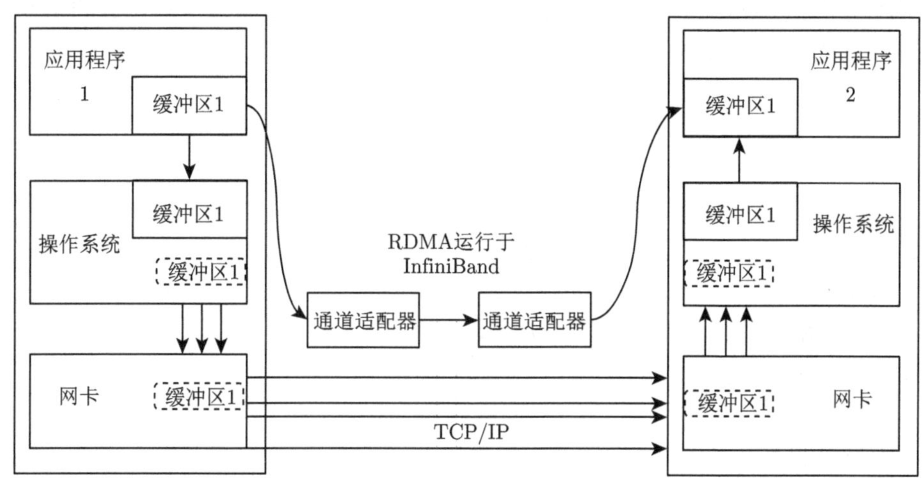

图 6-32　RDMA 与 TCP/IP 对比

RDMA 协议是基于消息的，一个完整的消息被直接发送到一个应用程序，以整体的方式进行传输。当一个应用程序请求了 RDMA 的读或写传输时，硬件将需要传输的数据分割成一些数据包，数据包的大小取决于网络通道的最大传输单元。数据包经过 IB 网络时，被直接发送到接收节点应用程序的虚拟内存中，并在其中被组合为一个完整的消息。当整个消息都到达时，接收程序会接收到提示。在整个消息被发送到达接收节点的虚拟内存之前，发送节点和接收节点之间不会相互干扰。

传统 TCP/IP 协议是一个协议族，协议族中最具有代表性的为 TCP 协议以及 IP 协议，还包括 UDP、FTP 等其他协议。TCP/IP 协议是网络中最基本的通信协议，能够保证数据在网络中及时、完整地进行传输，本质在于将网络通信数据以不同方式进行分割与传输，从而实现通信数据整体的传输。从图 6-32中可以看出，TCP/IP 在接收和发送数据的时候，需要将数据同时写入发送端和接收端的系统缓冲区，该操作必须借助 CPU 资源才能完成，此外，TCP/IP 协议在数据传输开始之前，必须先进行三次握手等操作，增加了传输时延。

TCP/IP 本身是不可靠的（传输过程中数据可能丢失或者失序），但是它利用传输控制协议（TCP）来实现可靠性机制。TCP/IP 的所有操作都需要操作系统的干预，包括网络终端节点的缓冲区复制。在面向字节流的网络中，没有消息的边界概念。当一个应用程序想要发送一个数据包时，内核把数据放入内存中的一个匿名缓冲区，在数据传输完毕时，内核把该缓冲区中的数据复制到应用程序的接收缓冲区。这个过程在每个包到达时都会重复执行，直到整个字节流被接收到。TCP 负责将任何因拥塞而丢失的数据包进行重发。

6.7 本章小结

本章节首先介绍了高性能计算机的互连网络，给出了互连网络的定义以及性能参数分析；接下来，针对互连网络的拓扑结构、流控机制、路由算法等主要特性进行详细阐述；最后，对高性能计算中常用的 InfiniBand 网络和 RDMA 协议进行了分析，并将其与典型的以太网和 TCP/IP 协议进行了对比。

课后习题

6.1 什么是互连网络？其性能有哪些评价指标？
6.2 静态网络与动态网络有什么区别？
6.3 总线互连网络有哪些特点？
6.4 互连网络中的路由算法有哪些分类？
6.5 请简述避免路由死锁的方法。
6.6 什么是流量控制？
6.7 流量控制有哪些机制？
6.8 什么是 InfiniBand？
6.9 RDMA 是什么？有哪些常见的实现技术？

第 7 章　异构计算体系结构

为了满足能耗和性能的要求，当代最先进的高性能计算机广泛采用异构计算的体系结构，计算系统里包含多种不同类别的处理器，以更好地满足不同类别计算任务的需求。本章中，将介绍异构计算的基本概念、典型的异构计算体系结构，以及如何面向异构系统来编程。

7.1　异构计算的基本概念

简单来说，异构计算系统是指集成了一种以上不同类型的处理器的计算系统。这些处理器通常具有不同的指令级架构和体系结构，所以称为“异构”。其中某些类型的处理器在处理特定计算任务（如矩阵运算、卷积运算、有限自动机等）方面，具有明显的效率和能耗优势，因此异构计算系统通常比同构计算系统具有更高的计算性能、更低的功耗，成为当前高性能计算机体系结构主要的研发方向。

一种典型的异构计算节点是图形处理器 (GPU)。GPU 除了处理图形之外，还可以用于很多其他计算任务（如科学计算、深度学习等）。通过采用大规模线程并发的处理模式，GPU 的性能比传统 CPU 要高出几个数量级, 可以对大量数据进行并行处理。

另一种典型的异构计算节点是现场可编程门阵列 (Field Programmable Gate Array，FPGA)。通常来说，用户程序的硬件实现和软件实现在逻辑上是等价的，用户可通过使用硬件资源实现软件的相关功能。而硬件实现相比软件实现具有性能更高但灵活性较差的特点，FPGA 正好弥补了二者中间的差距。FPGA 是一种用户可编程实现特定功能的数字逻辑电路，即一个可由用户定制的芯片。FPGA 已经在许多高性能计算系统中得到应用，用于处理一些特定功能的计算任务。2022 年 2 月，美国芯片制造商 AMD 公司以 498 亿美元完成了对全球第一大 FPGA 厂商赛灵思（Xilinx）的并购，预示着 FPGA 与传统 CPU 内核的集成度会进一步提升。

自动机处理器（Automata Processor，AP）是一种新型的异构处理器，主要用于解决非确定性有限自动机 (Non-Deterministic Finite Automaton，NFA) 这一类问题。很多领域应用问题（如模式匹配、生物信息、视频图像分析）可以建模为一个 NFA 问题，高效执行 NFA 任务可以大幅提升应用的性能。但是传统处理器（如 CPU、GPU）并不适合执行 NFA 任务，需要专门的计算硬件来对 NFA 任务执行进行加速。自动机处理器通过利用大规模并行内存处理能力，可以实现相对于传统处理器数量级的性能提升。

除了上面提到的几种处理器外，还有很多其他类型的处理器，如专用集成电路 (Application Specific Integrated Circuits，ASIC)、数字信号处理器 (Digital Signal Processor，DSP) 等。和前面几种处理器相比，这些处理器的应用领域比较狭窄，侧重于某个细分领域的应用。神经形态处理器（Neuromorphic Processors）通过模拟人类大脑的神经元连接来进行计算，主要面向各类智能计算和认知计算任务。相较于传统处理器，神经形态处理器具有能耗低的显著特点，例如，神经形态处理器 Loihi 在执行特定任务时的能耗是传统处理器的两千分之一。

在图 7-1中，给出了一种典型的异构计算架构。各种不同类型的异构处理器通过互连网络与内存系统、外存系统连接。系统根据计算任务类型的不同，把任务分派到不同处理器上执行。

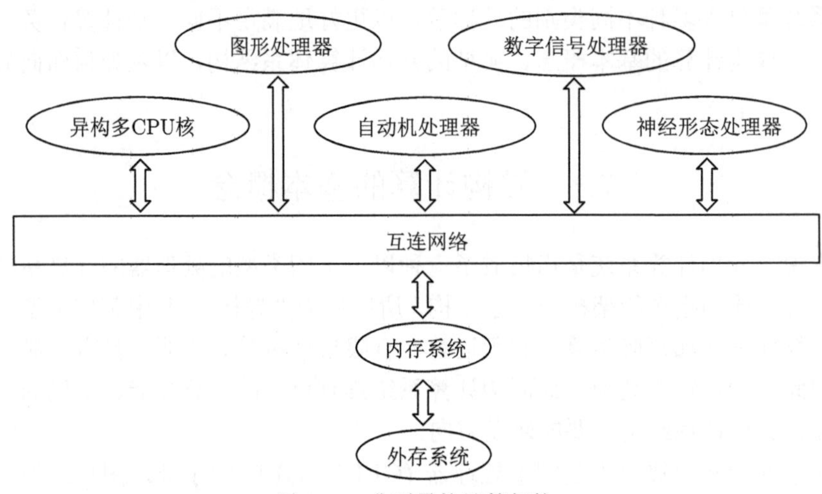

图 7-1　典型异构计算架构

对于异构计算系统的设计与实现，从硬件层面主要存在以下三方面挑战。

（1）存储层次结构：内存系统的性能提升始终慢于处理器性能的提升，在两者之间，存在巨大的性能差异。如何设计一个优秀的存储层次结构（包括缓存级数、缓存大小、缓存共享权限等）来满足不同类型处理器的不同需求是一个非常困难的问题。例如，GPU 需要高带宽，而传统 CPU 需要低时延，即更快的访存速度。另外，内存系统本身的功耗也需要考虑，会影响到整个芯片的设计。近年来，一些新型内存（如非易失性内存）也在不断涌现，在设计面向异构计算系统的内存系统时，也可以考虑发挥这些新型内存的作用。

（2）互连网络：异构处理器与内存系统之间通过互连网络连接在一起，如何选择和设计连接的材料（如光纤、铜）、互连网络的拓扑结构（如环形、网状、环面）、互连网络的控制协议是目前领域内研究的热点问题。

（3）负载调度：由于不同处理器的特征、性能和功耗都不尽相同，如何根据任务负载的特征，把任务进行切分并调度到合适的处理器上，以获得最佳的性能和最低的功耗，也是设计的难点。这里涉及从算法到硬件多个层面的优化。

在软件层面，面临的主要问题是如何面向异构计算系统进行并行编程。相对于面向同构计算系统的并行编程，还需要考虑异构处理器的性能和能效。对于一个好的面向异构计算系统编写的程序而言，首先要相对于在同构计算系统上实现的并行版本获得更高的加速性能。除了性能之外，还需要考虑程序的可扩展性、可靠性等问题，这些相对于同构计算系统都要复杂得多。举个简单的例子，对于传统同构计算系统，只用考虑增加处理器的数量，因为处理器是一样的；而对于异构计算系统，需要考虑针对每种类型的处理器，应该如何增加或减少数量，以及在每种配置情况下程序是如何运行的。

由于 GPU 和 FGPA 是目前最常用的两种异构计算处理器，将在下面进行详细介绍。

7.2 CPU+GPU 异构计算

在高性能计算领域，目前最典型的异构计算体系结构是 CPU+GPU 架构，其中 CPU 类似一个"通才"，可以应对一系列广泛的计算任务（如串行计算、数据库运行等），特别是对时延要求较高的工作任务；而 GPU 则类似一个"专才"，侧重于应对类型高度统一且无依赖的大规模数据计算任务。早期的 GPU 专用于加速 3D 渲染任务，后期扩展后广泛用于科学计算等通用计算任务，扩展后的 GPU，也称为通用图形处理器 (General-Purpose Graphics Processing Unit，GPGPU)。目前，为了适用于更多的应用程序，GPGPU 已经发展成为通用性更强的并行处理器。

7.2.1 CPU 与 GPU 的对比

由于 CPU 和 GPU 的设计目标不同，两者在架构和性能上存在着巨大差异。在架构上，CPU 优先考虑低延迟，可以更好地执行带复杂逻辑的串行指令。为了降低执行单元获取运行指令和数据时的时延，CPU 通过采用缓存结构、控制逻辑及分支预测来提高程序的运行效率。而 CPU 的复杂性主要体现在程序运行时的数据相关性和指令的相关性、分支预测以及多核心协作时的数据一致性等逻辑。

从图 7-2中，可以观察到 CPU 芯片上只有部分比较小的面积用于真正的计算部件（如 ALU），因此 CPU 不适合处理数据密集型的计算任务。而 GPU 侧重于处理数据密集型计算任务，针对数据吞吐量进行优化，能够最大化单位时间内执行的计算任务量或者数据处理量。因此，GPU 在有限的芯片面积上集成尽可能多的 ALU 计算部件来支撑该设计目标的实现，这些 ALU 使得 GPU 在浮点运算性能上获得优势。

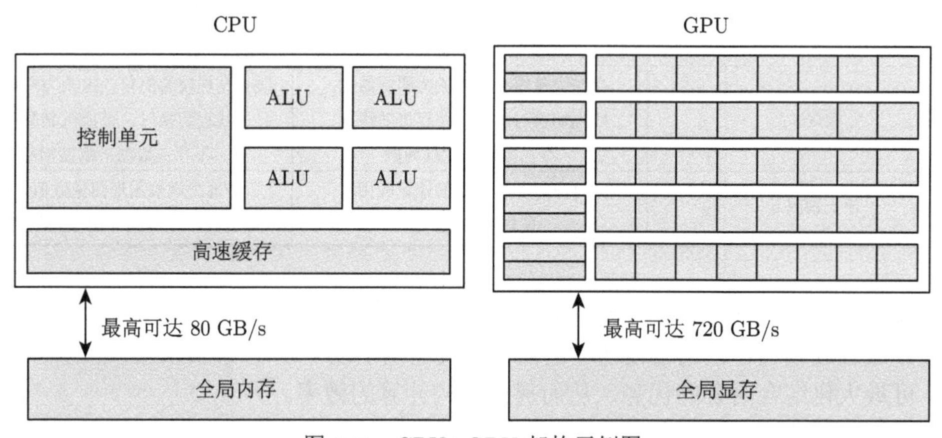

图 7-2　CPU+GPU 架构示例图

在缓存结构上，CPU 与 GPU 也有很大的区别。CPU 芯片往往配置了大量的缓存，主要目的是降低访存延迟和节省带宽资源，例如，当前主流的 CPU 芯片配有四级缓存。通过充分利用 CPU 中的缓存，可在分支预测时保证各种指令和数据的吞吐率，使得多逻辑转折的程序也可快速运行。然而，在多线程的计算环境下，CPU 存在缓存失效的风险。每一次缓存失效，都需要消耗大量时钟周期重新生成缓存中的上下文。此外，系统还需要相应的逻辑控制以解决内存与缓存之间可能存在的数据一致性问题。相比之下，GPU 的缓存结构则简单很多，当前主流的 GPU 的缓存结构只有两层，因而没有数据一致性方面的困扰。GPU 中缓存结构主要用来减少对存储器控制的访问请求，使得访问显存的时间大大减少，并节约显存带宽。

此外，就线程而言，CPU 与 GPU 之间也存在较大区别。CPU 线程相对重量级，主要通过操作系统实现多线程机制。在不使用超线程技术的前提下，在某一时刻一个 CPU 核通常只能执行一个线程的指令。CPU 的线程切换开销巨大，当一个 CPU 线程等待计算资源或被中断时，系统往往需要花费数百个时钟周期来保存该 CPU 线程的上下文，并加载下一个 CPU 线程的上下文。GPU 线程相对轻量级，由于在硬件层面实现线程切换，因此 GPU 中的线程切换成本极小。典型 GPU 拥有成千上万个核，每个核均可以单独执行一个线程的指令。

CPU 与 GPU 之间的主要区别见表 7-1。CPU 基于大量的缓存和复杂的逻辑控制，能够处理各种类型的计算应用，特别是复杂的逻辑运算。相对而言，GPU 中采用大量的线程，能够实现高吞吐率的数据级并行运算，从而适合处理逻辑关系简单并且计算密集的大规模数据级并行任务。

表 7-1　CPU 与 GPU 的主要区别

对比属性	CPU	GPU
侧重目标	串行计算	并行计算
组成单元	控制单元、ALU、缓存、内存	大量 ALU、控制单元、缓存、内存
主频	高，主流的 CPU 主频可达 3GHz	低，主流的 1~2GHz
线程	软件实现多线程，线程切换开销巨大	硬件实现多线程，线程切换开销极小
缓存	存在大量缓存，主流为四层结构，线程切换时，存在缓存失效情况，存在数据一致性问题	缓存结构较为简单，主流为两层结构，线程切换时，替换机制简单，不存在数据一致性问题
擅长领域	可应对各种类型的计算应用，逻辑运算能力强	处理大规模图形图像数值计算，或并行程度高的非图像类数值计算

在 CPU+GPU 架构中，如图 7-3所示，通过 CPU 处理串行计算任务，如复杂控制逻辑及事务流程处理等，同时通过 GPU 处理并行计算任务，如计算密集型或计算集中型任务等，可最大化结合两者的优势，从而提升异构计算的效率。

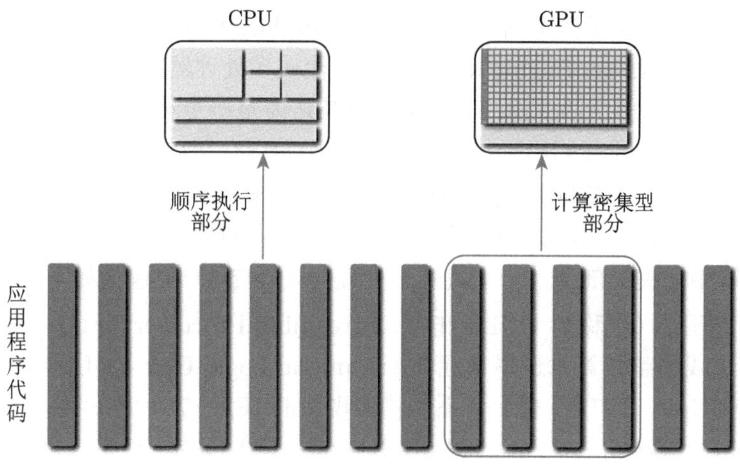

图 7-3　CPU+GPU 计算任务分配图

7.2.2　GPU 的架构

从上面 CPU 和 GPU 的区别分析中，已经初步了解了 GPU 的大体架构，下面将更为详细地介绍 GPU 的架构。由于生产厂商及产品型号的不同, GPU 的架构也存在差别，但其设计原理和架构是基本相通的。下面以英伟达公司设计的费米（Fermi）系列 GPU 为例来介绍 GPU 的结构（图 7-4）。

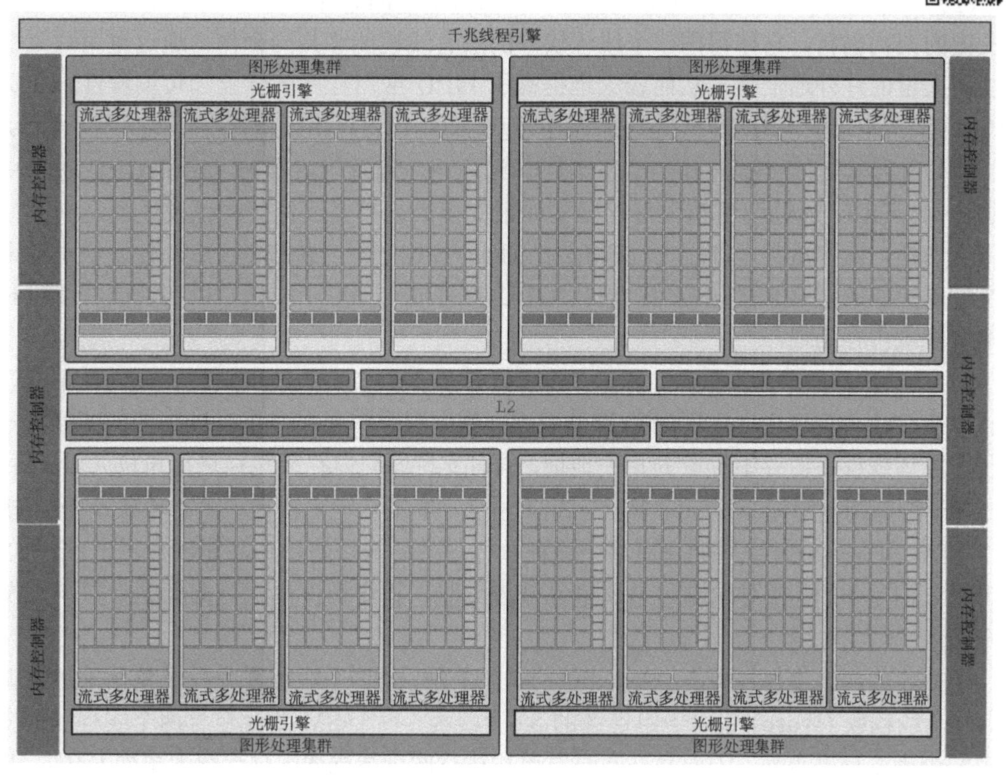

图 7-4　英伟达公司费米（Fermi）系列 GPU 架构示意图

单个 GPU 设备包含了多个图形处理集群（Graphics Processing Cluster，GPC）。每个 GPC 包含光栅引擎（Raster Engine）、不多于四个流式多处理器（Streaming Multiprocessor，SM），以及其他关键的图形处理器。GPC 可以被认为是一个独立的 GPU，所有从费米系列开始的英伟达 GPU 都有 GPC。费米系列 GPU 的内存接口为 384 位，由 6 个 64 位的内存分区组成，可扩展为 6 GB 的 GDDR5 DRAM。该 GPU 可通过 PCI Express（PCIe）总线与 CPU 互连，CPU 通过 GigaThread 引擎接口，将线程块分配给 SM 调度执行。

作为 GPU 中的关键部件，一个流式多处理器（图 7-5）中包括如下重要组件。

（1）流式处理器（也称为 CUDA 核）（Streaming Processor，SP）：每个 SP 拥有一个完整的全流水线的整数算术逻辑单元（Arithmetic Logic Unit，ALU）和浮点运算单元（Floating Point Unit，FPU）。费米体系结构实现新的 IEEE 754-2008 浮点标准，实现了一种更高效率的融合乘法加法（Fused Multiply-Add，FMA）指令。SP 可以支持包括布尔、计数、位字段提取、移位、移动、位反向插入、转换、比较等在内的各种指令。GPU 中线程和任务的执行最终都是在 SP 上进行的。第一款费米系列 GPU 具有高达 512 个 CUDA 核，这些 CUDA 核被组织到 4 个 GPC 中，其中每个 GPC 包含 4 个 SM 单元，而每个 SM 单元中有 32 个 CUDA 核，总计集成了 30 亿个晶体管。值得一提的是，有些 GPU 厂商往往在其商业宣传中宣称一个 GPU 拥有数百上千个核，这里提到的核通常指 GPU 中的 SP 单元。严格来说，SP 仅仅是 GPU 中的计算单元，而不是 GPU 的处理核心。而处理核心必须包含取指、分发、解码以及执行等部件。

（2）共享内存/一级缓存（Shared Memory/L1 Cache）：片上共享内存是一项重要并且关键的架构创新，它使得同一个线程块内的所有线程能够共同合作，通过重用片上数据减少了大量的片外通信量，从而极大地提高了 GPU 应用程序的性能和可编程性。在费米 GPU 的架构中，每个 SM 单元的片上内存为 64 KB，该内存由一级缓存以及共享内存构成。

（3）寄存器文件（Register File，RF）：通常指一组片上寄存器，用于 GPU 进行快速数据访问。GPU 通过使用超大寄存器文件来支持大规模多线程架构以及线程之间高效的上下文切换，其容量甚至高于 L1 和 L2 Cache。相比之下，传统的 CPU 使用很小的寄存器文件和更大的缓存来优化延迟。现代 GPU 执行成千上万个线程，以实现高吞吐量和高性能，隐藏内存延迟。

（4）加载/存储单元（Load/Store Unit，LD/ST）：负责为线程从缓存或内存中存取数据。每个 SM 单元包含 16 个加载/存储单元，其中每个单元在一个时钟周期内都能为一个线程计算该线程在内存中存取的相关地址，同时支持面向内存或缓存进行单位元素的存取。

（5）特殊功能单元（Special Function Units，SFU）：负责执行一些有特殊功能的指令。一个 SFU 可在单个时钟周期内为某个线程执行一条特殊功能指令，如倒数、正/余弦以及平方根。由于 SFU 相对独立，当该单元被占用时，指令调度单元可向其他计算单元发出指令。

（6）线程簇调度器（Warp Scheduler）：SM 是以 32 个线程作为一个整体来进行调度的，一个线程簇 (Warp) 包含一组连续的 32 个线程。每个 SM 单元包含两个线程簇调度器以及两个指令调度单元，因而允许同时发出和运行两个线程簇。对于费米系列 GPU，其拥有的两个线程簇调度器可以在一次调度任务中同时选择两个线程簇，然后通过每个线程簇向相关核心、SFU 或加载/存储单元发送指令。由于各个线程簇是独立运行的，因此调度器无须检查线程簇发送的指令中是否存在依赖关系。通过这种双发射的模式，可以使 GPU 的性能达到接近峰值的地步。

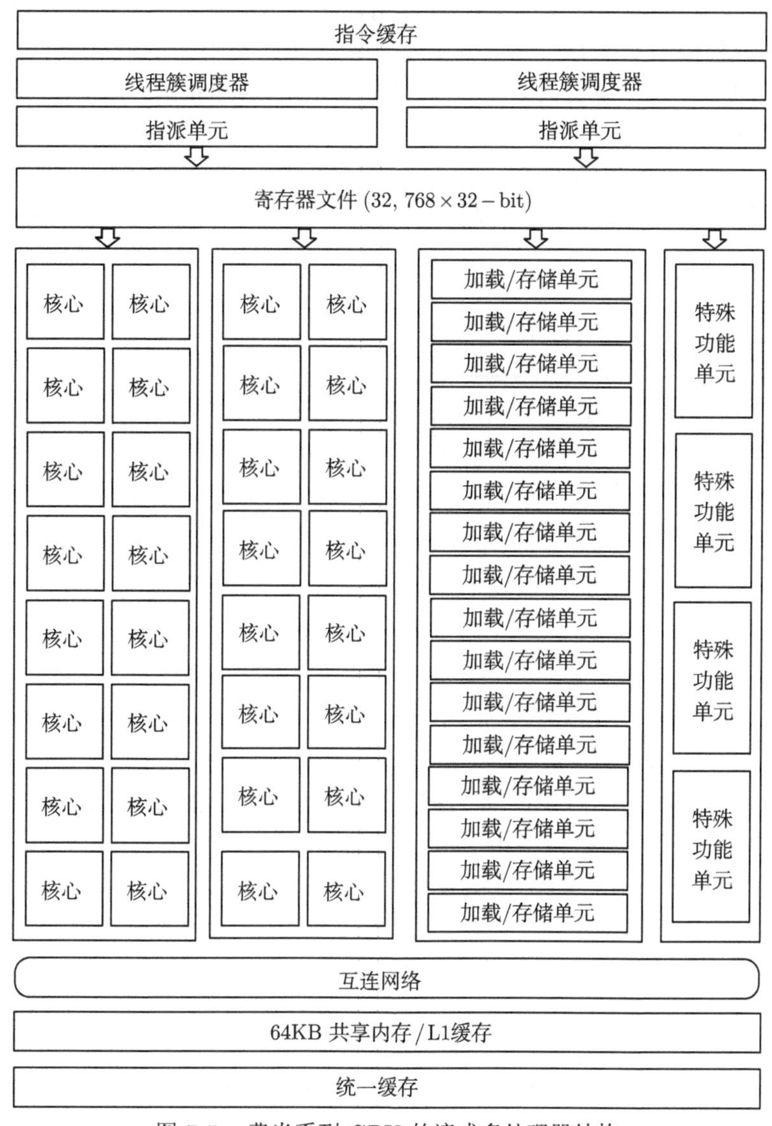

图 7-5　费米系列 GPU 的流式多处理器结构

7.2.3　CUDA 编程模型

简单来说，编程模型提供了计算机体系结构的一种抽象，是应用程序与计算机体系结构的硬件实现之间的接口和桥梁。目前针对 CPU+GPU 异构计算，国际上存在多种编程模型，接下来，将以英伟达公司提出的统一计算设备架构 (Compute Unified Device Architecture,CUDA) 为例来介绍。

1. CUDA 编程模型简介

传统上，GPU 仅用于处理图形渲染方面的计算任务，然而随着应用对算力需求的提升，GPU 的应用也不再局限于图形渲染，从而产生了更为通用的 GPGPU。为了提高 GPGPU 的可编程性和程序员的开发效率，2007 年 6 月，NVIDIA 推出了一款面向 CPU+GPU 架构的并行异构编程模型 CUDA。在该编程模型中，GPU 被视为 CPU 的协处理器。为了降低学习难度，CUDA 基于现有语言（如 C、Fortran）进行了扩展，用户无须了解图形图像编程 API 就可以快速学会 CUDA 编程。

图 7-6给出了一个典型的 CPU+GPU 架构。其中，CPU 和 GPU 通过 PCIe 总线来互连，进行数据交换和共享。需要注意的是，GPU 一般不单独工作，而是协同 CPU 完成计算任务。

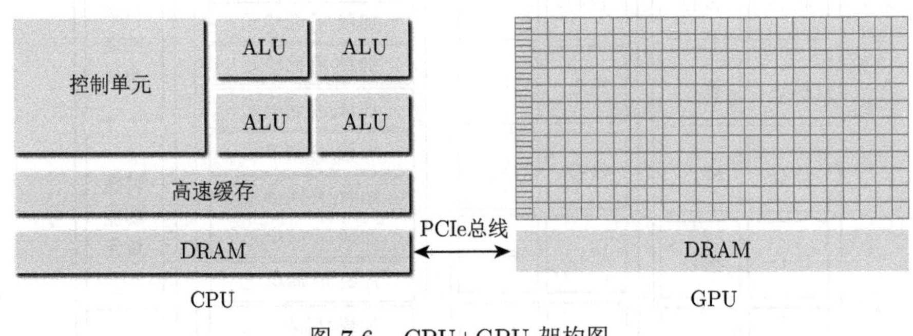

图 7-6 CPU+GPU 架构图

在 CUDA 编程中，主机与设备是两个非常重要的概念，一般称 CPU 为主机（Host），GPU 为设备（Device）。

在 CUDA 编程模型中，CPU 与 GPU 协同工作，前者主要用于进行事务流程管理以及执行串行计算任务，而后者主要用于执行具有高度线程化特性的并行计算任务。CPU 和 GPU 都有自己独立的内存，CUDA 编程模型中对内存的管理与 C 语言程序类似，包括内存初始化、内存分配、内存释放，以及在 CPU 与 GPU 之间进行内存复制等功能，但是对设备端的显存管理需要通过专用的内存管理函数来实现。

当应用程序中的并行执行的部分被确定后，则该部分计算任务将交由 GPU 来执行。由 GPU 执行的并行代码部分在 CUDA 编程模型里称为内核 (Kernel)。一个完整的 CUDA 程序除了在 GPU 上执行的并行代码，还包括在 CPU 上执行的串行代码。图 7-7展示了一个典型的 CUDA 程序实现，其包括以下步骤：

（1）将输入数据从 CPU 内存复制到 GPU 内存中；

（2）调用 kernel 函数处理 GPU 内存中的数据；

（3）将运算结果从 GPU 内存传输到 CPU 内存。

在 CUDA 的编程模型中，CPU 需要完成的任务包括设备初始化、运行 kernel 函数之前的准备工作，以及 kernel 函数之间的串行计算工作。在理想状态下，通过在设备端完成尽量多的任务，可大大降低主机端与设备端之间所需传输的数据量，使得 CPU 仅需清理前一个 Kernel 并开启下一个 Kernel。但由于目前 GPU 的功能受限，CPU 仍需负责大多数的串行部分工作。

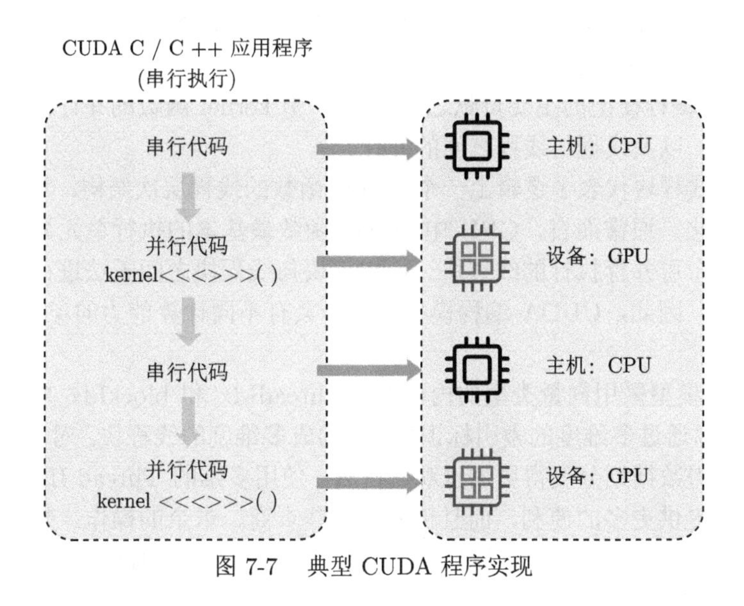

图 7-7　典型 CUDA 程序实现

2. 内核函数的定义与调用

在 CUDA 的编程模型中，必须使用函数类型限定符（即 `__global__`）来定义相关 kernel 函数。同时，定义好的 kernel 函数只能在主机端来调用。

以下面代码为例：

```
//kernel 定义
__global__ void VecAdd(float* A, float* B, float* C) { }
int main(){
//kernel 调用
 VecAdd<<<1, N>>>(A, B, C);
}
```

在上述代码中，`VecAdd<<<1, N>>>(A, B, C)` 调用了 kernel 函数，运算符 `<<< >>>` 中的参数为 kernel 函数的运行参数。

线程的组织方式和约束条件在计算性能不同的设备中各不相同。用户首先需要为 kernel 函数所需的变量和数组分配足够的运行空间，然后才能调用该函数，否则，GPU 在处理计算任务时可能会发生如地址越界等运行错误，从而导致计算设备宕机。设备端上的线程是并行运行的，每个线程都必须按照相关指令中的顺序依次执行 kernel 函数。

3. CUDA 的线程组织

CUDA 具有透明扩展的特性，即一个程序经过一次编译后就能扩展到不同配置（如核心数量）的硬件设备上正常运行。在实现透明扩展时，CUDA 首先需要将总的计算任务并行化处理为多个线程，再由相关硬件运行这些线程。

如图 7-8所示，线程网格 (Grid) 是 kernel 函数运行时产生的线程的统称，这些线程能够共用相同的全局内存空间。其中，一个线程网格可分为多个线程块 (Block)，而一个线程块由多个线程（Thread）组成。

作为 CUDA 编程模型的主要贡献之一，GPU 中 kernel 函数的并行性包括线程块与线程块之间的并行，以及线程与线程之间的并行。

线程网格和线程块代表了逻辑上一个 kernel 函数的线程层次结构，其有利于高效的资源利用及性能优化。通常而言，GPU 中 kernel 函数最基本的执行单元为线程块，线程网格只用来描述多个可并行执行的线程块。而线程块与线程块之间无法进行通信，执行时也没有顺序的先后。因此，CUDA 编程模型适用于具有不同计算能力的 GPU，从而实现透明扩展。

CUDA 编程模型采用向量类型的内建变量 threadIdx 和 blockIdx 来为用户的编程提供方便，从而可以通过多维度的索引标识变量，构成多维度的线程块。对程序员而言，这种线程组织形式使得数据划分变得更加直观、自然。使用多维的 Thread ID 不仅可以为多维并行处理的编程提供更多的便利，而且可避免一些求商、求余的操作。整数的求模和除法运算在 GPU 上往往需要大量的执行时间，而通过多维 Thread ID 则可避免这些操作，从而有效地提高 GPU 上程序的运行效率。

在 CUDA 编程模型中，同一个线程块中的所有线程可以通过共享内存来实现数据通信，可以有效提升程序的执行效率。同一个线程块中的线程之间同步可以通过屏障（Barrier）来实现。

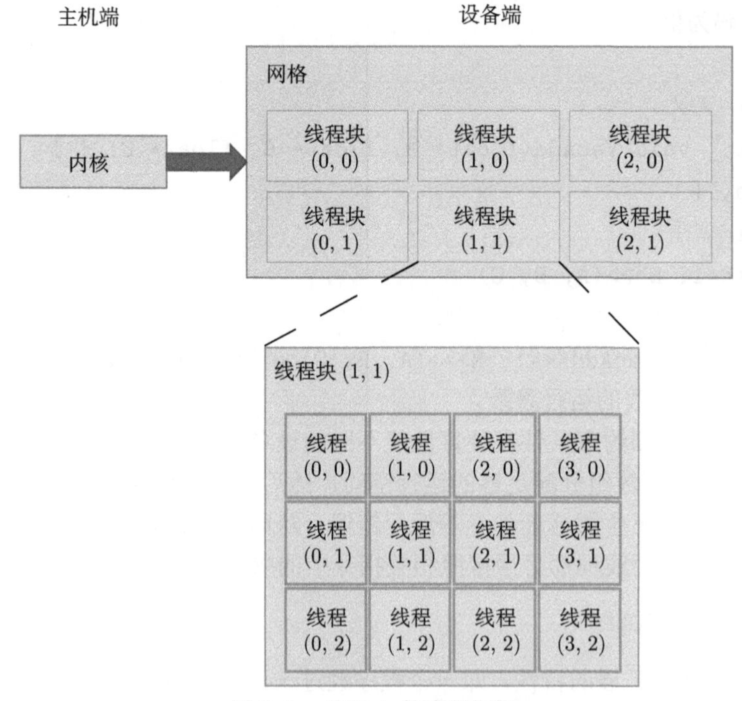

图 7-8　CUDA 的线程组织

7.2.4 CUDA 内存模型

相对于 CPU 而言，GPU 设备上提供了更多类型的存储器，各有不同的特点和属性。概括来说，CUDA 的内存模型（图 7-9）里包括了寄存器、局部存储器、共享存储器、全局存储器、常量存储器、纹理存储器。下面将简单介绍各种存储器的区别。

（1）寄存器：GPU 上访问速度最快的存储空间。没有使用修饰符声明的变量将被保存在寄存器中。寄存器是设备端中具有重要价值，同时也极度稀缺的资源。寄存器中保存的是每个线程的私有变量。

（2）局部存储器（或局部内存）：私有的。当寄存器资源被消耗完时，数据将会被存储至局部存储器中。当编程中遇到如下情况时，线程的私有数据将被保存在局部存储器中：① 大型数据结构声明；② 数组大小不确定；③ 寄存器资源不足。局部存储器中的数据保存在 GPU 显存内，访问速度非常慢。

（3）共享存储器（或共享内存）：GPU 片上的高速存储器。与 CPU 缓存不同的是，该存储器可由用户编程控制。与全局存储器相比，共享存储器通常具有更低的延迟以及更高的带宽，其访问速度与寄存器的访问速度几乎相同，通过该存储器可最小化线程与线程之间的通信时延。此外，该存储器可用于存储线程块中的公用计算结果，适用于存储能够被重复利用的数据资源。因此，在使用共享存储器时，用户需要充分利用数据的重用性。

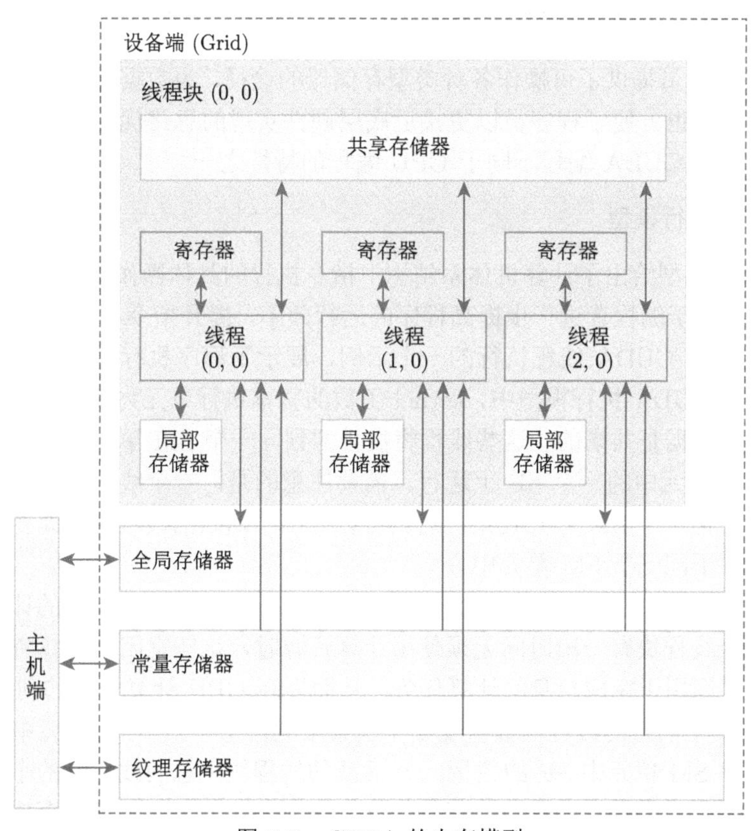

图 7-9　CUDA 的内存模型

（4）全局存储器（或全局内存）：与 CPU 中的系统内存相似，全局存储器是 GPU 中容量最大、时延最高的存储器。CPU 与 GPU 都可以对其进行读写操作。在实际编程中，优化对该存储器的访问可最大限度地提升数据吞吐量。

（5）常量存储器（或常量内存）：一般也在设备内存中，Kernel 只能从常量存储器中读取数据，因此常量变量的初始化只能由主机端来进行。常量变量是静态声明的，并且对同一编译单元中的所有内核可见。例如，可以把一个数学公式中的系数定义为常量变量，因为一个线程簇里的所有线程都会使用相同的系数来进行运算。

（6）纹理存储器（或纹理内存）：最开始是专门针对图形图像应用而设计的，因此而获名“纹理”。该存储器是一种只读内存，对二维空间数据的局部性进行了特殊的优化，因此，对于访问二维数据的线程簇，其在使用纹理内存时能够获得更高的性能。

以上各种存储器的区别汇总如表 7-2所示。

表 7-2 CUDA 内存储器的主要区别

存储器	位置	缓存	访问权限	变量生命周期
寄存器	片上	N/A	设备可读写	与线程相同
局部存储器	片外	无	设备端可读写	与线程相同
共享存储器	片上	N/A	设备端可读写	与线程块相同
全局存储器	片外	无	主机端可读写，设备端可读写	与程序相同
常量存储器	片外	有	主机端可读写，设备端只读	与程序相同
纹理存储器	片外	有	主机端可读写，设备端只读	与程序相同

CUDA 给程序员提供了可操作各种类型存储器的途径，为数据迁移和布局提供了更多可控制的支持，这也方便了程序员以更接近底层硬件实现的思路优化程序，从而可达到更高的性能。这也是 CUDA 编程不同于 CPU 编程的特性之一。

7.2.5 CUDA 执行模型

CUDA 执行模型给出了计算机体系结构中指令执行的具体操作视图。了解 GPU 的执行模型，可以有利于编程者进一步提高程序的运行效率，提升指令吞吐量，优化内存访问。

图 7-10给出了 CUDA 线程执行的一个示例，展示了程序执行时软件和硬件层面之间的映射关系。在 CUDA 执行模型中，kernel 函数的基本执行单元为线程块。同一个线程块的所有线程中的数据是共享的，这些线程将被分配到同一个 SM 单元。其中，每个线程都将被分配到 SM 单元中的一个 SP 上运行。需要注意的是，一个线程块只能被分配到同一个 SM 单元中，但一个 SM 单元在某一时刻可以有多个活跃的线程块，即多个线程块的上下文可同时保存于同一个 SM 单元中。

通过将多个线程块发送到同一个 SM 单元，可以充分利用执行单元的计算资源，以降低延迟。在一个线程块有一段时间无须使用计算资源时，这些空闲的计算资源可被另一个线程块在这段时间用于完成自身的计算任务，从而提高 GPU 计算资源的利用率。

在 SM 单元中活跃的线程块数量受如下因素限制：① 一个 SM 单元中活跃的线程块的数量不可超过 SM 单元中 SP 的数量；② 活跃的线程块中总的线程簇的个数必须小于等于 GPU 设定的计算能力的阈值；③ 活跃的线程块所使用的总的共享寄存器和寄存器的个数不能超出 SM 单元的资源限制。

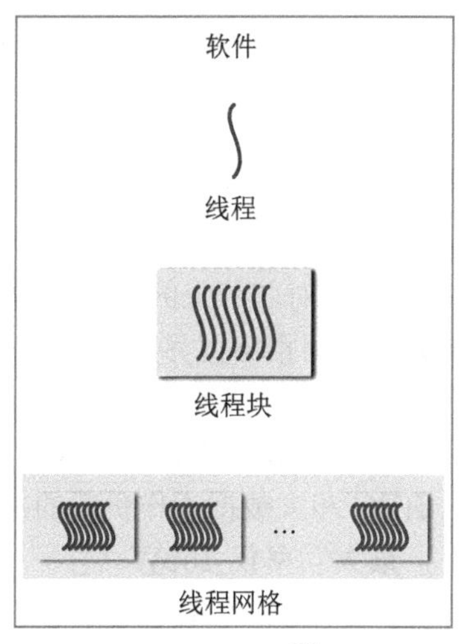

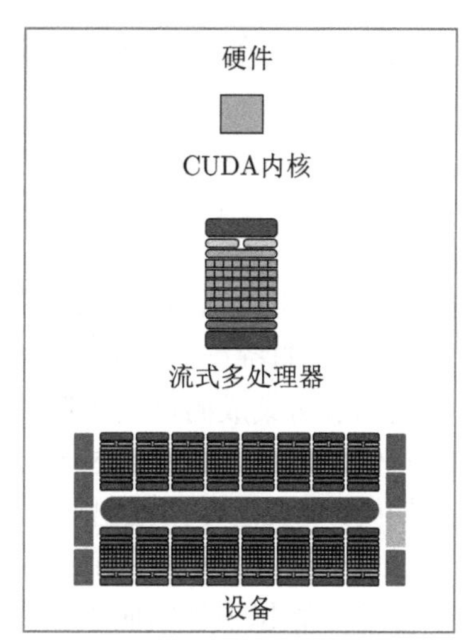

图 7-10　CUDA 线程的执行

当一个 Kernel 被启动时，Kernel 中的所有线程从软件的角度来看，似乎都是并行运行的。而在实际硬件上运行时，CUDA 程序的基本执行单元为线程簇。线程簇默认由 32 个连续的线程组合而成，一个线程块可分为多个线程簇。线程簇中的每个线程只与其线程编号有关，而与线程块中的维度无关。

线程簇中线程的执行模式为单指令流多线程流（SIMT），即所有线程根据自身的私有数据执行同一条指令。该执行模型是对单指令流多数据流（SIMD）的一种改进。图 7-11描述了一个线程块在 GPU 上执行时的软硬件视角。

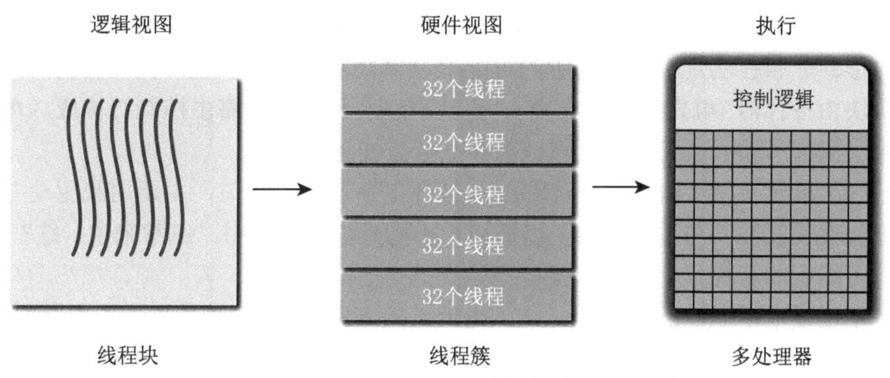

图 7-11　线程块在 GPU 上执行时的软硬件视角

相对 CPU，GPU 没有复杂的分支预测机制。一个线程簇里的所有线程在同一个时钟周期内必须执行相同的指令。如果遇到条件分支语句，有可能导致同一个线程簇的线程在执行时采用不同的路径的问题。同一个线程簇内的线程执行不同指令的现象称为线程簇分歧（Warp Divergence）。

如果一个线程簇产生分歧问题，那么整个线程簇会顺序执行所有分支路径，并在执行的过程中，禁用不跳转到该分支路径的线程。线程簇分歧会显著降低线程簇的有效并发度，导致性能严重降低。因此，在 CUDA 实际开发过程中，编程者应该尽量避免线程簇分歧的问题。

7.3 CPU+FPGA 异构计算

FPGA 是一种可编程芯片，可依据用户的功能需求对芯片上的逻辑门电路进行重复编程，具有高性能、低功耗的特点。自从 1984 年赛灵思公司推出世界上第一款 FPGA 芯片以来，FPGA 的性能随着所集成的可编程逻辑单元数的增长也快速增长。英特尔公司于 2019 年 11 月推出的 FPGA 芯片，拥有超过千万的逻辑门，集成了 433 亿个晶体管。2021 年国际超级计算大会期间，赛灵思专门推出一款针对 HPC 和大数据工作负载的加速器卡 Alveo U55C，其基于 Virtex UltraScale+ FPGA 芯片，最大功率仅 150W。

由于未来高性能计算越来越倾向于单一专业领域，更多的算力会部署在专用加速器领域，而不是通用 CPU 或 GPU 上。FPGA 的能耗比 CPU 与 GPU 更低，作为一款理想的低功耗协处理器，FPGA 可以在提高系统运算性能的同时，大幅降低功耗。本节内容将主要介绍 FPGA 的基本组成，以及 CPU+FPGA 的异构计算体系结构。

7.3.1 FPGA 的基本架构

与 CPU 以及 GPU 不同的是，FPGA 是软硬件结合的器件，不采用任何指令和软件。换而言之，FPGA 通过晶体管电路直接执行用户的指令，而无须指令系统翻译用户指令。当前主流的 FPGA 通常基于查找表 (Look Up Table，LUT) 技术，采用触发器结合轻型化的查找表来实现相应的逻辑功能。

典型 FPGA 的基本架构如图 7-12所示，主要包括以下核心模块。

（1）可配置逻辑块（Configurable Logic Block，CLB）：FPGA 中的基本功能单元，通常以阵列的形式分布在芯片中。阵列中的可配置逻辑块之间的内部连接和配置灵活可变。可配置逻辑块由寄存器 (触发器或锁存器)、查找表以及可重编程路由控制等构成。可配置逻辑块的每一侧都可输入，使其在逻辑映射和划分方面更加灵活。

（2）I/O 单元（I/O Bank）：FPGA 与外部电路连接的接口，主要用来驱动并匹配具有不同电气性质的输入与输出信号，以适用于不同外设上的应用。通常来说，这些 I/O 单元都具有可编程的特性。

（3）互连线（Interconnect Wires）：用于连接 FPGA 中的功能单元，包括短线资源、长线资源以及全局性专用布线资源。而系统信号在这些布线资源上的传输能力和驱动能力通常由连线的工艺与长度决定。

（4）开关矩阵（Switch Matrix）：FPGA 使用开关矩阵将长线资源、短线资源等互连线灵活组合在一起，其包含一组用于打开/关闭不同线路之间的连接的晶体管。

除了上述模块，FPGA 还可部署内核专用硬核、嵌入 RAM 以及底层嵌入功能单元等。其中，内核专用硬核指专门针对某些应用设计的具有较强功能的专用硬核，该硬核通用性较弱；嵌入 RAM 主要用于扩展 FPGA 的灵活性及应用场景；底层嵌入功能单元指通用性较强的可嵌入模块。

随着 FPGA 集成的专用硬核单元越来越多，FPGA 的设计领域引入了集成电路设计中的 SoC 设计方法，围绕 CPU 的内核进行设计，从而在 CPU 系统总线的主干上挂载其他功能模块。

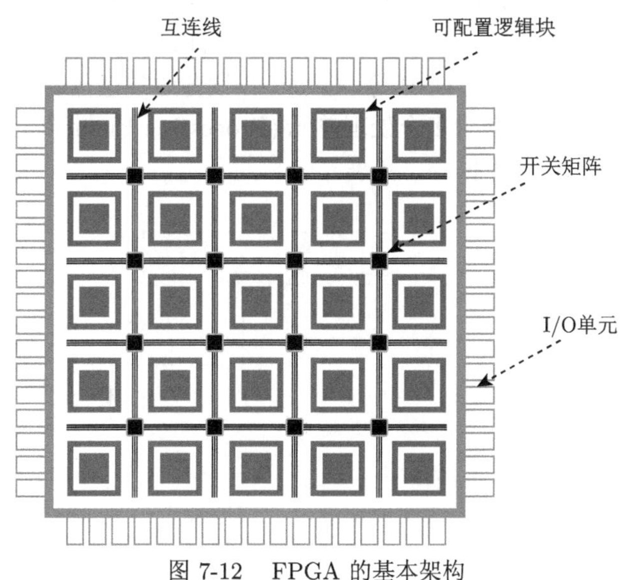

图 7-12　FPGA 的基本架构

此外，多核思想在 FPGA 设计领域同样得到了应用，一种是以硬件为中心的方法，将多个处理器内核编译到 FPGA 中，并通过可编程逻辑将其连接起来；另一种是以软件为中心的方法，通过构建异构计算系统，实现多个 CPU 内核与对等的外部加速器的互连。

由于 FPGA 的广阔应用前景，全球很多大型半导体企业都在 FPGA 的设计、制造生产方面进行了布局，国外主要厂商包括 Xilinx、Altera、Lattice 和 Microsemi 等，国内主要厂商包括上海安路信息科技股份有限公司、上海复旦微电子集团股份有限公司、紫光国芯微电子股份有限公司等，目前 FPGA 主流工艺技术可达 7nm、10nm 级，实现 4 亿 ~5 亿门器件规模。

7.3.2　OpenCL 编程模型

传统的 FPGA 系统设计非常复杂，难度很高，很多时候还需要考虑一些物理底层问题带来的相关约束，需要软件工程师和硬件工程师协同才能完成。要使得多种 CPU、FPGA 等多种异构计算设备能够协同工作起来，需要一个高效的软件编程模型，方便程序员针对 CPU+FPGA 这样的异构系统进行编程。上述需求催生了一系列异构编程模型，其中最著名的开源编程模型是 OpenCL。

OpenCL 的全称为开放计算语言（Open Computing Language)，最初是由苹果公司与 AMD、IBM、高通、英特尔和 NVIDIA 的技术团队合作在 2009 年发布的，之后交由非营利组织 Khronos Group 管理。OpenCL 的设计目标是为异构计算设备的并行化运行提供统一的编程框架。该框架可支持异构计算设备在多种层面上的并行。OpenCL 作为开放性的异构计算标准，可以将 CPU、FPGA、GPU、DSP 等计算设备组合成一个统一的异构计算平台。

在平台模型上，OpenCL 与 CUDA 非常相似。OpenCL 平台一般由主机和一个或多个 OpenCL 设备（如 GPU、FPGA）组成（图 7-13）。其中，主机一般为 CPU，负责整体流程的控制并管理所有的 OpenCL 设备。OpenCL 设备主要负责异构计算中的数据运算操作，接收主机的指令并进行相应的数据处理。该设备可以是任何 OpenCL 平台支持的计算设备，如 CPU、GPU、FPGA 及 DSP 等。OpenCL 设备通常包含多个计算单元 (Compute Unit，CU)，每个计算单元又包含多个处理单元 (Processing Element，PE)，而处理单元则为 OpenCL 设备运算的基本单位。

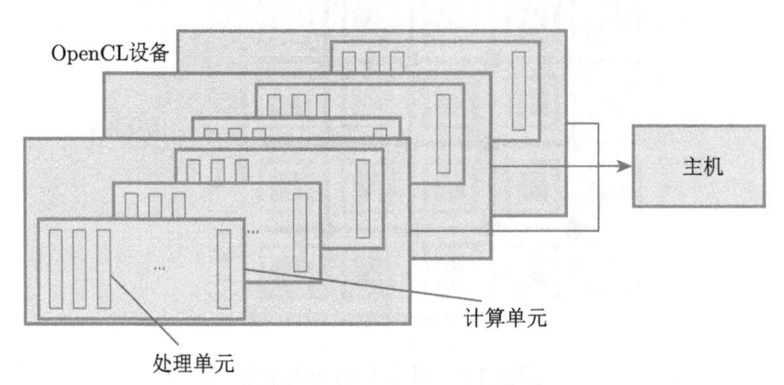

图 7-13　OpenCL 平台模型

通常来说，程序的执行流程为：首先由主机端发起相应的计算任务，根据计算任务选择相应的 OpenCL 设备并部署计算环境，接下来将数据及任务通过相关 I/O 单元发送到 OpenCL 设备，然后通过计算单元执行计算任务，最终 OpenCL 设备将计算结果返回给主机，同时结束该任务。

kernel 函数被主机端启动后将被发送到 OpenCL 设备上运行，在运行过程中 OpenCL 将创建一个整数索引空间，该索引空间是一个 N 维的网格（图 7-14），称为 NDRange，类似于 CUDA 中的线程网格的概念，用于组织线程。内核代码由很多个工作项（Work Item）来并行执行，每个工作项执行内核的一个实例，OpenCL 中的工作项对应于 CUDA 中的线程概念。工作项在索引空间中的相关坐标可用来唯一标识该工作项。多个工作项可组合成为一个工作组 (Work Group)，而工作组中工作项的个数在 Kernel 被启动时就已经被参数决定了，工作组对应于 CUDA 中的线程块的概念。每个工作组被指定了唯一的编号。同一个工作组的工作项可以通过栅栏来实现同步，对应于 CUDA 中的线程同步函数。OpenCL 与 CUDA 概念之间的对应关系可以通过表 7-3来表示。

任务级并行和数据级并行是 OpenCL 中两种不同的编程模型。在任务级并行编程模型中，可将总的工作任务划分成多个子任务，每个工作项独立地运行内核程序，分别完成相应的子任务。通过运行多个内核程序，可以实现任务级并行。在数据级并行编程模型中，当用户需要对大量数据进行相同的运算操作时，可将总的数据分成不同的数据集，从而同时在多个计算单元上分别对不同的数据集进行相同的运算操作，最终完成对所有数据的运算操作。OpenCL 中的数据级并行包括工作组与工作组之间的并行，以及同一个工作组中的不同工作项之间的并行。在该编程模型中，工作项及其要处理的数据存在一一对应的关系，工作项可以通过自身的索引号来寻址数据。

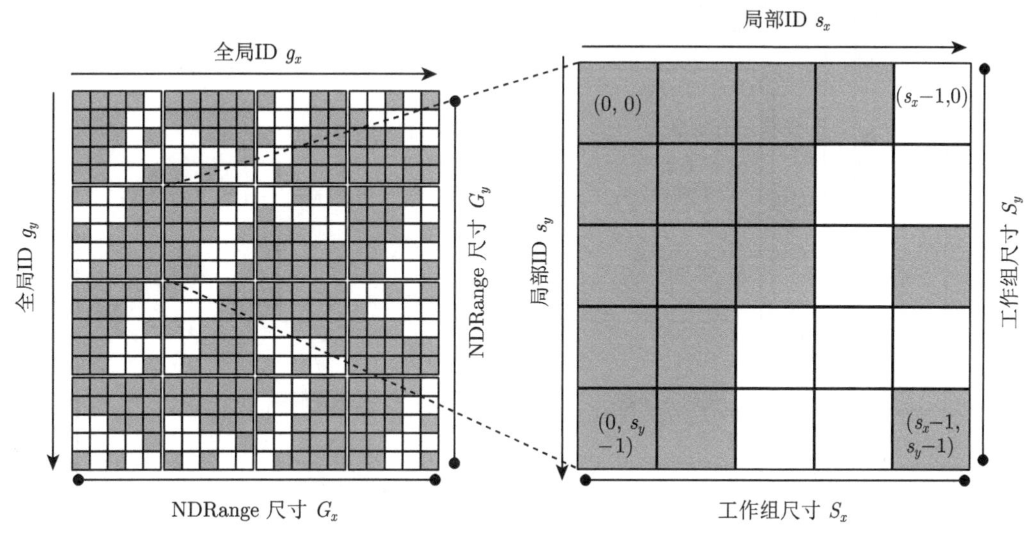

图 7-14　OpenCL 的索引空间

表 7-3　OpenCL 与 CUDA 概念对应关系

OpenCL 概念	CUDA 概念
kernel 函数	kernel 函数
索引空间	网格
工作组	线程块
工作项	线程

7.3.3 OpenCL 内存模型

OpenCL 内存模型给出了面向 OpenCL 程序的抽象存储层次，包括 OpenCL 平台各种内存的结构、内容和行为，从而使程序员在编程时无须考虑实际的存储架构。

整个 OpenCL 内存模型如图 7-15所示，其中包括如下存储类型。

（1）全局存储器（或全局内存）(Global Memory)：每一个工作项均可对其工作空间进行读取及写入操作。具体而言，每一个工作项都可以读写内存中的任意元素。该存储器容量大、访问速度慢，可通过主机端初始化。

（2）常量存储器（或常量内存）(Constant Memory)：同一个工作空间中的所有工作项只能进行读操作，而无法进行写操作。该存储器也可以通过主机初始化，且其中保存的数据在内核程序运行过程中始终保持不变。

（3）本地存储器（或本地内存）(Local Memory)：每一个工作项均可对其工作组对应的本地存储器进行读写操作，且不可见其他工作组对应的本地存储器。该存储器无法通过主机进行初始化。

（4）私有存储器（或私有内存）(Private Memory)：每个工作项都有各自专属的私有存储器，该存储器对其他工作项是透明的，且只能通过内核程序分配。

上述各种类型内存的访存关系可见表 7-4。

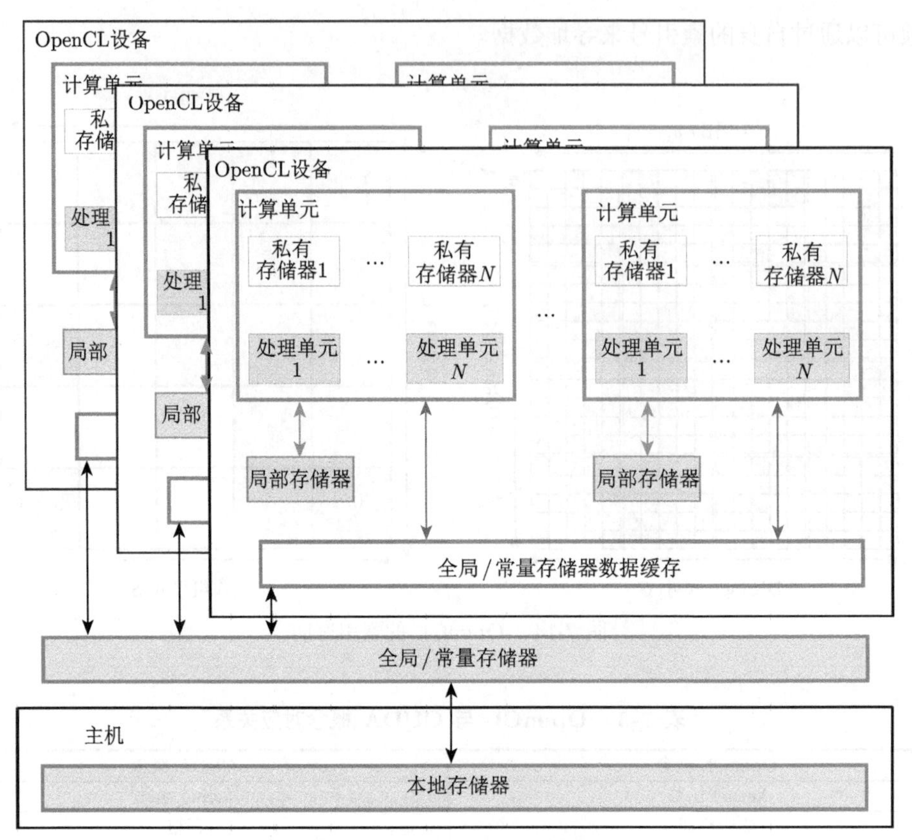

图 7-15　OpenCL 内存模型

表 7-4　OpenCL 内存的访存关系

设备	方式	全局存储器	常量存储器	本地存储器	私有存储器
主机	分配方式	动态	动态	动态	不可分配
	访问方式	读写	读写	不可见	不可见
OpenCL 设备	分配方式	不可读写	静态	静态	静态
	访问方式	读写	只读	读写	读写

OpenCL 程序运行时，主机与 OpenCL 设备的数据交互方式通常为内存映射或直接复制数据。对于单个工作项内部在访问内存时的数据一致性，OpenCL 的内存模型可以保障。对于同一个工作组中不同的工作项之间访问内存时的数据一致性，OpenCL 可利用同步点来保障。但对于不同工作组的工作项之间访问内存时的数据一致性，OpenCL 无法保障。

7.3.4　OpenCL 执行模型

在 OpenCL 的执行模型中，主机提交任务到 OpenCL 设备上，通过 OpenCL 设备上的大量的计算资源进行并行计算。因此，OpenCL 应用程序同样可分为主机端程序和设备端上运行的 Kernel 程序。其中，主机端程序用于执行 OpenCL 应用程序中的主机运算部分，通过上下文及命令队列管理 OpenCL 设备，并控制设备端上运行的 Kernel 程序。Kernel 程序在 OpenCL 应用程序中处于核心地位，主要用于完成程序中的并行计算部分。OpenCL

执行模型的目标在于通过合理地调度并使用各种 OpenCL 设备上的计算资源来进行高效计算。

如图 7-16所示，在 OpenCL 执行模型中，每个内核程序将创建一个 NDRange，其被分配到一个 OpenCL 设备上运行；每个工作组将被分配到一个计算单元 (CU) 上运行；每个工作项将被分配到一个处理单元 (PE) 上运行。

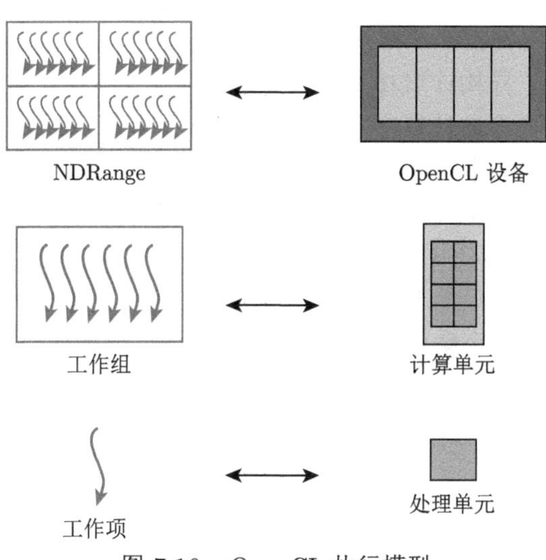

图 7-16　OpenCL 执行模型

在 OpenCL 执行模型中，还涉及其他几个重要概念，如上下文、命令队列等。其中，上下文 (Context) 一般视为内核程序执行的环境（图 7-17）。OpenCL 主机端程序通过上下文来协调主机端与设备端之间的交互，同时管理 OpenCL 设备及其 Kernel 程序以及内存对象。而上下文则通过选择相应的软、硬件资源来确定 OpenCL 应用程序的工作环境，由主机端程序利用 API 函数创建并管理。

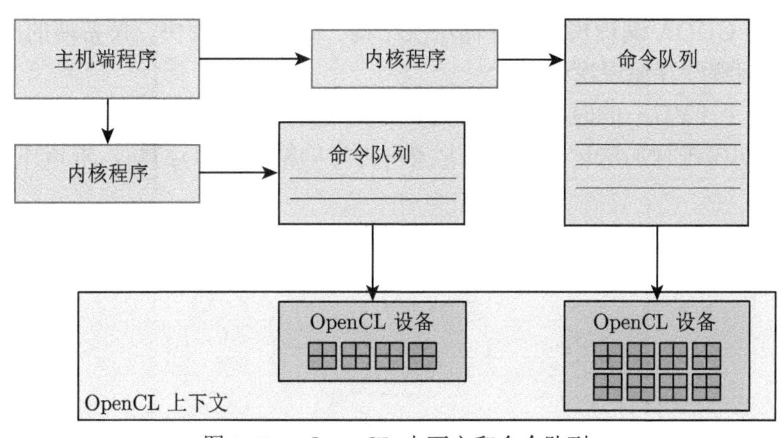

图 7-17　OpenCL 上下文和命令队列

命令队列主要用于主机向 OpenCL 设备发送命令。这些命令通常包括内核程序启动命令、同步命令以及内存命令等。一个命令队列只能对应一个 OpenCL 设备，而同一时刻一个 OpenCL 设备中可存在多个命令队列。当主机指定了运行内核程序的 OpenCL 设备并为之新建了上下文之后，每个 OpenCL 设备都必须新建一个命令队列用于接收来自主机端的请求。

7.4 本章小结

本章中，主要介绍了异构计算体系结构中较为主流的 CPU+GPU 异构计算、CPU+FPGA 异构计算以及异构多核计算中的一些基础知识。对于 CPU+GPU 异构计算，本章主要介绍了 CPU 及 GPU 的结构和 GPU 的执行模型，并以 CUDA 的角度介绍了 CPU+GPU 的编程模型。对于 CPU+FPGA 异构计算，本章主要介绍了 FPGA 的结构、CPU+FPGA 的计算架构以及当前主流的 CPU+FPGA 编程模型——OpenCL。由于异构计算从体系结构到编程都非常复杂，本章只简单介绍了异构计算中的相对基础的部分，希望通过以上介绍，读者能对异构计算有一个整体的认知。

课后习题

7.1 请列举并描述至少 4 种异构计算系统中常见的计算节点。

7.2 异构计算系统的设计与实现中，面临的挑战主要有哪些？

7.3 CPU 与 GPU 的主要区别有哪些？请列举并描述其中四个。

7.4 假设某型号的 GPU 包含 16 个 SIMD 处理器，每个处理器包含 8 个单精度浮点运算单元；该 GPU 的时钟频率为 1.5 GHz。若不考虑内存带宽及时延，求该 GPU 的峰值性能。若每个单精度浮点运算需要两个操作数并输出一个运算结果，其中操作数和运算结果需要 4B，其内存带宽为 120 GB/s，则该吞吐量是否可持续？

7.5 一个完整的 CUDA 程序由哪些步骤构成？典型的 CUDA 程序遵循什么样的执行模式？

7.6 请简述 CUDA 编程模型的存储层次结构。线程、线程块、设备端的网格中的所有线程分别可访问哪些存储层次结构？

7.7 假设一个 FPGA 的时钟频率为 250MHz, 包含 7200 个 DSP；其中，每个 DSP 可在每个时钟周期内进行加法运算及乘法运算 (皆为单精度浮点运算)，求该 FPGA 的峰值性能。

7.8 OpenCL 提供了哪些并行计算模式？有何特点？

第 8 章　领域专用体系结构

相对于传统高性能计算机体系结构，领域专用体系结构（Domain-Specific Architecture，DSA）可以依据特定的计算特征来定制计算机体系结构，从而获得更高的性能，即 DSA 提供了一种可定制化的框架。一种领域专用体系结构的计算机能够处理具有特定领域计算特征的一系列应用，本章将介绍几种具有前景的领域专用体系结构，包括面向深度神经网络的领域专用体系结构、面向类脑计算的领域专用体系结构以及面向图计算的领域专用体系结构。

8.1　面向深度神经网络的领域专用体系结构

8.1.1　深度神经网络简介

在介绍面向深度神经网络的领域专用体系结构之前，本节先探究处理计算密集型的神经网络需要进行什么样的计算，以使用单层神经网络对手写字符进行分类为例进行说明，如图 8-1所示。图 8-1中左图是一张待输入到神经网络中进行识别的灰度图片，它的像素数目为 28×28=784。由于图片像素是二维信息，通常将其平铺为包含 784 个元素的特征向量并输入神经网络中。输入到神经网络之后，每个特征点沿着带权重的神经网络连接路径进行加权求和，最终将输入图片识别为数字“8”。整个神经网络的计算过程类似于使用一个黑盒的映射，将输入数据中的特征提取出来并计算特征与数字“8”之间的匹配度（概率），做出最终的识别。以上是对神经网络进行图像分类的一个示例解释，即将数据与对应的模型参数相乘，并将它们加在一起。基于所收集的计算结果，最大的预测值所对应的对象（如手写字符识别示例中的数字）是正确答案的可能性最高。

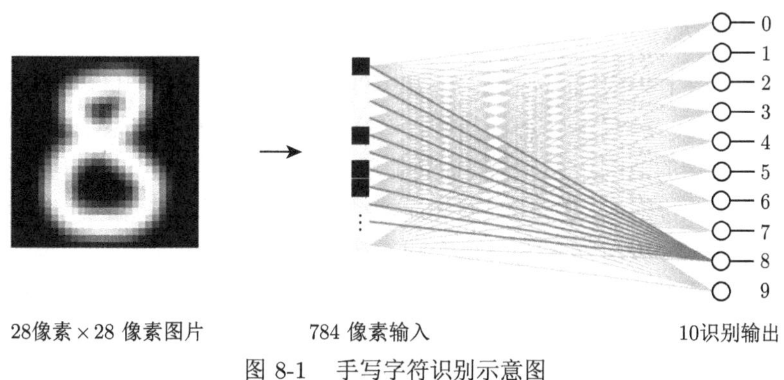

图 8-1　手写字符识别示意图

基于图 8-1所描述的例子，在计算神经网络的过程中，需要对数据和参数进行大量的乘加运算，而这些操作在计算过程中可以组合成对应的矩阵运算以加快运算。而随着深度学习（Deep Learning）的快速发展，神经网络模型的规模在快速扩大，所需要的矩阵运算量也不断提升，所以芯片设计的关键问题是，针对深度神经网络的架构，如何快速执行大量大规模的矩阵运算，同时保持较低的工作能耗。

此外，在介绍面向深度神经网络的领域专用体系结构之前，首先对传统的 CPU 和 GPU 计算神经网络的过程进行介绍。

CPU 计算神经网络的过程: CPU 最大的优势在于通用性，CPU 可以运行成千上万种不同类型的程序代码。但也正是因为需要保证 CPU 的通用性，CPU 一般无法预知下一个计算需要执行什么操作，而是可能需要等待，直到从指令寄存器中读取下一条指令才能进行相关计算操作。然而，在大规模的深度神经网络计算中，矩阵运算的每一步往往是确定的，导致 CPU 在计算矩阵的过程中会产生很多不必要的空闲等待时间。此外，CPU 的计算往往是以串行的方式进行的，CPU 的算术逻辑单元对矩阵的操作只能一步接一步地执行，并且在每一次执行的过程中都对高速缓存或者内存进行访问，以获取操作数并将最终的计算结果写回。这种串行的计算方式和频繁的内存访问都会成为 CPU 进行矩阵运算的瓶颈，降低了 CPU 对神经网络的计算速度并增加了大量的额外能耗。

GPU 计算神经网络的过程: GPU 相对于 CPU 提高了计算的并行性，现代 GPU（如 NVIDIA 图形处理器、AMD 图形处理器）往往在单个 GPU 核心中集成了大量的算术逻辑单元（ALU），这赋予了 GPU 强大的并行处理数据的能力。这种并行架构在计算量庞大、计算过程单一的密集型任务中（如矩阵运算）会有优异的表现。因此，与传统的基于冯·诺依曼体系的 CPU 相比，GPU 在如深度学习等典型计算密集型任务中具有更强大的数据处理能力，数据处理速度往往能得到成倍的提升。借助其强大的并行数据处理能力，GPU 现已成为处理计算密集型任务的首选计算体系。然而，GPU 的本质仍是通用处理器。因此，GPU 在每次执行大规模的计算任务前后都无法避免进行很长时间的访存操作以进行计算数据的存取。而长时间的访存操作会严重地制约 GPU 的计算能力。此外，GPU 通过集成大量的计算单元提高并行计算能力，这将进一步提高能量消耗和增加芯片设计难度。

基于以上传统 CPU、GPU 计算架构在深度神经网络计算中存在的一些不足，下面介绍几种面向深度神经网络的领域专用体系结构。

8.1.2 张量处理单元

张量处理单元（Tensor Processing Unit，TPU）是谷歌（Google）公司定制开发的专用集成电路（ASIC）。TPU 是一种面向神经网络设计的领域专用体系结构，以创新性的脉动阵列设计进行复杂的矩阵运算，大幅提高处理神经网络的速度。TPU 具有能耗低、物理空间占用小等优点。特别地，TPU 只能加速神经网络的计算过程，而不能应用到通用应用程序当中。图 8-2(a) 和 (b) 分别为谷歌公司发布的 TPU v1 和 TPU v2 的实物图。

与传统计算体系结构相比，TPU 大幅缓解了冯·诺依曼瓶颈问题，其不需要建立大型缓存并占用大量用于控制的体系结构，而是针对应用程序优化内存使用。这是由于 TPU 的主要任务是矩阵运算，具体操作的每个步骤是已知的。因此，TPU 在设计时根据矩阵运算过程的每个步骤，在芯片内集成了直接相连的由大量乘加器组成的大型物理计算单元矩阵，完成相应的矩阵运算操作。这种创新型架构称作脉动阵列（Systolic Array）。以 TPU v2 为例，其每个处理器分别集成了两个维度为 128×128 的脉动阵列（共计 32768 个算术逻辑单元），以处理神经网络中复杂的矩阵运算。

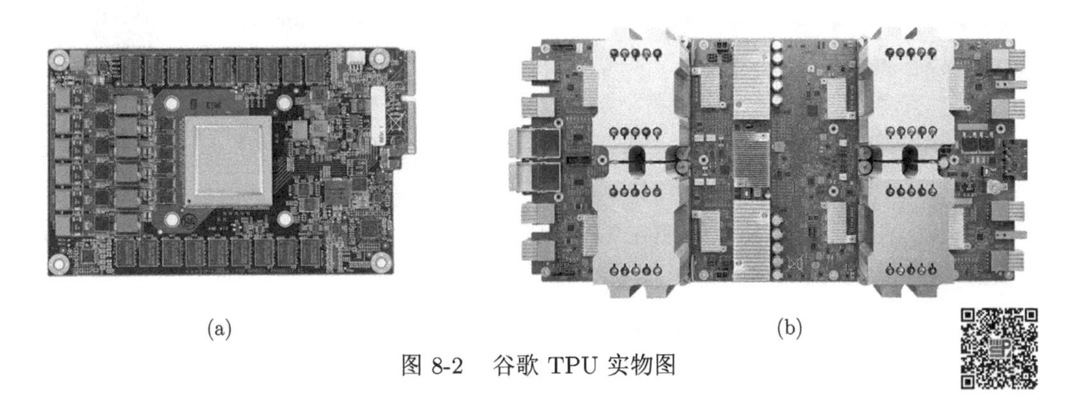

(a)　(b)

图 8-2　谷歌 TPU 实物图

接下来介绍脉动阵列执行神经网络计算的具体过程，如图 8-3和图 8-4所示（圆点代表模型参数，方块代表数据，横线底纹区域代表高带宽存储器）。需要注意，图示过程仅为 TPU 内部数据流动模拟，不代表 TPU 的真实计算过程。

（1）在每一轮计算开始前，TPU 会将内存中的模型参数读取到乘加器矩阵中，如图 8-3(a) 所示，圆点组成的参数矩阵将会平铺成一个 $1 \times N$ 参数向量（N 为参数的维度），并分别横向加载到的 TPU 计算单元中。

（2）在加载完模型参数后，TPU 会从内存加载数据，如图 8-3(b) 所示。

（3）之后 TPU 会像平铺参数一样将数据平铺，如图 8-4(a) 所示。图中下方的每组数据用一行数据点表示，列数则是一组数据的维度。

（4）每个计算周期都会将每列数据从上到下依次传入 TPU 的计算单元中。而从左到右的每列数据都会依次延迟一个周期加载进计算单元进行计算。

（5）在计算单元中，每个数据点与加载好的模型参数相乘，并将结果将向右传递到相邻的乘法器中。该结果将在下一计算周期与同组数据点的乘法结果进行求和。

（6）与此同时，每个数据点还会继续向上传递，与下一组模型参数进行乘法计算。

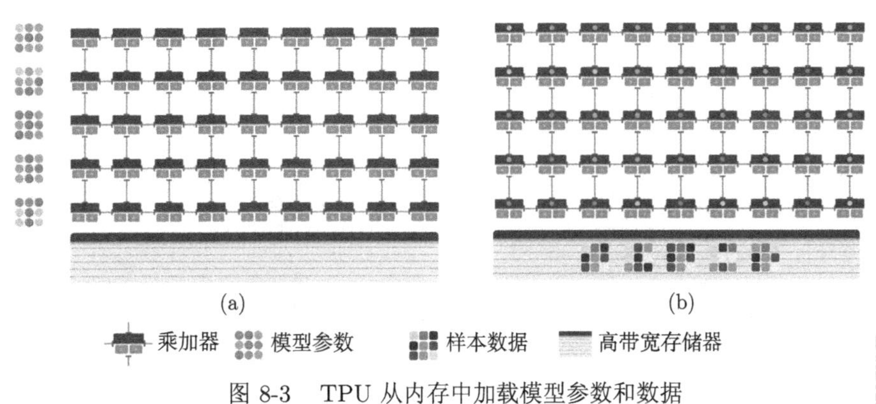

图 8-3　TPU 从内存中加载模型参数和数据

（7）TPU 每一行的输出结果是一组数据和一组参数乘积之和，如图 8-4所示。

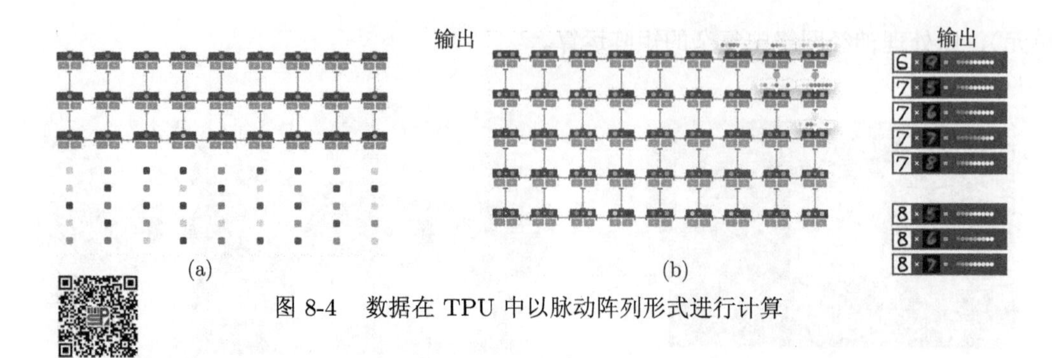

图 8-4 数据在 TPU 中以脉动阵列形式进行计算

由上面的操作流程可以看出，数据在 TPU 中以脉动阵列形式计算和流动，大大减少了外部存储器（如动态随机存储器（DRAM））的访问次数，因此有效地缓解了冯·诺依曼体系结构的计算瓶颈，提高了计算效率。因此，使用 TPU 处理神经网络可以实现数十倍的速度的提升，并且可以显著地降低计算能耗、简化芯片设计和缩小芯片占用空间等。

TPU 的设计模块主要包括计算单元（Computation）、数据缓冲区（Data Buffer）、控制器（Controller）和片外输入/输出（Off-Chip I/O）接口四个部分。图 8-5是谷歌公司发布的 TPU 晶圆的布局规划图。可以看出，数据缓冲区和计算部分占据晶圆面积主要部分，分别占据 37% 和 30% 的布局面积，而 I/O 部分和控制器只占据了 TPU 少量的面积，分别为 10% 和 2%。这与 TPU 独特的设计目的相关，TPU 是面向矩阵计算的专用加速器。TPU 在设计上期望以物理电路形式实现矩阵运算的运算符设计，并减少与外部缓存和内存的数据交换，所以 TPU 中的数据缓存区和计算部分会比通用芯片对应部分占据更大的设计空间。与此相反，因为 TPU 不需要完成复杂的通用计算，所以控制部分在 TPU 中相对 CPU 或者 GPU 设计更加简单，占据更少的硬件空间。

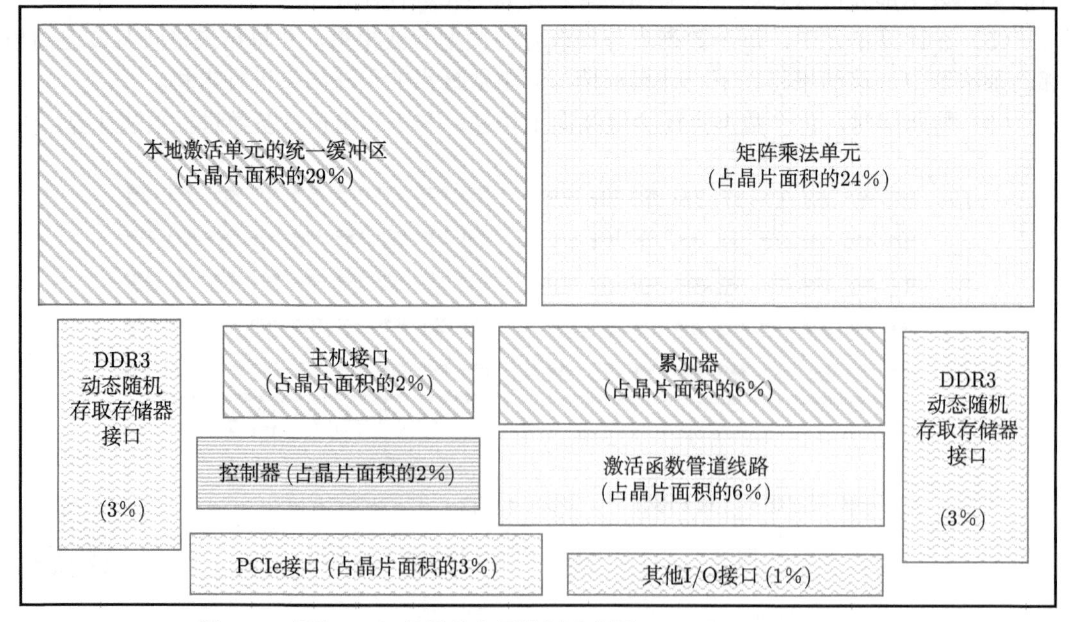

图 8-5 谷歌 TPU 晶圆的布局规划示意图（Jouppi et al., 2017）

1. Cloud TPU 编程模型

借助谷歌公司提供的云端 TPU（Cloud TPU）服务，开发者能够使用 TensorFlow 在 TPU 加速器硬件上执行深度神经网络的任务。单个 Cloud TPU 芯片包含 2 个核心，每个核心包含多个由密集矩阵乘法和卷积主导的矩阵乘法单元（Matrix Multiply Unit，MXU）。因此，耗费大量时间执行矩阵乘法的应用程序通常非常适合 Cloud TPU，而由非矩阵运算（如 Add、Reshape 或 Concatenate）主导计算的应用程序可能无法实现较高的 MXU 利用率。除此之外，与 TPU 核心的运算速度相比，TPU 对片外储存的数据和模型读写耗时较长。这是因为通过 PCIe 总线与片外主机内存读取数据的速度比直接在片上高带宽存储器（High Bandwidth Memory，HBM）读取数据的速度慢得多。这意味着，如果神经网络模型只执行了部分编译，即在任务执行过程中数据在主机和设备之间反复传递，那么 TPU 设备的执行效率将会变得非常低。为了缓解这种情况，Cloud TPU 的编程模型应专为在 TPU 上执行大部分训练而设计，甚至理想情况下应在 TPU 中执行整个训练循环。

综上所述，以下是 TPU 编程模型应该具有的一些显著特征。

（1）所有模型参数都应保存在片上高带宽存储器中。

（2）使用 TPU 计算的启动成本（包括模型参数加载、数据加载等操作耗时）可以被训练过程中大量的循环分摊。

（3）在主机（连接到 Cloud TPU 设备的 CPU）上执行获取数据以及数据预处理操作任务，然后将数据“注入”（Infeed）到 Cloud TPU。

（4）输入训练数据应平铺并被流式传输到 Cloud TPU 上的“注入”队列中。Cloud TPU 上运行的神经网络模型在每个训练步骤中从这些队列中获取一批（Batch）数据进行训练。

（5）数据同时载入，且 Cloud TPU 上的各个核心应以同步方式运行各自对应的 HBM 中的程序，其中这些程序应当是相同的。所有核心在每个神经网络计算结束时应执行归约操作。

基于以上分析，可以依据下列的指导原则选择与构建适用于 Cloud TPU 的深度神经网络模型和训练数据。

1）保持计算图结构的一致性

在使用 TPU 的过程中应保持计算图结构的一致性。XLA（Accelerated Linear Algebra）编译器会根据训练数据的数据结构实时地编译 TensorFlow 的计算图。如果后续任何批次的数据（包括样本数据或者模型数据等）具有不同形状，则 XLA 编译器需要重新编译计算图，这将导致较高的计算成本，降低 TPU 的计算效率。因此，如果目标高效地使用 TPU 进行计算，在计算过程中不应改变计算图的数据结构。

2）进行合理的数据填充

在使用 TPU 训练模型之前，应对训练数据进行合理的填充，以最大化发挥 TPU 的计算能力。例如，在使用 Cloud TPU v2 中维度为 128×128 的脉动阵列进行计算加速之前，TPU 程序会将输入数据平铺为 128×128 的数据点并按顺序输入脉动阵列中进行计算。然而，如果输入矩阵不能占满整个 TPU 核心，则编译器会用零来填充张量。但这种数据填充方式得到的张量不能充分利用 TPU 核心。此外，这样的填充占用了额外的片上缓存空间，在极端情况下可能导致内存不足的情况发生。因此，在使用 TPU 前可以通过相关 API 确定填充数据，或者选择适合 TPU 的张量维度以避免零填充。

3）保持合适的张量维度

选择合适的张量维度对于使 TPU 硬件（尤其是 MXU）发挥最高性能很有帮助。XLA 编译器会自动选择最优的批量大小或特征维度来最大限度地利用 MXU 的计算性能。编译器会将存储在 TPU HBM 内存中的张量的维度进行向上舍入操作，以便更高效地执行张量计算。如果选择了不合适的维度，编译器的填充操作可能会导致内存使用量和执行时间显著增加。根据 Cloud TPU 的建议，将批量大小设置为 1024 并将输入特征向量的维度设置为 128 的倍数，可以获得最佳的 TPU 计算效率。

2. 适合 TPU 进行加速的训练子图

本节以一个典型的 TensorFlow 训练图为例，介绍适合 TPU 硬件的训练子图（Subgraph）。一个典型的训练图由多个提供各种功能的相互重叠的子图组成，包括：

（1）读取训练数据的 I/O 操作。

（2）输入预处理阶段，通常通过队列连接。

（3）模型变量。

（4）模型变量的初始化代码。

（5）模型本身。

（6）损失函数。

（7）梯度代码（通常自动生成）。

（8）用于监控训练的摘要操作。

（9）检查点的保存/恢复操作。

在 Cloud TPU 上，TensorFlow 程序由 XLA 即时编译器编译。在 Cloud TPU 上进行训练时，能够在硬件上编译和执行的代码只有对应于模型的密集部分、损失与梯度子图的代码。TensorFlow 程序的所有其他部分作为常规分布式 TensorFlow 会话在主机（Cloud TPU 服务器）上运行，通常包括读取训练数据的 I/O 操作、所有预处理代码（如解码压缩图像、随机采样/裁剪、组合训练小批量）以及图表的所有维护部分（如检查点保存/恢复）。TPU 针对特定工作负载进行了优化，而在某些情况下，使用 GPU 或 CPU 来执行机器学习任务可能会合适。

TPU 适合以下类型的深度神经网络模型。

（1）由矩阵计算主导的模型。

（2）在主训练循环内没有自定义 TensorFlow 操作的模型。

（3）需要训练时间较长（数周或数月）的模型。

（4）有效批量大小非常大（大型或极大型）的模型。

TPU 不适合以下类型的任务。

（1）需要频繁分支或逐项（Element-Wise）代数主导的线性代数计算任务。TPU 经过专门优化，可快速地执行庞大的矩阵乘法。因此，与在其他平台执行相比，不是由矩阵乘法主导的任务难以在 TPU 上有更好的表现。

（2）以稀疏方式访问内存的任务。

（3）需要高精度算法的任务。例如，双精度算法不适用于 TPU。

（4）包含用 C++ 编写的自定义 TensorFlow 操作的神经网络计算任务。具体而言，主训练循环体中的自定义操作不适用于 TPU。

（5）不能够在 TPU 上进行整个训练循环多次迭代的任务。虽然这不是 TPU 本身的基本要求，但这是实现 TPU 预期效率所需的限制条件之一。

基于上述解释，可以发现 TPU 优势主要体现在两方面，即缩短模型训练/推理时间和降低开发成本，具体如下。

（1）缩短模型训练/推理时间。Cloud TPU 可以大幅提高矩阵运算性能，这对神经网络模型，特别是大型复杂的神经网络模型的训练和推理计算是十分有益的。借助 TPU 独特的脉动阵列，TPU 使用人员可以在一个较短的时间内通过 TPU 训练获得一个性能优异的神经网络模型。相关文献（Jouppi et al., 2017）对 TPU v1 与英特尔公司的 Haswell 服务器架构 CPU 和英伟达公司的 K80 系列 GPU 三者进行了对比测试。结果显示，在运行速度方面，TPU 比 GPU 或 CPU 平均提升约 15~30 倍。在性能功耗比（TOPS/W）方面，TPU 相对另外两者约有 30~80 倍的提升。该结果说明 TPU 比如 GPU 和 CPU 等通用处理器更适合对神经网络进行计算，并有效地降低了计算能耗。

（2）降低开发成本。表 8-1中是截至 2021 年 1 月 Cloud TPU v2 和 v3 的使用价格。DAWNBench 是斯坦福大学发布的一个可以用于深度学习的基准评测环境。2018 年 DAWNBench 比赛要求参赛队伍对 ResNet-50 模型进行训练和推理。当训练目标设定为一个固定的模型精度条件时，Cloud TPU v2 抢占式版本完成整个模型训练等价仅需 12.87 美元，而普通处理器的等价成本最低为 72.40 美元，成本为使用 TPU 进行训练的 6 倍左右。通过训练成本的对比，发现使用 TPU 执行深度学习任务可以有效地节约开发成本。

表 8-1　单设备 Cloud TPU 使用价格

TPU 类型	国家及地区	核心数	总内存	按需价格/（美元/时）	抢占式价格/（美元/时）
v2-8	美国爱荷华	8	64GiB	4.500	1.350
v3-8	美国爱荷华	8	128GiB	8.000	2.400
v2-8	荷兰	8	64GiB	4.950	1.485
v3-8	荷兰	8	128GiB	8.800	2.640
v2-8	中国台湾	8	64GiB	5.220	1.566
v3-8	中国台湾	8	128GiB	此区域暂未提供	此区域暂未提供

3. Edge TPU

在云端训练的机器学习模型越来越需要在边缘（Edge）运行的设备上进行推断。这些边缘设备包括传感器和其他智能设备，它们收集实时数据，做出智能的决策，然后采取行动或将信息传递给其他设备或云端。

由于此类设备必须在有限的电池容量下运行，因此 Google 设计了 Edge TPU 协处理器来加速低功耗设备上的机器学习模型训练与推断。一个 Edge TPU 每秒可执行 4 万亿次操作（4 TOPS），能耗仅 2 W，单位能耗（瓦特）可获得 2 TOPS。例如，Edge TPU 能够通过低能耗的方式以接近每秒 400 帧的速率执行移动计算机视觉模型（如 MobileNet v2）。Edge TPU 增强了 Cloud TPU 的功能，提供了一个云端 + 边缘、硬件 + 软件的协同开发架构，形成了一套基于 AI 的云-边-端异构协同计算的解决方案。

8.1.3 神经网络处理单元

神经网络处理单元（Neural-network Processing Units，NPU）从另一个角度加速深度神经网络计算过程，即在硬件上按照神经网络中每个神经元及其之间的结构直接部署对应映射，使硬件实现与神经网络的概念表示相匹配，从而达到对深度神经网络计算进行加速的目的。国内比较典型的 NPU 有中科寒武纪科技股份有限公司（Cambricon，以下简称寒武纪公司）Diannao（Chen et al., 2014）、华为技术有限公司（Huawei）的达芬奇（DaVinci）架构（Liao et al., 2019）等。

以寒武纪公司的 Diannao 为例介绍 NPU，该 NPU 的结构如图 8-6所示，主要包括三类输入神经元的输入缓冲器（Input Buffer for Input Neurons，NBin）、输出神经元的输出缓冲器（Output Buffer for Output Neurons，NBout）和突触权重缓冲器（Synaptic Weights Buffer，SB），一个神经功能单元（Neural Functional Unit，NFU）和一个控制处理器（Control Processor，CP）。接下来介绍 NPU 中存储模块和 NFU 单元的一些特点，Diannao NPU 结构（Chen et al., 2014）如图 8-6所示。

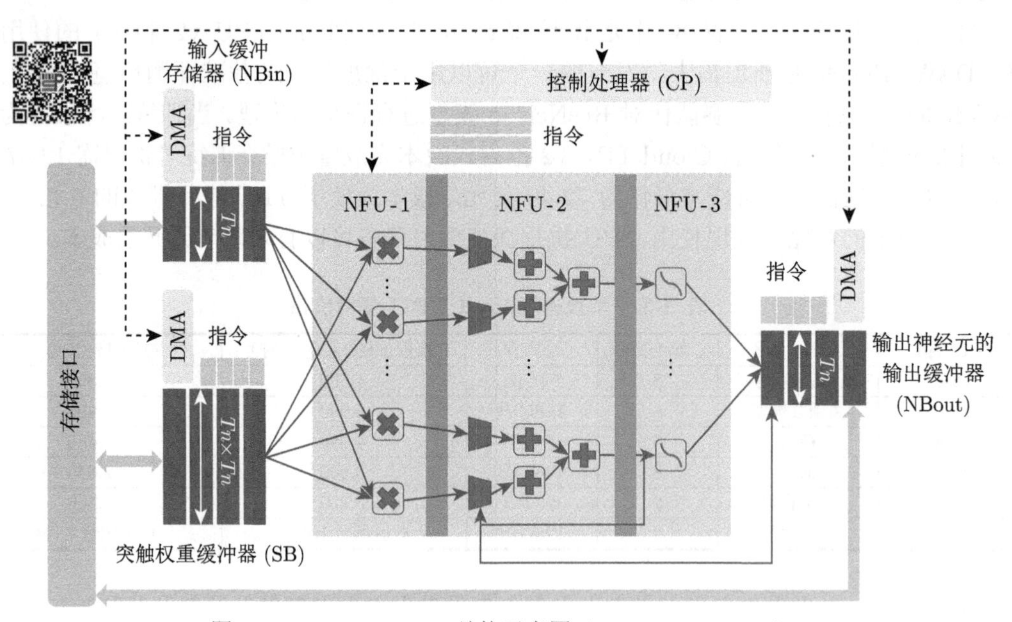

图 8-6 Diannao NPU 结构示意图（Chen et al., 2014）

存储结构: 三块存储均基于 SRAM 实现，以获取低延时和低功耗的收益。为了降低通信延时，该 NPU 通过直接存储器访问（Direct Memory Access，DMA）技术完成片上存储器与片外存储器的数据交换。在设计时，考虑到神经网络的输入、输出和模型参数维度不同（神经网络的输入、输出往往是以向量形式完成的，而模型参数则会以矩阵形式加载到处理器中进行计算），该 TPU 将片上存储空间划分为 NBin/NBout/SB 这三个不同的模块。与此同时，不同维度的数据对应不同的片上存储空间也可以有效地平衡功耗和访存性能。此外，对访存宽度相同的输入输出存储空间进行进一步拆分是为了进一步提高数据的吞吐量，以减少不必要的访存冲突。这是由于 NBin/NBout 在神经网络计算过程中分别起到输入缓冲和输出缓冲的缓存作用。因此，一个计算单元将从 NBin 缓存中读取待计算的数据，并将计算好的数据写入 NBout 缓存中。如果将这两个缓存统一放在一个片上存储空间中，不同的缓存操作会增大缓存冲突发生的概率。因此，通过为访存类型相近的数据单独设计一个缓存空间，可以进一步减少 NPU 计算过程的缓存冲突，降低存储功耗，提高数据处理性能。

NFU：一个具有三级流水的计算单元，其主要思想是将深度神经网络的一层中的神经元分解到每个计算块中。NFU 主要分为三部分，即 NFU-1、NFU-2、NFU-3，分别是乘法器阵列、加法或最大值树和非线性函数部分。例如，分类器（Classifier）层和卷积层（Convolutional Layer）的运算可以主要分解为数据输入与突触的乘法运算、所有乘法的累加运算以及 Sigmoid 运算这三个阶段。池化层中的池化操作主要包括平均池化或最大值池化，可以不包含乘法操作，只需要经过 NFU-2、NFU-3 两部分，接下来对这三部分分别进行介绍。

（1）NFU-1 由乘法器组成，其中具有 $T_n = 16$ 个硬件神经网络元，每个神经网络元有 $T_n = 16$ 个带权重的输入突出，因此，NFU-1 共有 $T_n \times T_n = 256$ 个 16 位乘法器。乘法器同步计算，在单个时钟周期内可以并行执行 256 次乘法。

（2）NFU-2 由加法器树组成，其中具有 $T_n = 16$ 个加法树，加法树将按照 8-4-2-1 结构排列，每个加法树中包含 $T_n - 1 = 15$（个）加法器。因此，在一个时钟周期内，NFU-1 和 NFU-2 共执行 $2T_n^2 - T_n = 496$ 次定点乘加操作。在 0.98 GHz 的时钟下，这相当于 452 GOPS（Giga Operations Per Second）的计算能力。对于神经网络中的非均值池化层的神经元，还特殊设计了一个具有 T_n 位输入的移位器以完成相应操作。

（3）NFU-3 包含由 16 个乘法器和 16 个加法器组成的 16 个激活单元。该激活单元可以对 NFU-2 中加法树输出的结果进行激活操作或者对池化层的神经元输出进行对应的操作。在 NFU-3 将处理 NFU-1 和 NFU-2 输出的数据，达到了 $2T_n^2 + T_n = 528$ 次定点乘加操作（相当于 482 GOPS 的计算能力）。

单个 NFU 硬件神经网络元的运算过程是：$T_n = 16$ 个乘法器并行地基于 NFU 神经网络模型对输入数据进行操作（输入数据乘以网络参数），获得 $T_n = 16$ 个输出结果。然后乘法器的输出结果会被送入加法树（每层分别有 8、4、2、1 个加法器，每个加法器都是一个二输入加法器）。最后经过加法树相加，得到一个结果输出，该输出会被送入激活单元。因此，NFU-1 和 NFU-2 可以完成一个 16 维输入的神经元的加权求和操作，NFU-3 可以根据前两个单元的输出决定是否完成相应的激活操作。

寒武纪公司设计的 NPU，极大地提高了深度神经网络算法的执行效率，加速器在小面积、低能耗的前提下实现了高吞吐量。理论上，相对于 128 位的 SIMD，计算性能提升应该为 62 倍（$496/8 = 62$，SIMD 内核为 16 位操作码），但是实验结果表明具有约 117.87 倍的提升。这主要有两个原因：一个是 NBin 和 SB 缓冲区中对数据进行了适当的预加载和组合重用，这对于分类器层和卷积层提升较为明显；另一个是 NFU 设计着重缩短了空闲等待的时钟周期，对数据流进行了优化。在能量消耗方面，NPU 在卷积层 1 中甚至能缩小至接近 3.57% 的能量消耗。

8.1.4 神经网络领域专用体系结构未来展望

本节将分享有关神经网络领域专用体系结系未来发展的一些观点，主要包括神经网络训练加速体系设计、新型神经网络技术体系设计以及基于边缘的神经网络专用体系设计等，具体如下。

1. 神经网络训练加速体系设计

当前，大部分面向神经网络的专用体系结构都针对神经网络推理进行优化，少有工作针对模型训练过程进行优化设计或提供硬件支持，也较少有专为神经网络的训练过程提供加速的专用体系结构设计。此外，随着训练数据集和神经网络模型规模的扩大，单个处理器已经不能满足训练过程的计算需求。在这种背景下，如何对大规模、分布式的神经网络训练专用体系进行调优，并降低分布式神经网络训练过程中的通信代价和提高系统性能与能效，成为一个热门的研究方向。

2. 新型神经网络技术体系设计

通过调整神经网络结构和数据模式，在一定程度上可以提高神经网络的计算效率。例如，神经网络剪枝（Pruning）技术可以减少稀疏的神经模型的模型参数数量，从而减少了对具有高带宽消耗的片外存储器访问。神经网络量化（Quantization）技术通过优化模型参数的精度，降低了模型的存储容量和计算开销。此外，一些新型神经网络结构，如生成对抗网络（Generative Adversarial Network，GAN）等的兴起，也对面向神经网络的专用体系结构设计提出了更高的要求。

（1）稀疏神经网络：相关文献（Han et al., 2016b）研究表明，神经网络中大部分神经元之间的连接丢弃之后，神经网络的精度通常只会有较小的损失。基于此，衍生出了许多针对稀疏神经网络进行优化的专用体系结构，包括 EIE （Han et al., 2016a）、Cnvlutin（Albericio et al., 2016）等。这些体系结构针对权重矩阵和稀疏特征图进行稀疏化处理与优化，提高了神经网络的计算性能。然而，这些设计往往会带来如编码、解码和访存等额外的处理成本。因此，如何在硬件层面对稀疏网络进行计算和访存优化，以及如何对稀疏网络计算中带来的不平衡性进行均衡，都是未来值得研究的方向。

（2）量化神经网络：降低处理数据精度或对神经网络模型参数进行量化也是提高神经网络处理性能的一种可行途径。根据英伟达公司的 TensorRT （Migacz, 2017）报告，在推理过程中，大部分常用的神经网络模型都可以量化为 8 位数据模式进行计算，而这样的量化操作不会导致非常严重的推理精度丢失。但是，额外的工作负荷和计算开销会随着神经网络的量化操作被引入到处理过程中，这对硬件设备提出了一些特殊要求。尤其针对边缘计算、嵌入式计算等资源受限的场景，模型量化引入额外开销可能是不可接受的。因此，如何通过专用的计算架构进一步提升量化后模型的计算效率也吸引着研究人员的研究兴趣。

（3）生成对抗网络：生成对抗网络（GAN）由生成（Generator）网络和判别（Discrimator）网络两个相互博弈的神经网络组成。生成网络会基于统计规律或观测数据的挖掘，生成乱真的样本；而判别网络会判断生成器产生的样本是否为真。生成对抗网络的训练可以建模为一个极小极大值博弈问题。需要注意的是，GAN 中需要处理一些非结构化内存访问。因此，与传统的神经网络计算体系结构相比，GAN 模型专用的体系结构需考虑 3 个方面的优化：具有分别进行生成网络和判别器网络训练的能力；适应转置卷积计算；优化非结构化数据读写速度。

3. 基于边缘的神经网络专用体系设计

与传统的云计算架构不同，新型的边缘计算架构在云服务层和智能应用层中间构建边缘服务层。在云-边-端计算机体系结构中，计算和内存密集型任务通常被部署到拥有较丰富计算资源的云服务层执行，而边缘服务层（如物联网设备或移动智能设备）可以进行模型特征的提取或执行轻量级的模型推理任务。随着物联网和传感器设备的普及，边缘端可以获取到越来越多的数据量，新型的边缘计算架构可以依据实时获取的数据进行在线训练，包括自适应学习或神经网络模型参数微调。例如，在自动驾驶、机器人、无人机和虚拟现实/增强现实/混合现实/元宇宙等应用中，离线训练模型往往不能对时变程度较大的场景做出最优的决策。一种解决方案是，将所有的数据都卸载到云服务层，然而会造成极大的数据传输负担。这可能带来较长的传播时延及较高的能耗（尤其当部分边缘计算设备是能耗受限的时），这在实时任务场景中通常是不可接受的。此外，在如智能医疗健康、金融安全等领域，数据可能是隐私或者被保密，而与云端的数据通信可能会造成隐私泄露或者数据安全风险等问题的发生。如何面向神经网络应用设计更加轻量级、满足实时要求且更加节能的云-边-端专用体系结构也是重要研究方向之一。

8.2　面向类脑计算的领域专用体系结构

随着大数据和人工智能等技术的蓬勃发展，传统的冯·诺依曼体系结构计算系统面临着三方面的严峻挑战。第一方面，基于冯·诺依曼体系结构的处理器往往为通用处理器，天然不适合处理高维和结构化数据。在处理此类数据的过程中，需要将数据转化为时间维度的一维数据以线性的方式进行处理，这极大地增加了计算延时，无法满足实时系统的要求。第二方面，基于冯·诺依曼体系结构的处理器在任务处理过程中需要频繁地与存储器进行数据传输，极大地增加处理过程中的能量消耗。此外，由于处理器和存储器的速率不能完全匹配，会引发“存储墙”效应。第三方面，基于冯·诺依曼体系结构的处理器发展速度已经逐渐变慢，接近其设计瓶颈。摩尔定律已逐渐逼近物理器件自身的性能极限。

为应对上述挑战，类脑计算技术已成为未来的重要演进方向。类脑计算体系结构将革新现有的计算机体系结构，带来全新的计算能力及更低的处理功耗，成为一种重要的新型计算架构。

8.2.1　类脑计算简介

1. 类脑计算

类脑神经网络的雏形是 1957 年由美国学者费兰克·罗森布拉特（Frank Rosenblatt）提出的感知机（Perceptron）（Rosenblatt，1958）。基于感知机的神经网络模型通常称为第一代神经网络。通过在感知机模型的基础上增加隐藏层的数目，进而提出了多层感知机（Multi-Layer Perceptron，MLP），即第二代人工神经网络（Artificial Neural Network，ANN）。感知机的激活函数使用可微的 Sigmod 函数以代替感知机中不可微的激活函数，并采用经典的反向传播（Back-Propagation）算法进行网络训练。该模型也是当今深度学习的基础理论模型。前两代模型都根据数据科学理论对生物神经元进行了相当的简化，以矩阵运算为主。但是生物神经元对信息的处理是基于生物电信号等模拟信号的，因此其可以接收、处理和传递更加复杂的信息，这进一步增强了生物个体的环境理解、行为控制、知识学习等。

在过去的几十年里，人工智能算法快速发展，尤其是近几年，随着互联网快速发展带来的数据激增和运算、存储技术的不断进步，各种机器学习算法得到了蓬勃发展，如深度学习、强化学习、对抗网络、CNN、RNN 等。深度学习模型具有大量的优点，例如，具有很好的数学可计算性，也可以方便地在现有通用处理器架构上实现。但是其同样面临计算开销大与能耗高等瓶颈。

尽管深度学习技术已被证明在特定领域问题应用中超越人脑，其却在一些对于人脑很简单的任务上无能为力，即弱人工智能。特别是在某些情况下，其性能难以保证，例如，如何在小样本的情况下，实现自我学习和自适应，仍是一大难题。另外，无监督学习的性能和效果也有待进一步提升。目前深度学习主要依赖监督学习，对世界的理解和表示还停留在很基础的层面，在训练数据以外的地方，效果往往不太理想。相对于当前人工智能系统，人脑的处理系统极度高效，工作时它的能耗仅 25W 左右，但神经元的数量却有 10^{11} 的量级，且每个神经元关联的突触也达到了上万个。超高效的人脑处理系统在处理复杂问题时相比当前人工智能系统有绝对优势。因此，如何模仿人脑的工作方式来构建人工智能神经网络模型，成为类脑技术研究与设计的关键。

脉冲神经网络（Spiking Neural Network，SNN）（Maass，1997）模型由脉冲神经元组成，是学者 Wolfgang Maass 在 1997 年提出的，并被广泛地定义为第三代神经网络。与 ANN 不同，SNN 模型利用脉冲函数表征真实的生物电信号，并以脉冲信号传递信息。两者的区别如下。

（1）传统神经网络需要通过反向传播算法对模型参数进行学习训练，而在人脑中并不存在这一过程。人脑中的神经元在受到刺激的时候往往会发生突触后膜可塑性变化，而这种变化可能影响着人类的学习和记忆过程。

（2）人脑中信息的传递、接收和处理的过程都是利用生物电脉冲形式完成的，即基于模拟信号完成。与之不同的是，传统的神经网络对信息的表征和计算都是基于高精度的浮点数进行的，这是一种数字信号。

（3）大脑具有很好的非监督学习和小样本学习能力，即在某些任务中不需要对相同的信息进行反复学习便可以获得对应经验。反观传统的神经网络，其往往需要大量的训练样本（带标签）数据对网络进行迭代训练，才能获得一个较为优异的数据处理性能。

SNN 的运行方式更加接近于人脑，其信息传递方式与生物大脑更为相似，都是依靠脉冲形式对信息进行处理和传递。SNN 的主要优点有两方面：一方面，SNN 模型模拟人脑神经传导方式，具有生物解释性；另一方面，SNN 网络利用电脉冲进行消息传递，这在数字电路上较易实现。但与此同时，因为脉冲函数在数学上具有不可导的性质，如何对 SNN 网络进行模型学习仍是一个开放性问题。

2. SNN 神经元

在介绍 SNN 神经元之前，首先介绍 SNN 的信息表达方式。由于信息载体的不同，SNN 模型与 ANN 模型的数据处理方式有很大的区别。SNN 模型利用具有相同的幅度和持续时间的脉冲信号（Spikes）在神经网络中进行信息传递。通过改变脉冲序列的脉冲频率和脉冲间隔，网络可以传递不同的信息。例如，一组较为低频的脉冲序列可以被编码表征一组较低的值，反之高频的序列可以表征为一组较高的值。此外，在固定的时间窗口中，不同的脉冲位置也可以包含指定的信息。

作为 SNN 模型的基本计算单元，脉冲神经元（Spiking Neuron）是基于生物突触结构构建的，主要包括两类脉冲神经元：突触前神经元（Pre-Synaptic Neuron）和突触后神经元（Post-Synaptic Neuron），分别作为脉冲信号的产生者和接收者，负责传递信息，如图 8-7所示。这两类脉冲神经元的主要功能如下。

（1）突触后神经元接收由突触前神经元轴突（Axon）传递来的脉冲。

（2）由于不同的突触上具有不同的权重，因此脉冲通过不同的轴突会产生不同大小的刺激，并在突触后神经元上产生对应幅值的突触后电压（Post-Synaptic Potential，PSP）。

（3）突触后神经元对突触后膜电压进行叠加，然后与突触后神经元的阈值进行比较，在当前神经元的树突（Dendrite）上产生脉冲信号，并将其传递到下一神经元中。

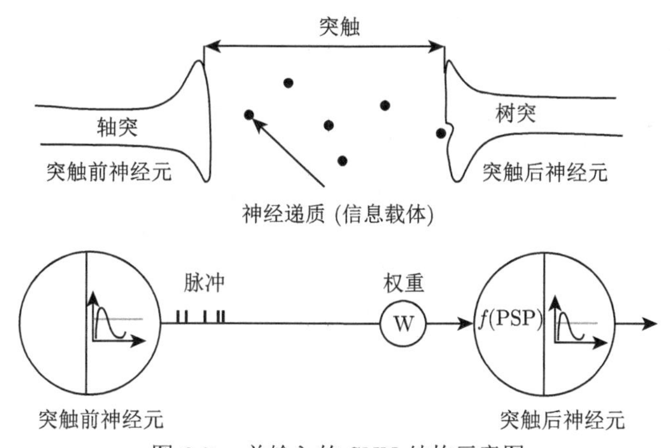

图 8-7　单输入的 SNN 结构示意图

接下来具体介绍一个实际多输入的脉冲神经元的工作过程。如图 8-8所示，在接收到脉冲输入前，PSP 会一直保持在静止值。突触后神经元会按照脉冲序列的时间顺序对突触后膜电压按照突出权重进行整合叠加，形成一个连续变化的膜电压信号。之后，突触后神经元会将膜电压信号与其阈值进行对比，当膜电压大于一定阈值的时候，突触后神经元就认为其收到了一个比较大的刺激信号从而发出一个调制脉冲。在变化结束后，膜电压会归位回起始的静止值并进入不应期（Refractory Period）。在不应期期间，脉冲神经元不接收外来的脉冲信号，直到不应期结束，进入到下一个脉冲产生周期。

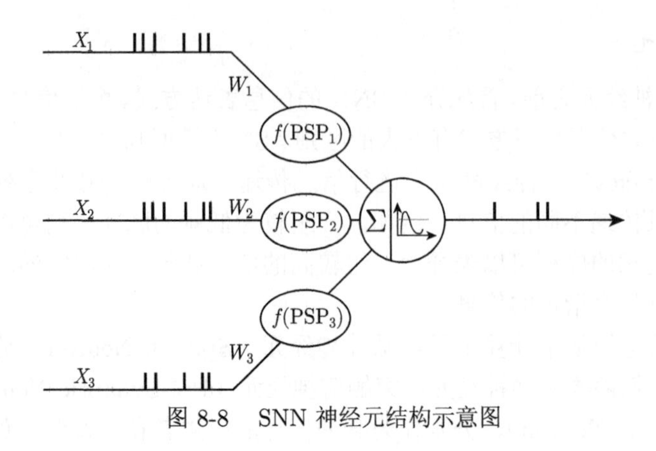

图 8-8 SNN 神经元结构示意图

8.2.2 清华大学“天机”类脑体系结构

作为世界首款异构融合类脑芯片，清华大学提出的“天机”系统（Pei et al., 2019）采用了多层次异构融合的类脑计算芯片架构，用现有计算模式处理结构化信息，采用类脑计算处理非结构化信息。“天机”系统基于跨范式的异构神经元方案进行设计，其中一个功能核（FCore）为一个基本计算单元。每个功能核包括轴突、突触、树突、胞体和神经路由器等子单元（Pei et al., 2019）。与此同时，“天机”系统支持对功能核进行灵活重构、配置建模和调整拓扑等操作。此外，功能核还支持两种编码方式切换，其可以根据需求灵活地配置成 ANN 或 SNN 模型，从而实现不同的异构神经网络结构。

“天机”芯片内一共集成了 156 个功能核，其中包含 40000 个异构神经元和一千万个连接突触（Pei et al., 2019），面积仅为 14.4mm^2。相比于 IBM 的 TrueNorth 芯片（430mm^2 内集成了 100 万个神经元），其密度提升了 20%，数据吞吐带宽提升约 100 倍，运行速度提升超过 10 倍。此外，基于“天机”系统的跨范式异构设计，该芯片能同时运行绝大部分现有的神经网络模型，同时还支持高效运行混合模型。由于其独特的设计，其具有较低的运行能耗和较高的运行速度与精度，能更好地支撑新一代人工智能体系。其整体设计既体现了脑与计算机的异构融合、计算与存储的异构融合，又体现了编码的多样性、精确与近似的统一等人脑思维特性。

“天机”架构解决了同一神经元的不同类型信息流融合问题。SNN 与 ANN 计算的主要区别在于信息的载体不同，所以“天机”中对神经元输入输出的设计是异构的。SNN 主要负责处理连续时域中变化的脉冲信号和膜电位信号，并提取其中蕴含的信息，而 ANN 主要处理离散的数字信号，并在网络输入变化时同步更新信息。为了与基于数字编码的 ANN 模型兼容，“天机”功能核首先将 SNN 的脉冲信号编码表示为对应的数字序列，然后对同一个观察周期 T_w 内的脉冲信号进行预处理，再将其输入到神经元当中。此外，在输出的胞体（Soma）中也根据 ANN 与 SNN 不同的计算范式设计了一个可重构的异构电路，分别完成 ANN 计算的激活操作和模拟 SNN 的神经元静止、激活与不应状态。由于 ANN 与 SNN 都有矩阵乘操作，神经元的树突设计可以被复用。相关文献（Pei et al., 2019）中详细地介绍了“天机”架构对数据进行融合的思路，并将系统分为两个不同的数据通路：ANN 路径和 SNN 通路。整体流程可以概括如下。

（1）异构的轴突：在 ANN 路径中，可以直接得到一组输入数据；而在 SNN 路径中，脉冲波被转化为 0-1 信号，并将一个窗口周期中的脉冲通过延迟函数收集起来，得到一组输入数据。

（2）共享的树突：两条路径的操作是基本一致的——将得到的数据与权重相乘再依次相加。尤其在 SNN 模式下，提供了一个旁路跳过乘法的机制，以便降低在长度为 1 的时间窗下的计算复杂度。

（3）异构的胞体：在 ANN 路径中，数据直接与偏置相加，然后经过激活函数，得到了一组输出；在 SNN 路径中，输出与偏置进行比较，如果大于偏置，则会产生脉冲输出。此外，会有一个反馈通路以实现神经元的静止和不应状态。因此，SNN 路径中集成了 1 bit 可编程存储器以处理不同的脉冲模式，并额外配备了高精度存储器来记录 SNN 路径中产生的不同膜电位值、激活阈值以及不应期参数和其所对应的函数变化值。与之不同的是，“天机”芯片在 ANN 路径中配备了一个存储器，以缓存激活函数和池化变换的结果。

此外，由于功能核的可配置性，“天机”芯片能实现异构神经网络的深度融合，在不同的运行模式下都能保持一个较高的运行速度和处理精度。功能核（FCore）在“天机”架构中以 2D 网格方式排列，每个单功能核之间的连接路径可以被路由器选择确定，这进一步提升了“天机”芯片的可编程性，提升了芯片的通用性。

8.2.3 其他类脑体系结构

表 8-2对比了部分具有代表性的面向类脑计算的计算架构或硬件平台，包括芯片类型、学习算法、仿真时间、神经元个数、突触个数以及外部接口等，接下来对四种其他的类脑体系结构进行简要介绍。

表 8-2 具有代表性的面向类脑计算的计算架构或硬件平台

名字	芯片类型	学习算法	仿真时间	神经元个数	突触个数	外部接口
TrueNorth	数字	无	快于实时	单核 2^8 个，总计 2^{20} 个	单核 2^{16} 个，总计 2^{28} 个	AXI 总线
SpiNNaker	ARM 和 FPGA 异构	STDP	实时	单核 1000 个，每个机架可容纳超 10 万个核心	单核 100 万个	以太网
BrainScaleS	数字、模拟混合电路	STDP	慢于实时	单核 20 万个，总计 400 万个	单核 5000 万个，总计 10 亿个	以太网
Neurogrid	数字、模拟混合电路	无	实时	单核 2^{16} 个，总计 2^{24} 万个	总计 60 亿个	USB

1. IBM: TrueNorth

TrueNorth 是 IBM 公司在 2014 年生产的神经形态 CMOS 集成电路，属于美国国防部高级研究计划局 SyNAPSE 开发计划的一部分。其中每个芯片上集成了 4096 个核心，每个核心有 256 个可编程的模拟神经元，每个神经元有 256 个可编程设计的突触，突触用来传递神经元之间的信号。因此，总的可编程设计突触数目超过 2.68 亿，并可以实现神经突触和神经元排列的动态映射。由于记忆、计算和通信是在 4096 个神经突触核心中处理的，因此 TrueNorth 避开了冯 • 诺依曼体系结构瓶颈，且非常节能。IBM 公司数据显示，其功耗为 70mW，功率密度是传统微处理器的万分之一。

2. 曼彻斯特大学: SpiNNaker

SpiNNaker 平台是曼彻斯特大学负责研究设计的一款大规模并行多核超级计算机体系结构，是欧盟资助的“人脑计划”（Human Brain Project，HBP）的子项目。它由 57600 个处理器节点组成，每个节点有 18 个 ARM9 处理器和 128 MB 移动 DDR SDRAM，总计超过 100 万个内核和超过 7 TB 的 RAM。计算平台基于 SNN，可同时高精度仿真超过 10 亿个生物神经元，以模拟人脑功能。此外，为了模拟人脑神经元之间稀疏且异步的生物脉冲信号，SpiNNaker 使用基于数据包脉冲数据交换形式，以此在物理连接数量远大脑的情况下，实现同等的信息交换性能。与此同时，为了实现平台的可扩展性，SpiNNaker 采用了基于 ARM 内核和 FPGA 的异构架构。这使得该平台能最小以仅 1ms 的仿真时间步长对数十亿个脉冲神经元进行仿真测试。SpiNNaker 平台还提供了针对 SNN 的云计算与云仿真服务。

3. 德国海德堡大学: BrainScaleS

BrainScaleS 是欧盟 HBP 项目资助的另一个类脑计算体系结构，该项目是对 SpiNNaker 超级计算机（基于数字技术）的补充。BrainScaleS 是一台混合模拟神经形态超级计算机，目前位于德国海德堡大学内。BrainScaleS 中在物理层面上模仿生物神经元及其连接。此外，由于组件由硅制成，这些模型神经元的平均运行次数为 864 次/每天（24h 的实际时间在机器模拟中仅需 100s）。在“人脑计划”的资助下，BrainScaleS 项目于 2016 年完成了神经形态计算系统设计，在单块电路板上集成了 20 个核心，每个核心中集成了 20 万个神经元单元和 5000 万个突触，总共包含 400 万个神经元和 10 亿个突触。

4. 斯坦福大学: Neurogrid

Neurogrid 由斯坦福大学的 Brains in Silicon 小组设计并实现，于 2009 年底首次启动并进行模拟实验。Neurogrid 能实时模拟 100 万个神经元和 60 亿个突触。一块 Neurogrid 板上包含 16 个 Neurocore，每个 Neurocore 中集成 65536 个硅神经元。一个片外 RAM 和一个片上 RAM（在每个 Neurocore 中）分别通过像大脑皮层一样的软线进行水平和垂直连接。神经元在信号传输过程中以每秒数十次的速度激活，因此，其具有相当低的运行能耗。据估计，Neurogrid 系统能仅以 5W 的运行功耗达到与 1MW 的运行功耗的超级计算机相同的神经系统模拟性能。

8.3　面向图计算的领域专用体系结构

8.3.1　图计算

图计算特定表达为针对图数据结构的计算模式，其基本数据结构表达为

$$G =< V, E, D >$$

式中，G 为图；V 为图的节点；E 为边；D 为权重。

大量现实世界的应用问题都可以采用图数据结构来进行抽象表达，典型应用包括推荐系统、网页跳转、社交网络等。举例而言，对于推荐系统，图的节点分为两类：用户和物

品，图的边可以表达喜好或购买行为，权重则是边的属性，可以是浏览次数、购买次数或购买时间；对于网页跳转，网页可以看作图的节点，页面之间的关联关系（如超链接）作为边，跳转次数可以作为节点的权重；对于社交网络，社交用户即为节点，用户间的社交关系（如关注、粉丝关系）可以看作边，而边的权重可以使用用户之间的交流频度等表示。

随着近年来图数据规模的不断扩大，大量的超大规模图拥有超过十亿的节点数和万亿的边数，传统的高性能计算机体系结构可能难以适应未来可预期的数据指数级增长规模。基于此，研究人员将设计重点放在了面向图计算的领域专用体系结构上，高效的面向图计算的领域专用体系结构将极大地缓解图计算压力。

随着图数据量的不断增加，以及计算速度的加快，图计算及高效体系结构与系统设计也受到越来越多的工业界和研究人员的关注。虽然面向图计算的领域专用体系结构在不断优化，但图计算应用的优化还面临多方面的挑战，下面将分别从计算、存储和通信等三个主要方面介绍面向图计算的领域专用体系结构设计的挑战。

（1）计算方面的挑战。图的无结构特性对传统图计算加速带来了巨大的挑战。由于实际应用中图的规模较大，难以将超大规模图的计算放在单机执行。因此，需要对图进行划分，将大规模图应用的计算负载分配到多个机器（Machine）。然而，图数据通常是不规则的，这种特性（又称为无结构化特性）使得图的划分非常难以满足高效性与公平性，进而导致计算任务难以在不同机器实现负载均衡（Load Balance）。机器间负载的不均衡将严重影响系统的可扩展性，使得无法满足大规模或超大规模图系统的计算需求。除了不规则图计算负载会对计算优化产生影响，图的密集读改写更新操作也严重限制了图计算应用加速的设计。而针对新型图神经网络应用，如何更加深入地挖掘计算的并行属性与数据的共享属性是一项极具挑战且意义重大的任务。

（2）存储方面的挑战。面向图计算的领域专用体系结构在存储方面的挑战主要体现在应用不规则的访存模式。与计算方面所面临的挑战之一类似，图的无结构特性是造成不存在访存的重要因素。由于图中一个节点的邻居节点集合和数目均不规则以及邻居属性节点的存储位置同样不规则，当需要遍历所有邻居节点时，会包含大量不规则的访存模式，从而造成存储方面操作的低效率。现有计算机体系结构下的程序性能通常是基于空间局部性提升或优化的，然而图的访存模式在空间局部性方面有较大的缺失。如何提升图数据的局部性，是提高图计算访存性能的关键。与传统面向图计算的领域专用体系结构不同，图神经网络中节点的属性数目更大（通常是一个高维特征向量），这就导致在同等缓存容量下，只能缓存节点的部分属性内容，导致数据复用距离增大。此外，在邻居节点访存过程中，邻居节点信息会被频繁访问，缓存缺失率会非常高，对带宽的要求就会非常高。

（3）通信方面的挑战。随着图计算应用的不断深化，图的规模也日益增大。大规模或超大规模的图会导致单机难以存储所有的图数据，多机器间的网络通信不可或缺。由于现有大部分图算法需要针对整图进行多轮迭代，而大规模图的节点属性可能存储在不同的机器中，这就会造成巨大的通信开销。此外，图数据的局部性差，使得通信方面的开销更加高。与之对应，每次图迭代时所执行的计算反而相对较少，呈现出较高的访存计算比。

综上所述，由于图计算应用具有很多计算、存储、通信模式等方面的不同，通用计算机体系结构在处理图计算相关应用时会出现执行效率低的劣势。为此，需要专门针对图计算应用设计特定的领域专用体系结构，即面向图计算的领域专用体系结构。

8.3.2 面向图计算的领域专用体系结构分类

参考相关文献（清华大学人工智能研究院等，2019），本节将面向图计算的领域专用体系结构分为四类，包括单机内存图处理体系结构、单机核外图处理体系结构、分布式内存图处理体系结构和分布式核外图处理体系结构。

1. 单机内存图处理体系结构

单机内存图处理体系结构直接将完整的图加载到单机内存中进行计算。然而，单机的算例、存储等资源非常受限，通常只能处理较小规模的图计算问题。比较有代表性的单机内存图处理体系结构有 Ligra 以及 Galois、GraphMat 和 Polymer。这些有代表性的单机内存图处理体系结构的特点如下。

（1）Ligra 是一个轻量级的专门用于共享内存的并行/多核处理器的图处理体系结构。Ligra 有两个简单的规则，一个用于边映射，另一个用于节点映射。基于节点映射的并行编程算法，Ligra 在 40 核的机器上验证获得了很好的加速比，并且比在拥有更多核的机器上使用经典图计算框架的结果效率要高得多。此外，Ligra 还极大地简化了图遍历算法的编写。

（2）Galois 基于图领域专用语言（Domain Specific Language，DSL）给出了更复杂的算法以完成图计算分析。Galois 利用多线程对图进行计算的性能相对于当时最优的图计算工具有着接近一个数量级的提升。此外，Galois 还提供了多种图领域 DSL 的轻量级编程 API，降低了图算法的实现难度。

（3）GraphMat 是基于具有点和边奇异联系的二维网格，开发的一种高效的基于并行超图（网格用超图表示）的直接求解算法。GraphMat 分析了超图文法产生式之间的依赖关系，并绘制了一个依赖图。超图文法产生式被分配给依赖图上的节点，在 Galois 并行环境中作为任务实现，并根据共享内存并行机上开发的依赖图进行调度。

（4）Polymer 基于非一致性存储访问（NUMA）特性的计算机体系结构，对图算法进行了优化。Polymer 观察到：无论图数据使用哪种划分方式，对数据的局部性和并行性的影响都会增大；此外，无论针对内部节点还是外部节点，顺序访存都比随机访存消耗更多的带宽资源。

2. 单机核外图处理体系结构

单机核外图处理体系结构同样是单机运行，但是其将存储层次由内部存储器拓展到外部存储器，所能处理的图规模扩大，更加契合实际图计算应用需求。同样地，由于受限于单机算力、外部存储系统的带宽，单机核外图处理体系结构处理超大规模图的能力还相对受限。典型的单机核外图处理体系结构有 GraphChi、XStream 和 GridGraph。这些有代表性的单机核外图处理体系结构的特点如下。

（1）GraphChi 是一个基于磁盘的系统（Disk-Based System），用于高效地计算具有数十亿条边的大图。GraphChi 将大图分解为若干个，并提出了一种基于并行滑动窗口（Parallel

Sliding Window，PSW）的模型，能够在超大规模的图上执行数据挖掘、图形挖掘和机器学习算法。GraphChi 已被理论证明单机每秒可以处理超过十万个图形更新。

（2）XStream 引入了一种新的数据类型，即信号段（Signal Segment），并提出了一种以边为中心的编程模型。与异步表示相比，XStream 允许应用程序更方便、更高效地处理等长时间间隔采集的传感器样本。XStream 包括一个内存管理器和调度器操作优化，用于高速处理信号段。

（3）GridGraph 将图分解为一维分割（1D-Partitioned）节点块和二维分割（2D-Partitioned）边块。GridGraph 设计了一种新型双滑动窗口方法（Dual Sliding Windows），并动态地进行节点更新，从而有效地降低 I/O 开销（尤其是写开销）。GridGraph 中边的划分还支持选择性调度，跳过某些不必要的块以进一步地降低 I/O 开销。GridGraph 可以无缝扩展内存容量和磁盘带宽，并且优于包括 GraphChi 和 X-Stream 在内的核心外系统。

3. 分布式内存图处理体系结构

分布式内存图处理体系结构将图数据加载到计算机集群的内存进行计算，能处理的图规模也随着计算机集群规模扩大而线性扩大。然而，由于集群网络总带宽是受限的，分布式内存图处理体系结构的性能及其能处理的图规模也受到相应的限制。典型的分布式内存图处理体系结构包括支持同步计算模型的 Pregel（Malewicz et al., 2010），同时支持同步和异步计算模型的 PowerGraph、PowerSwitch、PowerLyra 以及 Gemini 等。这些有代表性的分布式内存图处理体系结构的特点如下。

（1）Pregel 采用批量同步并行（Bulk Synchronous Parallel，BSP）计算范式，将图计算表示为一个迭代序列，其中每个节点都可以接收上一次迭代中发送的消息，向其他节点发送消息，并修改其自身状态及其输出边的状态，或改变图拓扑。Pregel 模型设计用于千万规模计算机集群上高效、可扩展和容错的实现，其隐含的同步性也使得程序推理变得更容易。然而，在整体同步并行计算范式下，算法的收敛性受到了较大的影响，且采用随机哈希切边的方法也造成了较高的网络通信开销。

（2）PowerGraph 引入了利用幂律图结构的分布式图布局和表示方法，以应对计算、存储和通信等各方面的挑战。基于切点法，PowerGraph 使用了以节点为中心的 GAS（Gather-Apply-Scatter）编程模型，增加了细粒度并发性。但 PowerGraph 不支持图的动态修改，容错机制未能充分利用节点信息。

（3）PowerSwitch 提出了一种混合图形计算模式 Hsync，可以在同步（Sync）和异步（Async）模式之间自适应地切换图形并行程序，以获得最佳性能。Hsync 不断地动态收集执行统计数据，利用启发式方法预测未来性能，并确定最佳模式切换时刻。基于分布式图形并行系统 PowerGraph，PowerSwitch 能够更好地支持图形算法的自适应执行。

（4）PowerLyra 考虑到自然图中的偏态分布，也需要对高次和低次节点进行区分处理，通过动态地为不同的节点应用不同的计算和划分策略，将现有图形并行系统的两个方面都结合起来。PowerLyra 提供了一种高效的混合图分割算法，并设计了局部性的数据布局优化方法以改善通信过程中访存的局部性。同时，PowerLyra 移植了混合分割（Hybrid-Cut）算法，即出入度高的节点采用切点法，反之出入度低的节点采用切边法，兼顾了效率和通用性。

（5）Gemini 针对分布式图形处理系统计算性能应用进行了多种优化，在提升效率的基础上提供了系统的高可伸缩性。Gemini 针对图结构的稀疏或稠密情况，使用与 Ligra 相同的自适应 push/pull 方式进行计算；基于块的分区方案，Gemini 支持低开销的向外扩展设计和保持局部性的节点访问；Gemini 还采取了双重表示方案，以压缩对节点索引的访问；Gemini 在满足 NUMA 特性的内存中采用了基于块的图划分，还采用了局部感知分块和细粒度工作窃取，优化了节点间和节点内的负载均衡调节。一个 8 节点高性能集群的测试表明：Gemini 与当时最快的分布式图形处理系统相比，提高了 8.91 倍 ~39.8 倍。

4. 分布式核外图处理体系结构

分布式核外图处理体系结构将单机核外图处理体系结构拓展到集群，能够处理万亿级别的超大规模图，最具代表性的系统是 Chaos。Chaos 基于 XStream 体系结构，实现对存储的顺序访问，且并行执行流划分（Streaming Partition）。Chaos 的创新之处在于三个方面：首先，Chaos 图分割方案用于顺序存储访问，而不强调数据的局部性和负载均衡，从而大大减少了预处理时间；其次，Chaos 将图形数据均匀随机地分布于整个集群中，并且不试图实现数据的局部性，这是基于一个小集群中网络带宽远远超过存储器带宽的观测结果；最后，Chaos 使用工作窃取（Work-Stealing）来允许多台机器在单个分区上工作，从而在运行时实现负载均衡。然而，Chaos 也存在一定的设计缺陷：随着集群规模的扩大，网络将会成为系统巨大的瓶颈；计算与存储分别进行设计与优化，增加了系统的复杂性和通信开销；存储子系统为了提升使用率，可能会占用较多的计算资源，造成计算资源的浪费。

8.4 本章小结

本章介绍了几种具有前景的领域专用体系结构，包括面向深度神经网络的领域专用体系结构、面向类脑计算的领域专用体系结构以及面向图计算的领域专用体系结构。

张量处理单元（TPU）是谷歌公司开发的一类专用集成电路，用于加速与机器学习及神经网络相关的应用。TPU 是一种针对神经网络领域设计的专用体系结构，以创新性的脉动阵列设计进行复杂的矩阵运算，大幅提高处理神经网络的速度。TPU 具有能耗低、物理空间占用小等优点。借助谷歌公司提供的云端 TPU 服务，开发者能够使用 TensorFlow 在谷歌的 TPU 加速器硬件上执行深度神经网络的任务。

神经网络处理单元（NPU）在硬件上按照神经网络中每个神经元及其之间的结构直接部署对应映射，使硬件实现与神经网络的概念表示相匹配，从而达到对深度神经网络计算进行加速的目的。类脑计算的研究基础主要是以脉冲神经元模型为基础的脉冲神经网络（SNN），其底层用脉冲函数模仿生物点信号作为神经元之间的信息传递方式。

图计算应用的优化还面临多方面的挑战，包括计算、存储和通信等三个主要方面。图计算的领域专用体系结构包括单机内存图处理体系结构、单机核外图处理体系结构、分布式内存图处理体系结构以及分布式核外图处理体系结构等四种结构形式。

课后习题

8.1 请简要介绍张量处理单元（TPU）的特点和优势。

8.2 假设神经网络模型 MPL0 中有 5 个全连接层，每层有 4M 个参数，且每层的结构为 $2K \times 2K$ 的矩阵。若 TPU 采用 8 bit 数值结构，对于批量大小分别为 128、256、512 及 1024 的数据，该模型中每一层的输入的数据量有多大（KB，MB）？假设 PCIe Gen3 x16 的传输速率为 100 Gibit/s，则该模型中输入或输出的传输时间分别为多少？

8.3 假设某 TPU 中的矩阵乘法器有 256×256 个元素，每个元素在每个时钟周期执行一个 8 位的乘法累加操作（MAC），若每个 MAC 计为两次操作，且该 TPU 时钟频率为 700 MHz，则该 TPU 每秒可执行的操作数约为多少？

8.4 请简要介绍神经网络处理单元（NPU）的特点和优势。

8.5 请简述人工神经网络（ANN）与人脑信息处理过程的主要差异。

8.6 新型神经网络 SNN 主要有哪些优点？

8.7 请简述图计算的主要特征。

8.8 面向图计算的领域专用体系结构的系统优化设计主要面临哪些挑战？

参考文献

ALBERICIO J, JUDD P, HETHERINGTON T, et al., 2016. Cnvlutin: ineffectual-neuron-free deep neural network computing. ACM SIGARCH computer architecture news, 44(3):1-13.

BELL G, BAILEY D H, DONGARRA J, et al., 2017. A look back on 30 years of the Gordon Bell prize. The international journal of high performance computing applications,31(6):469-484.

CHEN T S, DU Z D, SUN N H, et al.,2014.Diannao: a small-footprint high-throughput accelerator for ubiquitous machine-learning. Proceedings of the 19th international conference on architectural support for programming languages and operating systems (ASPLOS). New York:269-284.

DONGARRA J J, HEROUX M A, LUSZCZEK P, 2016. High-performance conjugate-gradient benchmark:a new metric for ranking high-performance computing systems. The international journal of high performance computing applications, 30(1):3-10.

DONGARRA J J, LUSZCZEK P, PETITET A, 2003. The LINPACK benchmark: past, present and future. Concurrency and computation: practice and experience, 15(9):803-820.

HAN S, LIU X Y, MAO H Z, et al., 2016a.EIE: efficient inference engine on compressed deep neural network. ACM SIGARCH computer architecture news, 44(3):243-254.

HAN S, POOL J, NARANG S, et al., 2016b. DSD: dense-sparse-dense training for deep neural networks.

JOUPPI N P, YOUNG C, PATIL N, et al., 2017. In-datacenter performance analysis of a tensor processing unit. Proceedings of the 44th annual international symposium on computer architecture (ISCA). Toronto: 1-12.

KUNKEL J, LOFSTEAD G F, BENT J, 2017. The virtual institute for I/O and the IO-500.Technical report, Sandia National Lab.(SNL-NM), Albuquerque, NM (United States).

LIAO H, TU J J, XIA J, et al., 2019. DaVinci: a scalable architecture for neural network computing. Proceedings of 31st IEEE hot chips symposium (HCS). Cupertino: 1-44.

MAASS W, 1997. Networks of spiking neurons: the third generation of neural network models. Neural networks, 10(9):1659-1671.

MALEWICZ G, AUSTERN M H , BIK A J C, et al., 2010. Pregel: a system for large-scale graph processing. Proceedings of the ACM SIGMOD international conference on management of data. Indianapolis: 135-146.

MIGACZ S, 2017. 8-bit inference with tensorrt. (2017-05-08)[2021-12-25] https://on-demand.gputech-conf.com/gtc/2017/presentation/s7310-8-bit-inference-with-tensorrt.pdf.

MURPHY R C, WHEELER K B, BARRETT B W, et al., 2010. Introducing the graph 500.Cray users group (CUG), 19:45-74.

PEI J, DENG L, SONG S, et al., 2019. Towards artificial general intelligence with hybrid Tianjic chip architecture. Nature, 572(7767):106-111.

ROSENBLATT F,1958. The perceptron: a probabilistic model for information storage and organization in the brain. Psychological review, 65(6):386.